21世纪高等学校规划教材 | 计算机应用

微机原理与接口技术

朱红 刘景萍 编著

清华大学出版社

北京

内容简介

微机原理与接口技术是电子与计算机及其相关专业学生必须掌握的专业基础课程,该门课程是一切可编程逻辑器件应用的基础,在集成电路技术和计算机技术高速发展的今天,各种微机和可编程逻辑器件在不同的领域得到广泛的使用,成为技术设计人员最常用的"武器",因此,如何高质量地完成这门课程的学习就显得尤为重要。本书是作者在总结多年教学实践经验的基础上编写的,通过对 Intel 8086/8088 微处理器的深入分析,用通俗易懂的语言较为系统地介绍了微机原理与接口技术的各种概念和软硬件结合的分析、解决问题的主要方法。针对初学者在学习过程中遇到的困难和容易出现的问题,结合大量的例题进行了详细论述,内容全面,例题丰富,概念清晰,针对性强。

全书共分两个部分。第一部分为微机原理,共有 4 章,主要讲述 Intel 8086/8088 微处理器的结构及汇编语言程序基础;第二部分为接口技术,共有 8 章,主要讲述存储器系统、中断系统、接口电路及常用的可编程芯片的设计与应用。

本书面向电子与计算机及其相关专业的本、专科学生,是计算机应用类的基础教材。

图书在版编目(CIP)数据

微机原理与接口技术/朱红,刘景萍编著. —北京:清华大学出版社,2011.3
(21 世纪高等学校规划教材·计算机应用)
ISBN 978-7-302-24540-7

Ⅰ. ①微… Ⅱ. ①朱… ②刘… Ⅲ. ①微型计算机－理论－高等学校－教材 ②微型计算机－接口设备－高等学校－教材 Ⅳ. ①TP36

中国版本图书馆 CIP 数据核字(2011)第 009222 号

责任编辑:闫红梅 薛 阳
责任校对:焦丽丽
责任印制:何 芊

出版发行:清华大学出版社   地   址:北京清华大学学研大厦 A 座
         http://www.tup.com.cn   邮   编:100084
         社 总 机:010-62770175   邮   购:010-62786544
         投稿与读者服务:010-62795954,jsjjc@tup.tsinghua.edu.cn
         质 量 反 馈:010-62772015,zhiliang@tup.tsinghua.edu.cn
印 刷 者:三河市君旺印装厂
装 订 者:三河市新茂装订有限公司
经   销:全国新华书店
开   本:185×260 印 张:20.5 字 数:498 千字
版   次:2011 年 3 月第 1 版   印   次:2011 年 3 月第 1 次印刷
印   数:1~3000
定   价:32.00 元

产品编号:036166-01

编审委员会成员

浙江大学	吴朝晖	教授
	李善平	教授
扬州大学	李　云	教授
南京大学	骆　斌	教授
	黄　强	副教授
南京航空航天大学	黄志球	教授
	秦小麟	教授
南京理工大学	张功萱	教授
南京邮电学院	朱秀昌	教授
苏州大学	王宜怀	教授
	陈建明	副教授
江苏大学	鲍可进	教授
中国矿业大学	张　艳	副教授
武汉大学	何炎祥	教授
华中科技大学	刘乐善	教授
中南财经政法大学	刘腾红	教授
华中师范大学	叶俊民	教授
	郑世珏	教授
	陈　利	教授
江汉大学	颜　彬	教授
国防科技大学	赵克佳	教授
	邹北骥	教授
中南大学	刘卫国	教授
湖南大学	林亚平	教授
西安交通大学	沈钧毅	教授
	齐　勇	教授
长安大学	巨永锋	教授
哈尔滨工业大学	郭茂祖	教授
吉林大学	徐一平	教授
	毕　强	教授
山东大学	孟祥旭	教授
	郝兴伟	教授
中山大学	潘小轰	教授
厦门大学	冯少荣	教授
仰恩大学	张思民	教授
云南大学	刘惟一	教授
电子科技大学	刘乃琦	教授
	罗　蕾	教授
成都理工大学	蔡　淮	教授
	于　春	讲师
西南交通大学	曾华燊	教授

出 版 说 明

　　随着我国改革开放的进一步深化,高等教育也得到了快速发展,各地高校紧密结合地方经济建设发展需要,科学运用市场调节机制,加大了使用信息科学等现代科学技术提升、改造传统学科专业的投入力度,通过教育改革合理调整和配置了教育资源,优化了传统学科专业,积极为地方经济建设输送人才,为我国经济社会的快速、健康和可持续发展以及高等教育自身的改革发展做出了巨大贡献。但是,高等教育质量还需要进一步提高以适应经济社会发展的需要,不少高校的专业设置和结构不尽合理,教师队伍整体素质亟待提高,人才培养模式、教学内容和方法需要进一步转变,学生的实践能力和创新精神亟待加强。

　　教育部一直十分重视高等教育质量工作。2007年1月,教育部下发了《关于实施高等学校本科教学质量与教学改革工程的意见》,计划实施“高等学校本科教学质量与教学改革工程(简称‘质量工程’)”,通过专业结构调整、课程教材建设、实践教学改革、教学团队建设等多项内容,进一步深化高等学校教学改革,提高人才培养的能力和水平,更好地满足经济社会发展对高素质人才的需要。在贯彻和落实教育部“质量工程”的过程中,各地高校发挥师资力量强、办学经验丰富、教学资源充裕等优势,对其特色专业及特色课程(群)加以规划、整理和总结,更新教学内容、改革课程体系,建设了一大批内容新、体系新、方法新、手段新的特色课程。在此基础上,经教育部相关教学指导委员会专家的指导和建议,清华大学出版社在多个领域精选各高校的特色课程,分别规划出版系列教材,以配合“质量工程”的实施,满足各高校教学质量和教学改革的需要。

　　为了深入贯彻落实教育部《关于加强高等学校本科教学工作,提高教学质量的若干意见》精神,紧密配合教育部已经启动的“高等学校教学质量与教学改革工程精品课程建设工作”,在有关专家、教授的倡议和有关部门的大力支持下,我们组织并成立了“清华大学出版社教材编审委员会”(以下简称“编委会”),旨在配合教育部制定精品课程教材的出版规划,讨论并实施精品课程教材的编写与出版工作。“编委会”成员皆来自全国各类高等学校教学与科研第一线的骨干教师,其中许多教师为各校相关院、系主管教学的院长或系主任。

　　按照教育部的要求,“编委会”一致认为,精品课程的建设工作从开始就要坚持高标准、严要求,处于一个比较高的起点上;精品课程教材应该能够反映各高校教学改革与课程建设的需要,要有特色风格、有创新性(新体系、新内容、新手段、新思路,教材的内容体系有较高的科学创新、技术创新和理念创新的含量)、先进性(对原有的学科体系有实质性的改革和发展,顺应并符合21世纪教学发展的规律,代表并引领课程发展的趋势和方向)、示范性(教材所体现的课程体系具有较广泛的辐射性和示范性)和一定的前瞻性。教材由个人申报或各校推荐(通过所在高校的“编委会”成员推荐),经“编委会”认真评审,最后由清华大学出版社审定出版。

目前,针对计算机类和电子信息类相关专业成立了两个"编委会",即"清华大学出版社计算机教材编审委员会"和"清华大学出版社电子信息教材编审委员会"。推出的特色精品教材包括:

(1) 21世纪高等学校规划教材·计算机应用——高等学校各类专业,特别是非计算机专业的计算机应用类教材。

(2) 21世纪高等学校规划教材·计算机科学与技术——高等学校计算机相关专业的教材。

(3) 21世纪高等学校规划教材·电子信息——高等学校电子信息相关专业的教材。

(4) 21世纪高等学校规划教材·软件工程——高等学校软件工程相关专业的教材。

(5) 21世纪高等学校规划教材·信息管理与信息系统。

(6) 21世纪高等学校规划教材·财经管理与计算机应用。

(7) 21世纪高等学校规划教材·电子商务。

清华大学出版社经过二十多年的努力,在教材尤其是计算机和电子信息类专业教材出版方面树立了权威品牌,为我国的高等教育事业做出了重要贡献。清华版教材形成了技术准确、内容严谨的独特风格,这种风格将延续并反映在特色精品教材的建设中。

清华大学出版社教材编审委员会
联系人:魏江江
E-mail:weijj@tup. tsinghua. edu. cn

前　言

　　微机原理与接口技术课程是电子与计算机专业的一门重要的专业基础课,通过该课程的学习,可使学生掌握微型计算机的基本组成原理、汇编程序设计和接口技术知识,掌握常用可编程芯片的使用,并具备微机应用系统软硬件的开发与设计能力。

　　本书主要介绍以 8086/8088 CPU 为核心的 16 位微型计算机系统及其接口技术。8086 CPU 作为目前主流微型计算机的基础,能够系统、全面地反映微型计算机系统最本质的工作原理。本书同时还结合实例详细介绍了常规接口器件的原理和编程方法,满足读者设计小型控制系统的需要,也提供了进行大规模工业控制设计的基础知识。

　　本书的主要特色如下:

　　(1) 遵循微型计算机硬件系统的特点,注重基本知识与典型应用的介绍。

　　8086/8088 CPU 是经典的微机类型,虽然纯粹用 8086 CPU 制作的 PC 已经淘汰,但其基本原理一直是目前主流微机的基础,同时也是目前广泛用于工业控制领域的单片机、单板机的理论基础,因此,本书对 8086/8088 CPU 的讲解注重其内部结构的组成和各个引脚的时序配合,重点讲述单片 CPU 的应用功能,而忽略其在已淘汰的 PC/XT 中的各种配置与应用。所列举的例子也是在控制系统中对单片 8086/8088 CPU 的独立使用。

　　(2) 注重介绍指令的功能和汇编程序的结构特点。

　　汇编语言的最大特点就是可以直观地观察内存程序机器码的执行,进而了解 CPU 的执行步骤、执行结果,熟悉 CPU 的控制过程,实现“软件”控制“硬件”。本书采用了大量的图示说明,详细讲解了各个指令的执行过程,同时尽量列举具体的应用实例,以期读者对各种指令的流程及应用有形象深入的了解。在编程方面,由于目前大规模的汇编程序逐渐被 C 语言取代,所以本书着重讲述了汇编程序的结构及在计算机中的执行过程,并没有过多地涉及编程技巧和繁琐的应用程序。

　　(3) 强调不同类型接口器件的结构特点和实际应用。

　　我们讲授器件并不只是单纯地为了了解它,主要的目的是培养学生对这一类器件的应用能力,也就是通过对个别器件的讲授而了解这类器件的本质特性以及组成系统时应注意的各类问题。本书通过对不同类型接口器件的结构分析,结合大量实例,重点突出了接口器件与 CPU 的硬件连接和软件“连接”,达到举一反三的目的。

　　全书共分两个部分。第一部分为微机原理,共有 4 章:第 1 章微型计算机概述,主要讲述微型计算机的数据信息基础和微机的基本结构与发展趋势;第 2 章 8086/8088 微处理器,主要讲述 8086/8088 CPU 的具体结构、引脚功能和工作时序;第 3 章 8086/8088 的指令系统,主要讲述 8086/8088 CPU 的各种指令的格式和功能;第 4 章汇编语言程序设计,主要讲述汇编语言的结构和汇编语言的执行过程,同时也介绍汇编语言与 C 语言联合调试的步骤和注意事项。第二部分为接口技术,共有 8 章:第 5 章存储器系统,主要讲述存储器的种类、结构、原理及在计算机系统中的应用;第 6 章输入输出接口,主要介绍微机接口的基本概念、基本结构，端口的编址方式、地址分配和数据传送方式等；第 7 章中断控制接口，主要介绍中断控制数据传送方式的原理和过程，以及中断控制接口芯片 8259A 的原理、结构、编程和应用；第 8 章定时与计数器，主要介绍定时方法及可编程定时计数器 8253 的结构、工作原理和编程应用；第 9 章并行接口电路，主要介绍可编程的并行 I/O 芯片 8255A 的原理和应用；第 10 章串行通信和 DMA 控制接口，主要介绍串行通信标准，串行通信接口芯片 8251A 的原理和应用，同时也介绍了直接存储器存取方式（DMA）的概念及接口芯片 8237 的原理及应用；第 11 章总线技术，主要介绍总线的概念和 ISA 工业标准总线以及 PCI 局部总线的标准和引脚信号；第 12 章 A/D 和 D/A 转换接口电路，主要介绍了 A/D 和 D/A 的工作原理，A/D 转换芯片 ADC0809 和 D/A 转换芯片 DAC0832 的原理和应用。

　　本书每章后面附有大量的习题，涵盖各个知识点，供读者练习。

　　在本书的编写过程中，编者参阅了许多 C++ 的参考书和有关资料，谨向这些书的作者表示衷心的感谢！

　　本书由朱红、刘景萍编著，在本书的编写过程中，马玲、刘明、王芳等老师对本书的内容及修订提出了很多宝贵意见，在此一并表示衷心的感谢。

　　由于作者水平有限，书中难免有错误之处，恳请读者批评指正。

编　者

2010 年 10 月

第1章

微型计算机概述

1.1 微机概述

1.1.1 计算机的发展

世界公认的第一台通用数字电子计算机是 ENIAC,即电子数值积分计算机(Electrionic Numerical Integrator and Computer),它是在第二次世界大战中由美国宾夕法尼亚大学莫尔学院电工系在 1946 年研制成功的。ENIAC 是一个庞然大物,由 18 000 个电子管和 1500 个继电器构成,重 30t,占地 $170m^2$,功率为 140kW。ENIAC 的运算操作采用了电子管以电子的速度运行,这标志着人类计算工具历史性的变革。

从第一台电子计算机诞生到现在六十多年的时间里,计算机得到了飞速的发展,成为人们不可缺少的现代化工具,极大地推动了世界经济的发展和人类文明的进步。计算机的发展与电子技术的发展密切相关,每当电子技术有突破性的进展,就会导致计算机的重大变革。因此,按照组成计算机的基本元器件的制作材料和制作工艺水平,可将计算机的发展史分成四个阶段(四代)。

1. 第一代计算机(1946—1958 年)

这个阶段电子计算机的主要特点是使用电子管作为基本的逻辑元件,计算机主要用来进行科学计算,用机器语言或汇编语言编写程序,没有操作系统,每秒运算速度仅为几千次,体积庞大,造价很高。

2. 第二代计算机(1959—1964 年)

第二代计算机是晶体管电路电子计算机。其主要特征是采用了晶体管作为基本逻辑元件,内存开始使用磁芯存储器,外存储器有了磁盘、磁带,外设种类也有所增加。内存容量为几十 KB,运算速度达到每秒几十万次。与此同时,计算机软件也有了较大的发展,出现了 FORTRAN、COBOL 等高级语言,配有简单的磁盘操作系统。计算机的应用领域也不断扩大,不仅用于科学计算,还用于经济信息的处理、实时控制等领域,如宇宙航行和生产控制等。1964 年,我国研制成功了第一台全晶体管电子计算机 441-B 型。

3. 第三代计算机（1965—1970 年）

第三代计算机是集成电路计算机。1958 年，世界上第一块集成电路（Integrated Circuit,IC）问世了。所谓集成电路是将大量的晶体管和电子线路组合在一块硅晶片上，故又称其为芯片。小规模的集成电路每个芯片上的元件数为 100 个以下，中规模集成电路每个芯片上则可以集成 100～1000 个元件。

在这个阶段电子计算机的主要特点是逻辑元件采用小规模的集成电路 SSI(Small Scale Integration)和中规模集成电路 MSI(Middle Scale Integration)，用半导体存储器来代替磁芯存储器。运算速度每秒可以达到几十万次到几百万次。体积越来越小，价格也越来越低。与此同时，计算机软件也得到飞速的发展，出现了功能完备的操作系统，同时还提供了大量面向用户的应用程序，使得非计算机专业用户也能使用计算机，计算机开始广泛应用于各个领域。

4. 第四代计算机（1971 年至现在）

第四代计算机最为显著的特征就是使用了大规模和超大规模集成电路。大规模集成电路 LSI(Large Scale Integration)每个芯片上的元件数为 1000～10 000 个，而超大规模集成电路 VLSI(Very Large Scale Integration)每个芯片上则可以集成 10 000 个以上的元件。同时还使用了大容量的半导体存储器作为内存储器，外存储器方面除了软磁盘、硬磁盘外，还引入了光盘。在体系方面则进一步发展了并行处理、多机系统、分布式计算机系统及计算机网络系统。在计算机软件方面则推出了数据库系统、分布式操作系统以及软件工程标准等。目前，计算机的速度最高可以达到每秒上百万亿次浮点运算，而应用软件已成为现代工业的一部分。

1.1.2　微型机的发展

微型计算机又称为个人计算机（Personal Computer,PC）。构成微型计算机的核心部件是微处理器，又称中央处理单元 CPU(Central Processing Unit)。1971 年，Intel 公司的工程师特德·霍夫（Ted Hoff）成功地在一个芯片上实现了 CPU，制成了世界上第一片 4 位微处理器 Intel4004，组成了世界上第一台 4 位微型计算机 MCS-4。

目前所谓微型计算机的主频可达到 3.8GHz，采用 64 位扩展技术，支持超线程、多级缓存等功能，内存容量可以达到几千 MB(兆字节)，硬盘容量可以达到几百 GB(吉字节)。微机的体积越来越小，速度越来越快，容量越来越大，性能越来越强，可靠性越来越高，价格越来越低，应用范围也越来越广，已成为计算机的主流。微型计算机的应用已经遍及社会的各个领域，从工厂的生产控制到政府的办公自动化，从商店的数据处理到家庭的信息管理，几乎无所不在。

根据微处理器的字长和功能，可将微型计算机的功能划分为以下几个阶段：

第一阶段（1971—1973 年），其特点为：低档 4 位或 8 位微处理器，系统结构与指令系统简单，集成度低，运行速度慢，使用机器语言或汇编语言编程。

第二阶段（1974—1978 年），其特点为：中档 8 位微处理器，指令系统较丰富，已具有典型的计算机结构，集成度提高到每个芯片的元件数为 5000～9000 个，基本指令运行时间为 1～2μs，使用高级语言编程，有简单的操作系统。

第三阶段（1979—1984 年），其特点为：16 位微处理器，集成度和运算速度比第二阶段提高了一个数量级，指令系统更加丰富，系统结构增加了多级中断机制、多寻址机制、段式存储器结构等，支撑软件是操作系统，外围设备种类增多。

第四阶段(1985—1991年)，其特点为：32位微处理器，微处理器芯片的集成度达到每个芯片的元件数为100万个，运行速度超过25MIPS，支持多用户多任务操作系统。

第五阶段(1992年至现在)，其特点为：采用高档32位微处理器或64位微处理器，微处理器芯片的集成度达到2800万个元件，时钟主频高达2GHz以上，支持多任务、多用户操作系统。

1.2　信息在计算机中的表示

由于在计算机中使用的都是数字逻辑器件，只能识别运算高、低这两种状态的电位，所以计算机处理的所有信息都是以二进制的形式来表现的。

1.2.1　进位计数制

人们在日常生活中使用的是十进制数，而计算机只能处理二进制数，为了表示方便，也常常用八进制数或十六进制数去表示二进制数，所以多种数制的转换是非常必要且常用的。

1. 进位计数制的特点

进位计数制是利用固定的数字符号和统一的规则来计数的方法。不管是十进制数或二进制数，都属于进位计数制。

一种进位计数制包含一组数码符号和三个基本因素。

数码：一组用来表示某种数制的符号。例如，十进制的数码是0、1、2、3、4、5、6、7、8、9；二进制的数码是0、1。

基数：某数制可以使用的数码个数。例如，十进制的基数是10；二进制的基数是2。

数位：数码在一个数中所处的位置。

权：权是基数的幂，表示数码在不同位置上的数值。

以十进制数123.45为例，其组成的示意如图1.1所示。

具体特点总结如下：

(1) 十进制有十个数码，分别是0，1，2，3，4，5，6，7，8，9。

(2) 以小数点为界，数位号向左依次是0，1，2，3，…；向右依次是 -1，-2，-3…。

(3) 十进制的基数是10。

(4) 数值的每个数位都有权值，权值是其基数的数位次幂，如图1.2示意。

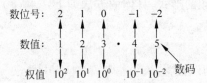

图1.1　进位计数制的组成示意

图1.2　数位号为 n 的十进制权值组成

(5) 十进制的数值是所有数位上的数码乘以其权值的累加和,如图 1.3 示意。

(6) 每个数位上的数码遵从"逢十进一"的进位规则。

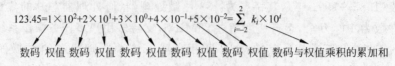

$$123.45 = 1 \times 10^2 + 2 \times 10^1 + 3 \times 10^0 + 4 \times 10^{-1} + 5 \times 10^{-2} = \sum_{i=-2}^{2} k_i \times 10^i$$

数码 权值 数码 权值 数码 权值 数码 权值 数码 权值 数码与权值乘积的累加和

图 1.3　十进制数据的展开示意

推广到一般的 R 进制进位计数制数据,具体特点如下:

(1) R 进制有 R 个数码,分别是 $0,1,2,3,\cdots,R-1$。

(2) 以小数点为界,数位号向左依次是 $0,1,2,3,\cdots$;向右依次是 $-1,-2,-3\cdots$。

(3) R 进制的基数是 R。

(4) 数值的每个数位都有权值,权值是其基数的数位次幂。

(5) R 进制的数值是所有数位上的数码乘以其权值的累加和。

$$N = \pm \sum_{i=-m}^{n-1} k_i \times R^i$$

其中,i 是数位号,k_i 是第 i 位的数码,m 是小数位数,n 是整数位数。

(6) 每个数位上的数码遵从"逢 R 进一"的进位规则。

例如,二进制数有两个数码:$0,1$;其基数为 2,每个数位逢 2 进 1;二进制数 1101.011 可以展开为:

$$1101.011 = 1 \times 2^3 + 1 \times 2^2 + 0 \times 2^1 + 1 \times 2^0 + 0 \times 2^{-1} + 1 \times 2^{-2} + 1 \times 2^{-3} = 13.375$$

2. 进位计数制间的转换

1) R 进制数转换为十进制数

由于人们所做的运算是按照十进制数的规则,所以将 R 进制数按数码与权值乘积和的形式展开后,运算的结果就是其对应的十进制数。

例如八进制数 567.34,其对应的十进制数为:

$$567.34 = 5 \times 8^2 + 6 \times 8^1 + 7 \times 8^0 + 3 \times 8^{-1} + 4 \times 8^{-2} = 375.4375$$

2) 十进制数转换为 R 进制数

由于整数部分和小数部分的转换规则不同,所以对十进制数的整数和小数部分应该分别转换,然后再组合起来。

整数部分的转换原则是"除 R 取余,余数倒序排列";小数部分转换的原则是"乘 R 取整,顺序排列"。

例如将十进制数 123.625 转换成二进制数的形式,具体的方法如下:

整数 123 的转换采用短除法如图 1.4 所示。

结果为 1111011,即 $(123)_{10} = (1111011)_2$。

小数 0.625 的转换采用乘 2 取整法如图 1.5 所示。

结果为 101,即 $(0.625)_{10} = (0.101)_2$。

将整数部分和小数部分组合起来得到:$(123.625)_{10} = (1111011.101)_2$。

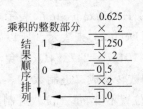

图 1.4　十进制整数转换为二进制数　　　图 1.5　十进制小数转换为二进制数

注意：当十进制小数转换成 R 进制数时，有可能乘法的结果永远不为 0，即运算可能会无限地进行下去，此时，应根据转换要求的精度截取适当的位数即可。如要求转换的精度为 0.01，则转换成二进制数后取小数点后 7 位数，即 $2^{-7}=1/128<0.01$，则达到了要求的十进制数的精度。

不同进制间数据的转换可以用十进制作为媒介，进行转换。

3. 二进制和八进制、十六进制之间的转换

二进制数具有运算简单、电路简便可靠等多项优点，但由于二进制数基数太小，导致数据数位太长，不利于书写和阅读，因此，在程序或文档中，常常利用八进制数或十六进制数来代替二进制数，这是因为八进制数或十六进制数与二进制数的转换不需要计算，十分方便。

由于 3 位二进制数一共具有 000,001,010,…,111 这 8 种状态，每一个状态都可以唯一地对应八进制数的 0,1,2,…,7 这 8 种数码，如表 1.1 所示。可见，1 位八进制数的数码和 3 位二进制数所表示的数据是一一对应的。因此，八进制数与二进制数的转换就十分简单，具体规则如下：

表 1.1　二进制数和八进制数数码对应表

二进制	八进制	二进制	八进制
000	0	100	4
001	1	101	5
010	2	110	6
011	3	111	7

1) 二进制数转换成八进制数

以小数点为界，向左将二进制数据每 3 位分成一组，不足 3 位在前面补零凑齐 3 位，然后写出每 3 位二进制数所对应的八进制数码，就构成了整数部分的八进制数；向右将二进制数据每 3 位分成一组，不足 3 位在后面补零凑齐 3 位，然后写出每 3 位二进制数所对应的八进制数码，就构成了小数部分的八进制数。例如将二进制数 10100111.1011 转换成八进制数为 247.54，如图 1.6 所示。

图 1.6　二进制转换成八进制

在程序和文档中,二进制数常常表示为在数字后加后缀 B(Binary),后缀 O(Octal)表示八进制数,后缀 H(Hexadecimal)表示十六进制数,数字的默认形式是十进制数,十进制数也可用后缀 D(Decimal)来表示。所以,以上的转换也可以写成:

10100111.1011B＝247.54Q(以免与零混淆,用 Q 作为八进制数后缀)

2) 八进制数转换成二进制数

小数点的位置不变,每一位八进制数的数码用与其对应的 3 位二进制数来代替,然后将数据前后多余的零去掉即可。例如,将八进制数 34.26 转换成二进制数为 11100.01011,如图 1.7 所示。

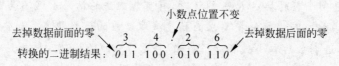

图 1.7　八进制转换成二进制

以上的转换也可以写成:34.26Q＝11100.01011B。

同样,由于 4 位二进制数一共具有 0000,0001,0010,…,1111 这 16 种状态,每一个状态都可以唯一地对应十六进制数 0,1,2,…,9,A,B,C,D,E,F 这 16 种数码,如表 1.2 所示。可见,1 位十六进制数的数码和 4 位二进制数所表示的数据是一一对应的。因此,十六进制数与二进制数的转换也十分简单。

表 1.2　二进制数和十六进制数数码对应表

二进制	十六进制	二进制	十六进制
0000	0	1000	8
0001	1	1001	9
0010	2	1010	A
0011	3	1011	B
0100	4	1100	C
0101	5	1101	D
0110	6	1110	E
0111	7	1111	F

3) 二进制数转换成十六进制数

以小数点为界,向左将二进制数据每 4 位分成一组,不足 4 位在前面补零凑齐 4 位,然后写出每 4 位二进制数所对应的十六进制数码,就构成了整数部分的十六进制数;向右将二进制数据每 4 位分成一组,不足 4 位在后面补零凑齐 4 位,然后写出每 4 位二进制数所对应的十六进制数码,就构成了小数部分的十六进制数。例如将二进制数 1110100111.10111 转换成十六进制数为 3A7.B8,也可写成:

1110100111.10111B ＝ 3A7.B8H

4) 十六进制数转换成二进制数

小数点的位置不变,每一位十六进制的数码用与其对应的 4 位二进制数来代替,然后将数据前后多余的零去掉即可。例如,将十六进制数 0A3.2E 转换成二进制数为 10100011.0010111,也可写成:

$$0A3.2EH = 10100011.0010111B$$

注意：

（1）十六进制数具有十六个数码，除了 0～9 这 10 个数码之外，还有 A～F 或 a～f 这 6 个数码，一般情况下不区分大小写。

（2）当十六进制数据的第一个数码是 A～F 或 a～f 时，此时 A～F 或 a～f 代表的是数字，为了与其所对应的字母相互区别，要在数字前加前缀数字 0，如上例中十六进制数 A3.2E，实际上写成 0A3.2EH。

4. 数据的 BCD(Binary-Code Decimal)码表示

人们在日常生活中使用的是十进制数据，有时也希望在计算机中用十进制数的形式来表示数据输入输出或进行运算。而计算机中只使用 0 和 1 两个二进制数码，可以用 4 位二进制数据来表示 1 位十进制数据，具体的对应关系见表 1.3。

表 1.3 BCD 编码表

BCD 编码	十进制数	BCD 编码	十进制数
0000	0	0101	5
0001	1	0110	6
0010	2	0111	7
0011	3	1000	8
0100	4	1001	9

例如，算式 25+9=34 用 BCD 码的形式表示为：

BCD 码表示：0010 0101 + 1001 = 0011 0100

十进制表示： 2   5   9   3   4

由此可见，BCD 码是十进制数码，满足"逢十进一"的运算规则，只不过以二进制数的形式在计算机中存储。

1.2.2 带符号数在计算机中的表示

数据有正有负，正负号在计算机中同样用二进制的 0、1 数码表示，也就是把数据的符号数字化，这样表示的数据称为"机器数"。同一个数值的机器数有 3 种表示方法，分别是原码、反码和补码。计算机中所有带符号数的运算均为补码运算，而二进制数的补码可利用其原码和反码很方便地求出。

计算机中数据的存储通常是以字节为单位的，一个字节由 8 个二进制位组成，一个整数根据其表示范围的不同，通常由一个、两个或 4 个字节组成。为了表示方便，在这里假设整数是由一个字节组成的。

1. 原码

用数据的最高位表示符号位，其余位表示该数的绝对值，最高位为 0，表示正数，最高位为 1，表示负数，这种表示方法称为机器数的原码表示法。

例如，+8 的原码为 0000 1000，−8 的原码为 1000 1000。

原码的特点如下:

(1) 用 8 位二进制数表示一个原码数据,最大数为 0111 1111B,即 +127,最小数为:1111 1111B,即 −127,其表示的范围为 −127～+127,也就是 $−2^7+1～2^7−1$,共 255 个数;同理,如果用 16 位二进制数表示原码数据,其表示范围为 −32767～+32767,也就是 $−2^{15}+1～2^{15}−1$。

(2) 原码 0 有两种表示方法,分别是 $(+0)_原 = 0000\ 0000B$ 和 $(−0)_原 = 1000\ 0000B$。

2. 反码

正数的反码与原码相同;负数的反码最高位仍为“1”,其余位是其对应的原码的按位取反。

例如,+8 的反码是 0000 1000B,−8 的反码是 1111 0111B。

反码的特点如下:

(1) 用 8 位二进制数表示一个反码数据,最大数为 0111 1111B,即 +127,最小数为:1000 0000B,即 −127,其表示的范围为 −127～+127,也就是 $−2^7+1～2^7−1$,共 255 个数;同理,如果用 16 位二进制数表示反码数据,其表示范围为 −32767～+32767,也就是 $−2^{15}+1～2^{15}−1$。

(2) 反码 0 有两种表示方法,分别是 $(+0)_反 = 0000\ 0000B$ 和 $(−0)_反 = 1111\ 1111B$。

3. 补码

一个数据系统中所能表示的最大量值称为“模”,模减去一个数所得的结果称为这个数的补数,也就是补码。

例如,模为 10,则 7 和 3 互为补数。

利用补码可以将减一个数转换成加这个数的补数,从而使减法转换成加法。

例如,模为 10,算式“8−3”结果为 5,也可以用 8 加上 3 的补数 7,即 8+7=15=10+5,此时,10 为系统的最大量值,溢出不计,所以结果也是为 5。

虽然利用补数可以将减法转换为加法,但是求补数的过程实际上也是减法,因此在日常生活中使用得不多。但是二进制的补数可以由反码求得,不用做减法,非常方便,所以“补数”的方法在计算机中得到广泛的应用。

正数的补码与原码相同;负数的补码是其反码加 1。

例如:+8 的原码为 0000 1000B,反码为 0000 1000B,补码为 0000 1000B。

−8 的原码为 1000 1000B,反码为 1111 0111B,补码为 1111 1000B。

补码的特点如下:

(1) 用 8 位二进制数表示一个补码数据,最大数为 0111 1111B,即 +127,最小数为:1000 0000B,即 −128,其表示的范围为 −128～+127,也就是 $−2^7～2^7−1$,共 256 个数;同理,如果用 16 位二进制数表示补码数据,其表示范围为 −32768～+32767,也就是 $−2^{15}～2^{15}−1$。

(2) 补码 0 有唯一的表示方法,分别是 $(+0)_补 = 0000\ 0000B$ 和 $(−0)_补 = 0000\ 0000B$。

(3) 正数的原码是补码本身,负数的原码是其补码的反码加 1。

例如,+1 的补码是 0000 0001B,+1 的原码也是 0000 0001B;−1 的补码是 1111 1111B,

其反码是 1000 0000B,反码加 1 为 1000 0001B,即为 -1 的原码。

【例 1.1】　已知 $X=57$,$Y=39$,每个整数用 8 位二进制数表示,计算 $X-Y$。

$$(X-Y)_{补} = (X)_{补} + (-Y)_{补}$$

57 的原码为:0011 1001　57 的补码为:0011 1001

-39 的原码为:1010 0111　-39 的反码为:1101 1000　-39 的补码为:1101 1001

$$(X-Y)_{补} = (X)_{补} + (-Y)_{补} = 0011\ 1001 + 1101\ 1001 = \boxed{1}\ 0001\ 0010$$

由于每个整数都用 8 位二进制数表示,故两数相加产生的进位自然舍弃。可见补码运算的结果为 0001 0010,仍为补码,由于这是正数的补码,其原码与补码相同,也是 0001 0010。

$$(X-Y)_{原} = (X-Y)_{补} = 0001\ 0010 = 18$$

【例 1.2】　已知 $X=39$,$Y=57$,每个整数用 8 位二进制数表示,计算 $X-Y$。

$$(X-Y)_{补} = (X)_{补} + (-Y)_{补}$$

39 的原码为:0010 0111　39 的补码为:0010 0111

-57 的原码为:1011 1001　-57 的反码为:1100 0110　-57 的补码为:1100 0111

$$(X-Y)_{补} = (X)_{补} + (-Y)_{补} = 0010\ 0111 + 1100\ 0111 = 1110\ 1110$$

可见补码运算的结果为 1110 1110,仍为补码,是负数的补码,其原码是补码的反码加 1。

$$(X-Y)_{原} = 1001\ 0001 + 1 = 1001\ 0010 = -18$$

4. 整数的表示方法

在计算机中,整数是以补码的形式表示的。根据计算机系统或软件的不同,可以用一个字节、两个字节或 4 个字节表示一个整数。当然,表示整数的二进制位数长度不同,其所能表示的数值范围也不同,见表 1.4 所示。

表 1.4　整数表示的数值范围

字节数	二进制位数	带符号数表示的范围	无符号数表示的范围
1	8	$-128 \sim 127$	$0 \sim 255$
2	16	$-32\ 768 \sim 32\ 767$	$0 \sim 65\ 535$
4	32	$-2^{31} \sim 2^{31}-1$	$0 \sim 2^{32}-1$

如果整数经过运算后,超过了其所能表示的数值范围,就产生了"溢出"。

5. 实数(浮点数)的表示方法

实数一般分整数部分和小数部分。同一个数用不同的形式表示,小数点位数是不确定的。例如 123.4,可以分别表示为 0.1234×10^3,1.234×10^2,12.34×10 等。可见实数可以分为数值部分(称为尾数)和指数部分,如图 1.8 所示。相同的数据系统中,基数都是一样的,不用在具体的数据中表示出来。在计算机中基数默认为 2。

目前计算机大多采用 IEEE 规定的浮点数表示方法,即:

$$(-1)^S 2^E (b_0 . b_1 b_2 b_3 \cdots b_{p-1})$$

式中,$(-1)^S$ 是该数的符号位,$S=0$ 表示正数,$S=1$ 表示负数;E 为指数,是一个带偏移量的整数,表示成无符号的整数形式;$(b_0 . b_1 b_2 b_3 \cdots b_{p-1})$ 是尾数,其中,小数点前的 b_0 恒为 1,与小数点一起隐含,不在具体的数据中表示出来。

实数的表示格式如图 1.9 所示。

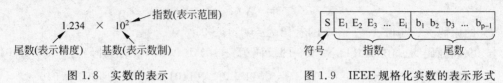

图 1.8　实数的表示　　　　　图 1.9　IEEE 规格化实数的表示形式

在微机系统中,浮点数有 3 种类型,分别是单精度浮点数、双精度浮点数和扩充精度浮点数,其有效数字及表示范围见表 1.5。

表 1.5　不同精度浮点数类型

类型	长度(位数)	尾数长度(位数)	指数长度(位数)	指数偏移量	范围
单精度	32	23	8	+127	$10^{-38} \sim 10^{38}$
双精度	64	52	11	+1023	$10^{-308} \sim 10^{308}$
扩充双精度	80	64	15	+16383	$10^{-4931} \sim 10^{4931}$

所谓指数部分的偏移量是指数据表示的指数值与实际指数值之差,也就是说,数据实际的指数值是其所表示的指数值与偏移量之差。

【例 1.3】　将十进制－1020.125 表示成单精度浮点数的形式。

该十进制数为负数,故符号部分 S＝1。

将十进制数的绝对值转化为二进制的形式:1111111100.001B。

转化成规格化的形式为:$1.111111100001 \times 2^9$。尾数是其小数部分:111111100001。

实际指数为 9,加上指数部分的偏移量 127,指数部分为 127＋9＝136＝10001000B。

因此,其单精度的表示形式如图 1.10 所示。

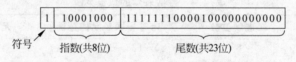

图 1.10　十进制数－1020.125 的单精度浮点数表示

【例 1.4】　已知单精度浮点数为 01000001101101110001000000000000,求其对应的十进制数是多少?

由规格化的单精度格式知:S＝0,该数为正数,指数部分是符号位后 8 位,E＝10000011B＝131,其实际指数值为 131－127＝4。

尾数部分为后 23 位:01101110001000000000000B,加上规格化的"1.",并去掉后面的零,尾数为 1.01101110001B。

实际数值为:

$$1.01101110001 \times 2^4 = 10110.1110001B = 22.8828125$$

1.2.3　字符在计算机中的表示

计算机除了处理数据信息外,还需要处理字符或文字信息。这些信息在计算机中也是以二进制数的形式存在的,但这些二进制数不代表数值,而是以特定的编码形式表示其所代表的字符或文字。

1. 字母与字符的编码

在计算机中普遍采用美国信息交换标准代码(ASCII,American Standard Code for Information Interchange)来表示西文字符和常用符号等,如表1.6所示。ASCII码用7位二进制数表示一个字母或字符信息,共能表示 $2^7 = 128$ 种不同的字符,包括32个控制码和96个符号。由于计算机中的存储单位为字节,因此ASCII码在计算机中表示时,在最高位补零,组成8位二进制数。

表1.6 美国标准信息交换代码(ASCII)

低位 LSD \ 高位 MSD		0 000	1 001	2 010	3 011	4 100	5 101	6 110	7 111
0	0000	NUL	DLE	SP	0	@	P	、	p
1	0001	SOH	DC1	!	1	A	Q	a	q
2	0010	STX	DC2	"	2	B	R	b	r
3	0011	ETX	DC3	#	3	C	S	c	s
4	0100	EOT	DC4	$	4	D	T	d	t
5	0101	ENQ	NAK	%	5	E	U	e	u
6	0110	ACK	SYN	&	6	F	V	f	v
7	0111	BEL	ETB	'	7	G	W	g	w
8	1000	BS	CAN	(	8	H	X	h	x
9	1001	HT	EM	)	9	I	Y	i	y
A	1010	LF	SUB	*	:	J	Z	j	z
B	1011	VT	ESC	+	;	K	[	k	{
C	1100	FF	FS	,	>	L	\	l	|
D	1101	CR	GS	—	=	M	]	m	}
E	1110	SO	RS	.	>	N	↑	n	—
F	1111	SI	US	/	?	O	←	o	DEL

注:

NUL 空	SOH 标题开始	STX 标题结束	ETX 本文结束
EOT 传输结束	ENQ 询问	ACK 应答	BEL 报警
BS 退格	HT 横向列表	LF 换行	VT 垂直列表
DLE 数据链换码	DC1 设备控制1	DC2 设备控制2	DC3 设备控制3
DC4 设备控制4	NAK 否定	SYN 同步	ETB 信息组传送结束
CAN 作废	EM 纸尽	SUB 减	ESC 换码
FS 文字分隔符	GS 组分隔符	RS 记录分隔符	US 单元分隔符
SP 空格	DEL 作废		

如字符'A'的ASCII码共由7位二进制数组成,高3位为100,低4位为0001,组合起来为100 0001,在计算机中用一个字节存储,存储形式为:0100 0001。

例如,字符串'China'在计算机中用5个字节表示,内容如图1.11所示。

又如,字符串'123'在计算机中用3个字节表示,内容如图1.12所示。

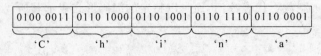

图 1.11　字符串'China'的 ASCII 码表示

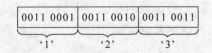

图 1.12　字符串'123'的 ASCII 码表示

2. 汉字的编码

在处理汉字信息时,每个汉字同样要以二进制数编码的形式存储。我国于 1981 年公布了"国家标准信息交换用汉字编码基本字符集(GB2312—80)",简称"国标码",用两个字节表示一个汉字。目前,我国的汉字编码使用 GB18030 汉字编码国家标准,包含了简体汉字和繁体汉字。

1.3　微机的工作过程

1.3.1　微机的基本结构

1. 微机的基本组成

微型计算机与通用计算机没有本质的区别,仍然是冯·诺依曼结构,由运算器、控制器、存储器和输入设备、输出设备这 5 大部分组成,如图 1.13 所示。

图 1.13　微机的基本组成

1)运算器

运算器又称为算术逻辑单元 ALU(Arithmetic Logic Unit),用来进行算术或逻辑运算,是计算机中对信息进行加工处理的部件。

2)控制器

控制器通过对程序中的指令进行译码,产生各种控制信号,使计算机各部分协调工作来完成指令所要求的各种操作,是整个计算机的指挥控制中心。在现代计算机中,控制器和运算器组合成中央处理单元 CPU。

3)存储器

存储器用来存放程序、初始数据和中间结果。为满足存储容量和存取速度的要求,存储器分为内存和外存两部分。内存的存取速度快,价格高,容量较小;外存的容量较大,价格便宜但存取速度慢。

4)输入设备

输入设备将程序和各种命令、原始数据送入计算机。常用的输入设备有键盘、鼠标、扫描仪等。

5)输出设备

输出设备输出运算操作结果和对外部设备的各种控制信息。常用的输出设备有显示器、打印机、绘图仪等。

6）总线

以上这5大部分通过计算机的总线连接成一个有机的整体。总线是连接多个装置或功能部件的一组公共信号线，为 CPU 和其他部件之间提供数据、地址和控制信息的传输通道，如图 1.14 所示，因此，从这个意义上说，总线也可作为计算机的第 6 个组成部分。

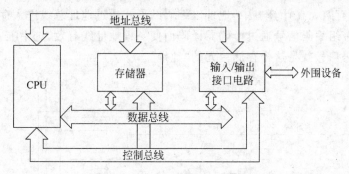

图 1.14　总线的组成和作用

计算机总线按功能分为 3 类，分别是数据总线 DB(Data Bus)、地址总线 AB(Address Bus)和控制总线 CB(Control Bus)。

（1）数据总线

数据总线用于在 CPU 和存储器或 I/O 接口之间双向传输数据。数据总线的位数（或称宽度）是微机的重要指标，指的是微机一次运算能处理的数据位数，与微机的运算速度密切相关。目前的主流微机的数据总线宽度为 64 位，即一次能处理 8 个字节的数据。

（2）地址总线

用于传输 CPU 所输出的地址信号，以寻址存储器单元和输入/输出接口单元的地址，是单向的总线。地址总线的位数决定了 CPU 可以直接寻址的内存或外设接口范围。例如，4 根地址总线共有 0000，0001，…，1111 这 16 种状态，可寻址 $2^4 = 16$ 个单元；16 根地址总线可寻址的最大存储单元数是 $2^{16} = 65536$ 个单元，如果一个单元的存储单位是字节，那么其可寻址的最大内存容量是 $2^{16}b = 64KB$，地址范围为 0000H～FFFFH。

（3）控制总线

用于传输各种控制信号。其中有 CPU 送往存储器和输入/输出接口电路的控制信号，如读信号、写信号等；也有其他部件向 CPU 输入的信号，如时钟信号、中断请求信号、复位信号等。

2. 存储器读写过程

下面以存储器读写为例，说明这 3 种总线是如何配合工作的。

图 1.15 是存储器中一位二进制数的存储结构示意。

其中，b_0 为 1b 的二进制数，其值为 0 或 1。

对内存的读写过程如下：

（1）地址线控制数据线导通；

（2）读出数据时，读出控制线 read 有效，使单向控制门 1 开启，存储器上的位信息（0 或 1）复制进数据线，从而输入到 CPU。

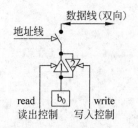

图 1.15　二进制数 b_0 的
存储结构

（3）写入数据时，写入控制线 write 有效，使单向控制门 2 开启，数据线上的位信息（0或 1）进入存储器，覆盖原存储单元的内容。

图 1.16 是存储器中一个单元（Byte）的存储结构示意图，图 1.17 是多个单元的存储结构示意图。可见，数据总线和控制总线是公用的，每个字节的地址信号应不同，即同一时刻只有一根地址线有效。在计算机中，地址以编码的形式通过地址总线进入存储器，在存储器中进行译码，每一组编码信号通过译码器译码而使一根地址线有效，选中唯一的一个存储单元，而这一组编码信号就是这个存储单元的"地址"。

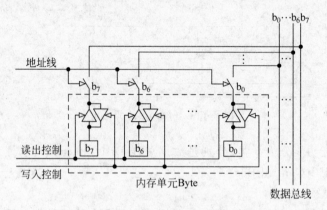

图 1.16　一字节内存单元存储结构

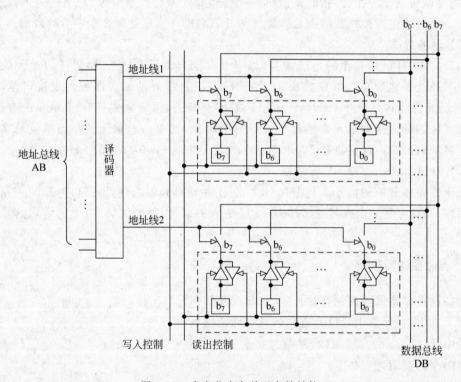

图 1.17　多字节内存单元存储结构

1.3.2　微机的工作过程

1. 微处理器的简化模型

微处理器 CPU 一般由运算器、控制器、寄存器阵列和地址数据缓冲器等部分组成，图 1.18 为其简化模型。

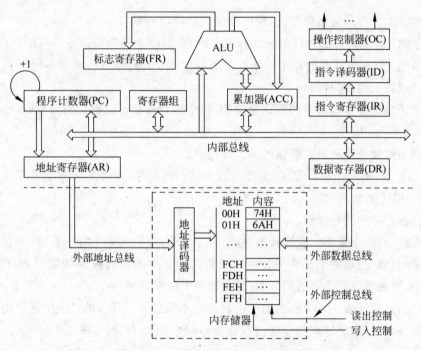

图 1.18　微处理器的简化模型

算术逻辑单元 ALU 是运算器的核心，可完成算术和逻辑运算。

累加器 ACC 是一个使用最频繁的通用寄存器，有关累加器的指令种类也最多。

标志寄存器 FR 用来寄存执行指令时所产生的结果或状态的标志信号，程序通常根据这些标志位来判断是否循环或转向。

程序计数器 PC 中存放着将要执行的下一条指令的地址，具有自动加 1 的功能。

寄存器组是 CPU 内部的存储单元，用来暂时存放数据或地址，CPU 对寄存器组的操作不需要通过外部总线，因此访问效率高。

地址寄存器 AR 用来存放正要取出的指令地址或操作数地址，这些地址通过外部地址总线寻址内存储器。

数据寄存器 DR 用来存放从内存储器中取出的指令或数据，这些数据通过外部数据总线进入 CPU 内的数据寄存器 DR。

指令寄存器 IR 用来存放 CPU 正要执行的指令（操作码）。

指令译码器 ID 将 IR 中存储的指令进行译码，以确定该指令执行什么操作。

操作控制器 OC 包含一系列的处理电路，将指令译码器分析出来的操作向相应的部件发出控制信号，完成相应的操作序列。

图 1.18 中,内存储器由 256 个单元组成,即 8 位地址总线(地址范围:00H~FFH);每个单元存储 8 位二进制信息,即 8 位数据总线。这种存储器的存储容量可表示成为 256×8(b)或 256B。存储单元中存放的是 CPU 执行的程序或运行的结果,通过读写控制总线实现对存储单元的读写操作。

2. 微机的工作过程

微机的基本工作原理可概括为"程序存储"和"程序控制"。

程序存储:将编写好的程序放入计算机的内存,程序中的每条指令是按顺序存放的。

程序控制:控制器从存储器中一条一条地取出指令,分析指令,根据不同的指令向各部件发出完成该指令的控制信号。

程序在计算机中是以指令的形式存储的,指令是计算机可以识别的命令,是一系列的二进制代码。

下面以 8 位微机为例来说明微机的工作过程。

【例 1.5】　在微机中执行程序,实现整数 10 和 30 相加,并将加法的结果存放在内存储器中地址为 30H 的单元中。

首先分析程序的执行过程。

在计算机中,两个数不能直接相加,应将一个整数 10 放入累加器 AL 中,再使 AL 与另一个整数 30 相加,相加的结果在 AL 中。然后将 AL 中的内容放到指定的内存单元 30H 中。在这里,累加器 AL 等同于图 1.18 简化模型中的累加器 ACC。

微机是通过执行表 1.7 中所列的二进制指令来完成这一任务的。表中还列出了相关指令的助记符及其解释,将这些指令从内存地址 00H 处开始存放,如图 1.19 所示。

表 1.7　加法程序指令及其解释

指　　令		指令类型	助记符	解　　释
二进制形式	十六进制形式			
01110100	74H	操作码	MOV　AL,10	将一个数 10 放入 AL 中
00001010	0AH	操作数		
00110100	34H	操作码	ADD　AL,30	AL 中的数加上 30
00011110	1EH	操作数		
01010011	53H	操作码	MOV　[30H],Al	将 AL 中的数放入 30H 单元
00110000	30H	操作数		
01000011	43H	操作码	HLT	停止操作

指令是由操作码和操作数组成的。操作码指出指令所做的操作,操作数指出指令操作的对象。

程序执行完毕后,内存地址为 30H 的存储单元中存储加法运算的结果 00101000B,即 28H。

每条指令的执行过程可概括成为"取指令→分析指令→执行指令"这 3 个步骤。

指令的具体执行过程如下:

（1）取指令。

开始执行程序时，必须给程序计数器 PC 赋以第一条指令的首地址 00H，然后就进入了第一条指令的取指阶段，具体操作过程如图 1.19 所示。

① 把 PC 的内容 00H 送入地址寄存器 AR。

② PC 的内容自动加 1，为取下一个字节的机器码做准备。

③ AR 中的内容通过 CPU 外部地址总线，送入内存储器。

④ 内存储器接收地址，通过译码器译码，选中相应的 00H 单元。

⑤ CPU 发出读命令。

⑥ 在读命令的控制下，把选中的 00H 单元的内容，即第一条指令的操作码由内存储器送至外部数据总线上。

⑦ 将外部数据总线上的数据送至 CPU 内的数据寄存器中。

⑧ 由于该指令机器码的第一个字节的内容是操作码，故将其由数据寄存器经内部数据总线送至指令寄存器等待译码。

至此，取指阶段的操作就完成了。

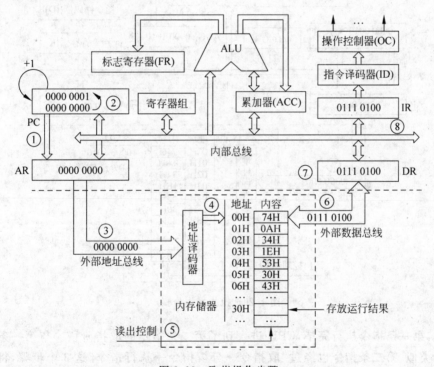

图 1.19　取指操作步骤

（2）分析指令。

指令寄存器中的指令经指令译码器译码后，由操作控制器发出对应于操作码的控制信号，控制 CPU 的各个部件相互配合，去执行这条指令，从而进入到下一阶段，执行指令。

（3）执行指令。

经译码后，得知该指令是将下一个地址中的内容 0AH(10) 送入累加器 ACC，其具体的执行过程如图 1.20 所示。

① 把 PC 的内容 01H 送入地址寄存器 AR。

② PC 的内容自动加 1,为取下一个字节的机器码做准备。

③ AR 中的内容通过 CPU 外部地址总线,送入内存储器。

④ 内存储器接收地址,通过译码器译码,选中相应的 01H 单元。

⑤ CPU 发出读命令。

⑥ 在读命令的控制下,把选中的 01H 单元的内容,即第一条指令的操作数由内存储器送至外部数据总线上。

⑦ 将外部数据总线上的数据送至 CPU 内的数据寄存器中。

⑧ 通过译码得知,需要将该数据送至累加器 ACC,故数据寄存器中的数据 0AH 通过内部总线送入累加器 ACC。

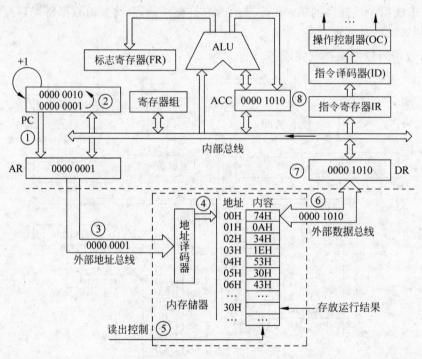

图 1.20   执指操作步骤

至此,第一条指令执行完毕,CPU 进入到了第二条指令的取指阶段。与第一条指令的执行步骤类似,第二条指令也经过"取指令→分析指令→执行指令"这 3 个步骤,将操作数 1EH(30) 与 ACC 中的数据 0AH 相加,结果 28H(40)保留在 ACC 中;接着执行第三条指令,将 ACC 中的数据 28H 在写命令的控制下送入内存地址为 30H 的单元中;第四条指令只有操作码,经取指且译码后得知该指令是"暂停"指令,于是,在执指阶段,操作控制器停止产生各种命令,使计算机停止全部操作。

可见,计算机的工作过程无非就是"取指令→分析指令→执行指令"这 3 个步骤反复循环,通常把这样一个循环称为一个"指令周期",程序就是多个指令周期的集合。

1.4 微机系统的应用

1.4.1 主要性能指标

微机系统的主要性能指标包括以下各方面。

1. 字长

字长是指 CPU 的数据总线一次能同时处理数据的二进制位数,也就是数据总线的宽度。字长标志着计算机的计算精度。字长越长,计算出结果的有效位数就越多,精度就越高。8086、80286 的字长为 16 位。

2. 运算速度

运算速度是微机系统的一项重要性能指标,指微处理器执行指令的速率,一般用微处理器的主频来衡量,也有用 MIPS(Million Instruction Per Second,每秒百万次指令)来说明微机的速度。8086 的最高主频为 10MHz,速度为 0.4~1.3MIPS;Pentium 4 的最高主频为 2.8GHz,速度为 700MIPS。

3. 存储容量

存储容量包括内存容量和外存容量。内存容量由 CPU 地址总线的宽度决定。8086 有 20 根地址总线,可寻址的最大范围是 2^{20} b$=1024$KB$=1$MB;Pentium 4 有 32 根地址总线,可寻址的最大范围是 2^{32} b$=4$GB。

4. 系统总线结构

系统总线是主机系统与内存及外设之间的通信通道。随着 CPU 速度的不断提高及内存存取技术的改进,系统总线已成为制约计算机运行速度的瓶颈。目前,系统总线的结构和标准不断发展与完善。80286 采用 ISA 总线结构,Pentium 4 的系统总线采用 PCI 总线结构,显示器采用 AGP 总线结构。

5. 软件配置

通常指操作系统、工具软件和应用软件等。

1.4.2 应用

由于微型机具有体积小、重量轻、价格低、耗电少和可靠性高等特点,在国民经济和社会生活的各个领域有着非常广泛的应用。

1. 科学计算

所谓科学计算是指使用计算机来完成科学研究和工程技术中所遇到的数学问题的计

算,又称为数值计算。在科学研究和工程设计中,存在着大量繁琐、复杂的数值计算问题,这些问题的公式或方程式复杂、计算量大、要求的精度高,只有以计算机为工具来计算才能快速取得满意的成果。

2. 数据处理

所谓数据处理是使用计算机对数据进行输入、分类、加工、整理、合并、统计、制表、检索及存储等,又称为信息处理,是计算机又一重要的应用领域。在当今信息化的社会中,每时每刻都在生成大量的信息,只有利用计算机才能够在浩如烟海的信息中管理和充分利用信息这一宝贵的资源。例如,财务部门用计算机来进行票据处理、账目处理和结算;人事部门利用计算机来建立和管理人事档案等。

3. 实时控制

所谓实时控制是指及时地采集、检测数据,使用计算机快速地进行处理并自动地控制被控对象的动作,实现生产过程的自动化。此外,计算机在实时控制中还具有故障检测、报警和诊断等功能。例如,在导弹的发射和制导过程中,需要不停地测试当时的飞行参数,快速地计算和处理,直至达到既定的目标为止。

4. 人工智能

所谓人工智能是由计算机来模拟或部分模拟人类的智能。传统的计算机程序虽然具有逻辑判断能力,但它只能执行预先设计好的动作,而不能像人类那样进行思维。虽然目前的专家系统属于人工智能的应用范畴,但现在的专家系统还远不能具备像人类那样的分析问题解决问题的能力、模糊推理能力、学习能力以及使用自然语言(如英语、汉语等)对话的能力。人工智能研究的主要领域包括:自然语言理解、专家系统、机器人等。

5. CAD/CAM/CIMS/CAI

计算机辅助设计(Computer Aided Design,CAD),就是利用计算机来进行产品的设计,实现设计过程的自动化或半自动化。例如,CAD技术用于建筑设计、机械设计、大规模集成电路设计等。

计算机辅助制造(Computer Aided Manufacturing,CAM)是使用计算机辅助人们完成工业产品的制造任务。从对设计文档、工艺流程、生产设备等的管理,到对加工与生产装置的控制和操作,都可以在计算机的辅助下完成。例如,计算机监视系统、计算机过程控制系统和计算机生产计划与作业调度系统都属于CAM技术的应用范畴。

计算机集成制造系统(Computer Integrated Manufacture System,CIMS)是指以计算机为中心的现代化信息技术应用于企业管理与产品开发制造的全过程的新一代制造系统。它将企业生产和经营的各个环节,从市场分析、经营决策、产品开发、加工制造到管理、销售、服务都视为一个整体,即以充分的信息共享,促进制造系统和企业组织的优化运行,从而确保企业的信息流、资金流、物流能够高效、稳定地运行,最终使企业实现整体最优效益。

计算机辅助教育(Computer Aided Instruction,CAI)所涉及的层面很广,从校园网到

Internet，从辅助儿童的智力开发到中小学及大学的教学，从计算机辅助实验到学校的教学管理等，都可以在计算机的辅助下进行，从而可以提高教学质量和学校管理水平与工作效率。

6. 多媒体技术

多媒体（Multimedia）是一种以交互方式将文本、图形、图像、音频、视频等多种媒体信息，经过计算机设备的获取、操作、编辑、存储等综合处理后以单独或合成的形态表现出来的技术和方法。多媒体技术以计算机技术为核心，将现代声像技术和通信技术融为一体，因而其应用领域十分广泛，正日益改变着人类的工作和生活方式。

习题 1

一、选择题

1. 十进制数 66 转换成二进制数为_____。

    A. 11000010　　　　B. 01100110　　　　C. 11100110　　　　D. 01000010

2. 十进制数 27.25 转换成十六进制数为_____。

    A. B1.4H　　　　B. 1B.19H　　　　C. 1B.4H　　　　D. 33.4H

3. 下列数中最小的是_____。

    A. $(101001)_2$　　　　B. $(52)_8$　　　　C. $(2B)_{16}$　　　　D. $(50)_{10}$

4. 若一个数的 BCD 编码为 00101001，则该数与_____相等。

    A. 41H　　　　B. 121D　　　　C. 29D　　　　D. 29H

5. 十进制数 9874 转换成 BCD 数为_____。

    A. 9874H　　　　B. 4326H　　　　C. 2692H　　　　D. 6341H

6. BCD 数 64H 代表的真值为_____。

    A. 100　　　　B. 64　　　　C. −100　　　　D. +100

7. 十六进制数 88H，可表示成下面几种形式，错误的表示为_____。

    A. 无符号十进制数 136　　　　　　　　B. 带符号十进制数−120

    C. 压缩型 BCD 码十进制数 88　　　　　D. 8 位二进制数−8 的补码表示

8. 若$[A]_原$ = 1011 1101，$[B]_反$ = 1011 1101，$[C]_补$ = 1011 1101，以下结论正确的是_____。

    A. C 最大　　　　B. A 最大　　　　C. B 最大　　　　D. A=B=C

9. 8 位二进制补码表示的带符号数 1000 0000B 和 1111 1111B 的十进制数分别是_____。

    A. 128 和 255　　　　B. 128 和−1　　　　C. −128 和 255　　　　D. −128 和−1

10. 微机中地址总线的作用是_____。

    A. 用于选择存储器单元

    B. 用于选择进行信息传输的设备

    C. 用于指定存储器单元和 I/O 设备接口单元的选择地址

    D. 以上选择都不对

11. 计算机中表示地址使用_____。

  A. 无符号数   B. 原码   C. 反码   D. 补码

二、填空题

1. 计算机的主机由_____、控制器、主存储器组成。

2. _____确定了计算机的 5 个基本部件：输入器、_____、运算器、_____和控制器，程序和数据存放在_____中，并采用二进制数表示。

3. 10110.10111B 的十六进制数是_____，34.97H 的十进制数是_____，将 114.25 转换为二进制数为_____。

4. $(640)_{10} = ($_____$)_2 = ($_____$)_{16}$

5. $(256.375)_{10} = ($_____$)_2 = ($_____$)_{16}$

6. $(10111100.1101)_2 = ($_____$)_{10} = ($_____$)_{16}$

7. 二进制数 1000 0001B 若为原码，其真值为_____；若为反码，其真值为_____；若为补码，其真值为_____。

8. 一个 8 位的二进制整数，若采用补码表示，且由 3 个"1"和 5 个"0"组成，则最小的十进制数为_____。

9. 在微机中，一个浮点数由_____和_____两个部分构成。

10. 若 $[X]_原 = [Y]_反 = [Z]_补 = 90H$，试用十进制分别写出其大小，$X = $_____；$Y = $_____；$Z = $_____。

三、问答题

1. 在计算机中为什么都采用二进制数而不采用十进制数？二进制数有哪两种缩写形式？

2. 什么是程序计数器 PC？

3. 已知 $[X]_补 = 1001\ 1101B$，$[Y]_补 = 1100\ 1001B$，$[Z]_补 = 0010\ 0110B$，计算 $[X+Y]_补 = ?$，并指出是否溢出；计算 $[X-Z]_补 = ?$，并指出是否溢出。

4. 将下列十六进制数的 ASCII 码转换为十进制数。

  (1) 313035H   (2) 374341H   (3) 32303030H   (4) 38413543H

第 2 章

8086/8088微处理器

8086 是 Intel 系列的 16 位微处理器,也是 80x86 系列微处理器的基础,是使用最为广泛的微处理器。8086 是 40 脚双列直插芯片,有 16 根数据线,可以处理 8 位或 16 位数据;有 20 根地址线,可以直接寻址 1MB 的内存储器单元和 64KB 的 I/O 端口。在推出 8086 后不久,Intel 公司还推出了准 16 位微处理器 8088。8088 的内部寄存器、运算器以及内部总线都是 16 位的,但其对外的数据总线只有 8 位,这样设计的目的主要是为了与 Intel 原有的 8 位外围接口芯片直接兼容。

8086 与 8088 在功能结构、主频、时序上基本一致,在引脚信号的定义和对 I/O 端口的输入输出操作上稍有不同,见表 2.1,因此 8086 与 8088 基本兼容。本章以介绍 8086 微处理器为主,也适当对 8088 的特殊性作些说明。

表 2.1　8086 CPU 与 8088 CPU 的不同之处

8086 CPU	8088 CPU
对外是 16 位数据总线	对外是 8 位数据总线
每次读写一个字	每次读写一个字节
指令队列为 6 个字节	指令队列为 4 个字节
$AD_0 \sim AD_{15}$ 为地址/数据复用线	$AD_0 \sim AD_7$ 为地址/数据复用线
有$\overline{BHE}$(高字节允许)信号	无$\overline{BHE}$信号,而有状态信号SS_0
存储器与 I/O 接口选通线是 M/$\overline{IO}$	存储器与 I/O 接口选通线是 $\overline{M}$/IO

2.1　8086 CPU 的内部组成结构

8086 CPU 的内部组成结构如图 2.1 所示。从功能上可分为两个独立的部分,即总线接口单元 BIU(Bus Interface Unit)和执行单元 EU(Execution Unit)这两大部分。

2.1.1　总线接口单元

总线接口单元 BIU 的功能是负责完成 CPU 与存储器或 I/O 端口之间的数据传送。具体操作有:

(1) 从内存中预取即将运行的指令送至指令队列缓冲器中排队,等待 CPU 执行;

(2) CPU 执行指令时,如果需要内存或 I/O 端口中的数据,则需要通过总线接口单元

形成内存或 I/O 端口的地址,进而寻址得到该数据送至执行单元 BU;

(3) 与上类似,CPU 执行指令时,如果需要将运行后的结果输出到内存或 I/O 端口中,则需要通过总线接口单元形成内存或 I/O 端口的地址,进而寻址将该数据送达。

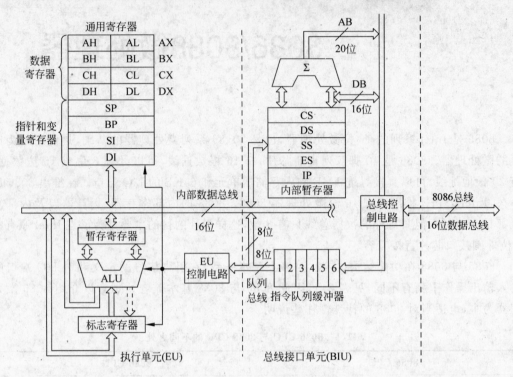

图 2.1　8086 CPU 内部组成结构

1. 指令队列缓冲器

BIU 的指令队列缓冲器用于存放预取的指令。8086 的指令队列缓冲器有 6 个字节,8088 的指令队列缓冲器有 4 个字节。8086/8088 在执行指令的同时,从内存中取出下一条或下几条指令放在指令队列中,采用"先进先出"的原则,按顺序送至 EU 中去执行。

由于 BIU 和 EU 在功能上相对独立,这样,在一般情况下,CPU 的 EU 正在执行指令时,BIU 可以取出一条或多条指令在指令队列缓冲器中排队,当 CPU 执行完一条指令后就可以立即执行下一条指令。这种结构使得取指和执指并行处理,可以节省时间,连续执行指令,运行效率远大于串行处理的处理器,如图 2.2 所示。

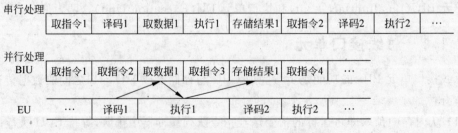

图 2.2　指令的串行处理和并行处理比较

8086 CPU 的 BIU 使用指令队列缓冲器来实现并行处理,该队列为先进先出队列(FIFO),有两个指针,允许预取 6 个字节的指令代码。BIU 的操作原则是:

(1) 每当队列中有两个字节的空间时,BIU 就自动地顺序预取后续指令代码,并填入指令队列中。

(2) 如果指令队列已满,且 EU 又无请求时,BIU 不执行任何总线周期,进入空闲状态。

(3) 当 EU 在执行中须向 BIU 申请从内存或 I/O 口读写操作数时,若此时 BIU 空闲,则会立即完成 EU 请求;否则 BIU 先完成取指令操作,然后再进行操作数的读写总线周期(执行 EU)。

(4) 如果 EU 执行转移指令,则 BIU 清除队列内容,从新地址取得指令,并立即送给 EU 去执行。然后从后续指令序列中取指令填满队列。

2. 段寄存器与指令指针寄存器 IP

8086/8088 用 20 位地址寻址内存储器,但内部的寄存器均为 16 位,所以要由段寄存器和其他寄存器相加形成 20 位地址进行寻址。形成内存地址的具体方法在 2.2 节存储器组织结构中详述。

8086/8088 有 4 个段地址寄存器,分别是代码段寄存器 CS(Code Segment),数据段寄存器 DS(Data Segment),堆栈段寄存器 SS(Stack Segment)和附加段寄存器 ES(Extra Segment)。其中,程序中指令所在的地址称为代码段地址,是由代码段寄存器 CS 和指令指针寄存器 IP 相加所形成的 20 位内存地址给出的。值得注意的是,IP 中的值不能用赋值指令人为地改变,它的值是随着程序的运行而自动计算出来的,主要变化发生在下列情况:

(1) 程序运行中自动加 1 修正,指向将要执行的下一条指令的偏移存储地址;

(2) 当程序中有转移、调用、中断等跳转指令时,IP 中的地址将根据条件跳转。

2.1.2　执行单元

执行单元的功能主要是负责指令的执行。执行的指令从 BIU 的指令队列缓冲器中取得,执行指令所需要的数据或执行指令的结果,都由 EU 向 BIU 发出请求,再由 BIU 对存储器或 I/O 端口进行存取。

执行单元 EU 主要由运算器组件、通用数据寄存器和 EU 控制电路这 3 部分组成。

1. 运算器组件

运算器组件的功能是完成算术和逻辑运算。主要由算术逻辑运算单元 ALU、暂存寄存器和标志寄存器 FR 组成。

(1) 16 位算术逻辑运算单元 ALU(Arithmatic and Logic Unit)完成两个 16 位数据的算术和逻辑运算,还可以完成存储器段内 16 位偏移地址的运算;

(2) 暂存寄存器负责从 16 位内部数据总线上存取进行运算的数据或将运算结果送回内部数据总线;

(3) 标志寄存器 FR 是一个 16 位的数据寄存器,如图 2.3 所示。存放 CPU 运行完当前指令后的各种状态。8086/8088 用了其中的 9 位,包括 6 个状态标志位和 3 个控制标志位。标志寄存器这 9 位的含义在程序的编写和调试中起决定性的作用。

D_{15}	D_{14}	D_{13}	D_{12}	D_{11}	D_{10}	D_9	D_8	D_7	D_6	D_4	D_4	D_3	D_2	D_1	D_0
				OF	DF	IF	TF	SF	ZF		AF		PF		CF

图 2.3 标志寄存器 FR

状态标志位是反映 ALU 执行运算后其结果的状态,程序可以通过判断这些状态标志进行转向、循环等。标志寄存器的状态标志位有 CF、PF、AF、ZF、SF 和 OF。

① 进位状态标志 CF(Carry Flag):

当执行加法运算最高位产生进位时,或执行减法运算最高位产生借位时,CF 为 1,否则 CF 为 0。

② 奇偶状态标志 PF(Parity Flag):

如果运算结果的低 8 位数据中所含的 1 的个数为偶数,PF 为 1,否则为 0。

③ 辅助进位状态标志 AF(Auxiliary Flag):

当加法运算时,如果运算过程中第三位向第四位有进位,或在减法运算中,第三位从第四位借位,AF 为 1,否则为 0。该标志位一般在 BCD 运算中作为十进制调整的判断依据。

④ 零状态标志 ZF(Zero Flag):

如果当前的运算结果为 0,ZF 为 1;如果当前的运算结果非 0,则 ZF 为 0。

⑤ 符号状态标志 SF(Sign Flag):

SF 与当前运算结果的最高位相同。由于数值是在计算机内用补码表示的,所以当运算结果的最高位为 1 时,即 SF 为 1 时,表示结果为负数;当 SF 为 0 时,表示运算结果是正数。

⑥ 溢出状态标志位 OF(Overflow Flag):

当运算的过程中产生溢出时,OF 为 1,否则 OF 为 0。

所谓溢出,就是当两个单字节数据运算时结果超出了 $-128 \sim 127$ 的范围,即超出了一个字节数据的表示范围;同样,如果是两个双字节数据运算,溢出就表示其结果超出了 $-32\,768 \sim 32\,767$ 的范围,即超出了一个 16 位二进制数据的表示范围。

【例 2.1】 假设用一个字节表示整数,已知 $X=01000011$,$Y=01000001$,计算 $X+Y$ 后各状态标志位的值。

解： $X+Y=01000011+01000001=10000100$。

无进位,CF=0;结果有 2 个 1,PF=1;第三位向第四位无进位,AF=0;结果不为 0,ZF=0;结果的最高位为 1,SF=1。

已知 X 和 Y 是两个正数,而结果 10000100 却是负数,结果显然是错误的,其原因是 $67+65=132>127$ 超过了单字节整数的表示范围,故结果溢出,OF=1。

可见,上述两个整数若是无符号数,即均为正数,结果也是无符号数,那么结果是正确的;上述两个整数若是带符号数,则结果超出带符号一字节整数表示的范围,发生溢出,需要扩展成双字节整数才能进行正确计算。

一般溢出的判断用双进位法比较简便,就是利用数据的最高位和次高位相加的进位状态来判断,即利用

$$OF = D_{7ADD} \oplus D_{6ADD}$$

来判断。其中,D_{7ADD} 又与进位 CF 一致。

在上例中,数据相加后最高位无进位,即 CF=0 或 $D_{7ADD}=0$,数据相加后次高位有进

位,即 $D_{6ADD}=1$,异或的结果为1,即 $OF=1$,表示产生溢出。

【例2.2】 假设用一个字节表示整数,已知 $X=11001011$,$Y=01000011$,计算 $X+Y$ 后各状态标志位的值。

解：$X+Y=11001011+01000011=\boxed{1}\,00001110$。

有进位,$CF=1$;结果有3个1,$PF=0$;第三位向第四位无进位,$AF=0$;结果不为0,$ZF=0$;结果的最高位为0,$SF=0$。

数据相加后最高位有进位,即 $CF=1$ 或 $D_{7ADD}=1$,数据相加后次高位有进位,即 $D_{6ADD}=1$,异或的结果为0,即 $OF=0$,表示无溢出。

控制标志位用来控制CPU的操作,是人为设定的,控制CPU根据标志位的不同去完成不同的功能。标志寄存器的控制标志位有DF、IF、TF。

① 方向控制标志位DF(Direction Flag)：

DF用来控制数据串操作指令的地址步进方向。若用指令将DF设置为0,数据串操作过程中地址自动递增;若将DF设置为1,则数据串操作过程中地址自动递减。

② 中断控制标志位IF(Interrupt Flag)：

IF用于控制CPU的可屏蔽中断。若用指令将IF设置为0,禁止CPU响应外部的可屏蔽中断申请信号,也就是说,CPU不会发生可屏蔽中断;若将IF设置为1,则允许CPU响应外部的可屏蔽中断申请信号,可以产生相应的可屏蔽中断。

③ 跟踪控制标志位TF(Trap Flag)：

TF在调试程序中使用。若用指令将TF设置为1,则CPU处于单步运行方式,在程序调试的过程中,可以方便程序员跟踪当前指令的运行情况,查看每一条指令运行后相关寄存器的状态;若将IF设置为0,则程序为正常执行方式。

2. 通用数据寄存器

EU中有8个16位的通用寄存器,分为两组,分别是数据寄存器以及指针和变址寄存器。

1) 数据寄存器

EU中有4个16位的数据寄存器AX、BX、CX和DX,每个数据寄存器的高低字节均可以拆分成两个8位的数据寄存器独立使用。例如,如果需要存放或运算16位数据时可用AX,如果需要存放或运算8位数据时可用AH或AL。数据寄存器主要用于存放操作数据或运算结果,一般情况下没有使用限制。

AX称为累加器(Accumulator);BX称为基址寄存器(Base Register);CX称为计数寄存器(Count Register);DX称为数据寄存器(Data Register)。这些寄存器在某些指令中具有专门的用途,将在第3章中做详细的介绍。

2) 指针和变址寄存器

EU中有4个16位的指针和变址寄存器SP、BP、SI和DI,通常用于存放内存储器的偏移地址,以便CPU去内存储器中存取操作数。

SP称为堆栈指针(Stack Pointer),总是指向堆栈段的顶部;BP称为基数指针(Base Pointer),通常存放堆栈段的偏移地址。SI称为源变址指针(Source Index);DI称为目的变址指针(Destination Index),这两个变址寄存器一般用于存放数据段的偏移地址或地址偏移量。

3. EU 控制电路

EU 控制电路接收从 BIU 指令队列中送来的指令码,经指令译码后形成该指令功能所需的各种控制信号,控制 EU 的各单元在规定的时间内完成操作。

2.2　存储器组织结构

8086/8088 有 20 根地址线,可寻址 1MB 空间的内存。程序通常是以文件的形式存储在外存储器中(硬盘、光盘、优盘等),当程序运行时,程序代码,数据等被编译程序按照一定的规则放在内存中,CPU 也依据同样的规则在内存寻址,进行取指、执值、存取数据等操作,控制程序运行,如图 2.4 所示。

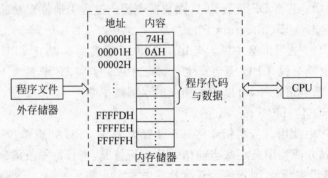

图 2.4　CPU 运行程序示意图

2.2.1　存储器的分段结构

程序在内存中是分段存放的,即指令代码、数据、堆栈分开存放,每段有明确的首地址,段和段之间的地址可以连续、断开、重叠。

(1) 代码段(Code):存放 CPU 可以运行的指令,程序代码;

(2) 数据段(Data):存放程序中定义的变量等数据;

(3) 堆栈段(Stack):在程序调用时存放调用处的地址、寄存器的内容、调用的参数等,在调用完后对寄存器进行恢复;存放一些临时保存的数据;

(4) 附加数据段(Extra):与数据段配合使用,使编程更加灵活。

每类段又可以由多个逻辑段组成,每个逻辑段的长度不大于 64KB。例如,码段可以由两个逻辑段组成。存储器分段结构示意如图 2.5 所示。

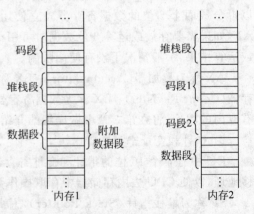

图 2.5　程序在内存中的分段结构示意图

2.2.2 物理地址和逻辑地址

物理地址 PA(Physical Address)又称为实际地址,是指 CPU 对内存实施访问时实际寻址所使用的地址。由于 8086/8088 有 20 根地址线,故其物理地址是由 20 位二进制数据或 5 位十六进制数据组成的,其地址范围为 00000H～FFFFFH,如图 2.4 所示。

逻辑地址 LA(Logic Address)是用程序和指令表示的一种地址,它包括两部分:段地址和偏移地址。

8086/8088 有 20 根地址线,但每个寄存器只有 16 位,如何能正确地给出指令或数据的唯一的地址?

8086/8088 用两个 16 位寄存器分别存放段地址和偏移地址,经下式组合而形成物理地址:

物理地址＝段地址×16＋偏移地址

也就是说,16 位段地址左移 4 位与偏移地址相加,进而形成 20 位的物理地址,如图 2.6 所示。

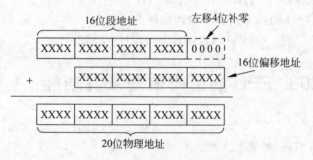

图 2.6 用段地址和偏移地址形成物理地址

当 8086/8088 CPU 寻址时,段地址是由 BIU 中的段地址寄存器给出的,CS、SS、DS、ES 分别存放码段、堆栈段、数据段、附加段的段地址。对每一个逻辑段而言,段地址是由计算机编译系统分配的,在这个逻辑段中不能改变,而 16 位偏移地址从 0000H 开始,最长到 FFFFH,所以一个逻辑段的长度不能超过 64KB。

假设某逻辑段的段地址用 16 进制数表示为 MMMMH,则其在内存中物理地址的组成分布情况如图 2.7 所示。

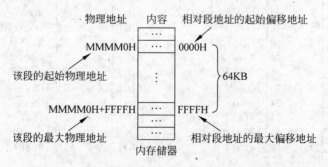

图 2.7 段地址为 MMMMH 逻辑段的物理地址

在运行程序时,当前指令所在的码段地址由 CS 给出,偏移地址由 IP 给出,通过 BIU 内的地址加法器形成 20 位物理地址去内存寻址,同时 IP 自动加 1 修正,指向将要执行的下一条指令的偏移地址。可见,将段地址与偏移地址用两个寄存器分别存放,在同一逻辑段寻址时只对偏移地址进行变动即可,这样可以大大提高计算机的运行效率。

当 8086/8088 CPU 复位时,CS 中的内容为 FFFFH,IP 的内容为 0000H,所以计算机复位后的第一条指令是从 FFFF0H 处开始运行的,这个地址通常都是存放在主板上 ROM 中的 BIOS 程序的起始地址,该程序运行开机自检及自举程序。

【例 2.3】 某逻辑代码段的段地址为 21ABH,该逻辑代码段的最大地址范围是多少?某条指令所在的偏移地址是 1678H,该指令所在的物理地址是多少?

解: 偏移地址为 16 位二进制数,其范围为 0000H～FFFFH,故该逻辑代码段的起始地址为:

$$21ABH \times 10H + 0000H = 21AB0H$$

逻辑代码段的最大地址为:

$$21ABH \times 10H + FFFFH = 21ABH \times 10H + 10000H - 1 = 31AAFH$$

故其最大地址范围为:21AB0H～31AAFH。

偏移地址为 1678H 的指令所在的物理地址为:

$$21ABH \times 10H + 1678H = 23128H$$

2.3　8086/8088 CPU 的引脚信号及其功能

8086 CPU 和 8088 CPU 均为 40 脚双列直插芯片,如图 2.8 所示。它们的引脚信号大部分一致,部分有所不同,见表 2.1 所示。

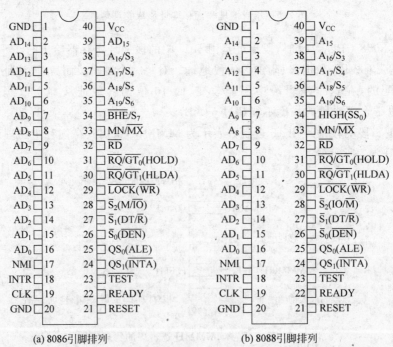

(a) 8086引脚排列　　　　(b) 8088引脚排列

图 2.8　8086 CPU、8088 CPU 引脚排列(括号中为最小模式时的管脚定义)

2.3.1 地址/数据复用线与地址/状态复用线

8086有20根地址引线,16根数据引线,为了减少外接引线的数目,数据引线和低16位的地址引线 $AD_0 \sim AD_{15}$ 是分时复用的。

8086 CPU与内存交换数据时,引脚 $AD_0 \sim AD_{15}$ 首先发出的是地址信号,地址信号经锁存器锁存至系统地址总线,输出至内存储器的地址引脚端口去寻址,然后引脚 $AD_0 \sim AD_{15}$ 成为双向数据信号线,连接至系统的数据总线:将数据写入存储器时输出CPU发出的数据;读取存储器的数据时接收指定内存单元中的内容。

所以,为了将地址/数据复用引脚 $AD_0 \sim AD_{15}$ 上的地址信号和数据信号分开,在8086 CPU芯片外需要为其配置相应的地址锁存器和双向数据缓冲器,在引脚 $AD_0 \sim AD_{15}$ 端口地址信号出现的时候地址锁存器导通,数据缓冲器截止;当数据信号出现的时候地址锁存器截止,数据缓冲器导通。地址锁存器与数据缓冲器的导通截止的控制信号也由CPU输出,分别是第25引脚的ALE和第26引脚的 $\overline{DEN}$。图2.9给出了8086 CPU系统的地址、数据总线的示意图,图2.10给出了地址/数据复用引脚的时序图。

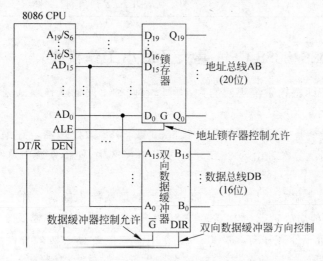

图2.9 外围芯片与8086 CPU地址/数据、地址/状态复用线连接示意

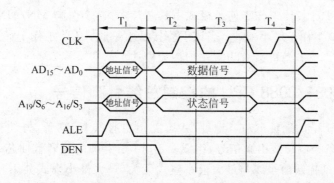

图2.10 8086 CPU地址/数据、地址/状态复用线与控制信号时序示意

8086 CPU 产生高 4 位地址的端口 $A_{16}/S_3 \sim A_{19}/S_6$ 是地址/状态复用线,首先输出地址信号经锁存器锁存至系统的地址总线,然后输出与目前 CPU 相关的一些状态信息 $S_3 \sim S_6$,其含义如下。

S_6 为 0 表示 8086 当前与总线相连,所以,在状态信息的输出期间,S_6 总是为 0,表示当前 CPU 连在总线上。

S_5 用来指示标志寄存器 FR 中可屏蔽中断允许位 IF 的当前状态。S_5 为 1,表明 IF=1,即当前 CPU 允许可屏蔽中断请求;S_5 为 0,表明 IF=0,即当前 CPU 禁止一切可屏蔽中断。

S_4,S_3 合起来指示当前 CPU 正在使用哪一个段寄存器,即正在寻址内存的哪一个逻辑段,具体规定如表 2.2 所示。

表 2.2 S_4,S_3 代码组合所表示的意义

S_4	S_3	含　义
0	0	CPU 正在使用 ES
0	1	CPU 正在使用 SS
1	0	CPU 正在使用 CS,或未使用任何段寄存器
1	1	CPU 正在使用 DS

2.3.2 8086/8088 CPU 最大及最小工作模式

8086/8088 CPU 根据系统规模的大小可以有两种不同的工作模式,称为最大或最小工作模式。

最小工作模式就是在系统中只有一个 8086 或 8088 微处理器。在最小工作模式下,系统所有的总线控制信号都是由 8086/8088 CPU 直接产生,使得系统中总线控制逻辑电路被减少到最小。

最大工作模式是相对于最小模式而言的。就是系统中除有一个主微处理器 8086 或 8088 以外,还有其他协处理器(如 8087 或 8089 等)。在最大工作模式下,协处理器配合主微处理器并承担部分处理任务,如 8087 是专用于数值运算的协处理器,8089 是专用于输入/输出的协处理器。在这种工作模式下,系统大部分的总线控制信号由专用的总线控制器 8288 产生。

8086/8088 CPU 具体工作于何种模式由其芯片的第 33 引脚 $\overline{\text{MN}/\text{MX}}$ 决定。当该引脚接高电平时,CPU 工作于最小模式;当该引脚接低电平时,CPU 工作于最大模式。

PC/AT 及 PC/XT 微机系统均工作于最大模式。

2.3.3 8086/8088 CPU 的控制总线引脚信号

8086/8088 CPU 的地址/数据、地址/状态复用引脚共有 20 条,另外有一条电源线,两条地线,还有 17 条控制总线引脚信号,组成具有 40 条引脚的双列直插芯片。在其中 17 条控制信号线中,9 条控制信号线与最大最小模式无关(最大最小模式共用),8 条控制信号线在最大模式与最小模式中分别有不同的定义,见图 2.8 所示。

1. 最大最小模式共用的控制信号线

（1）CLK(Clock)，输入。

第 19 引脚 CLK 为时钟输入端。8086/8088 CPU 要求的时钟信号占空比为 33.3%，即 1/3 周期为高电平，2/3 周期为低电平。8086/8088 的标准时钟频率为 5MHz。在 IBM PC/XT 中时钟频率为 4.77MHz，是由外接的时钟发生器 8284A 提供的，如图 2.11(b)所示。

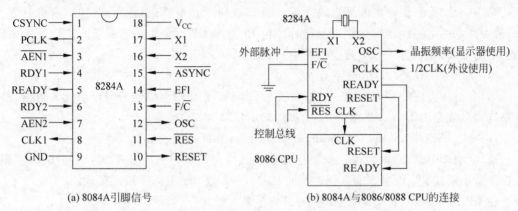

(a) 8084A引脚信号　　　　　　(b) 8084A与8086/8088 CPU的连接

图 2.11　8284A 引脚信号及与 8086 CPU 的连接

8284A 是 Intel 公司专为 8086/8088 CPU 设计的时钟发生器芯片，如图 2.11(a)所示，与 8086/8088 CPU 系统连接有关的引脚信号说明如下：

① X1，X2：连接石英晶体振荡器，作为 8284A 的振荡源。石英晶体振荡器的工作频率是 14.31818MHz。

② EFI：连接外部脉冲发生器作为 8284A 的振荡源，在 8086/8088 CPU 系统中不用该振荡源。

③ F/$\overline{C}$：时钟信号选择输入端，选择不同的振荡源。当该引脚输入低电平时，用石英晶体振荡器作为振荡源；当该引脚输入高电平时，用外部脉冲发生器作为振荡源。在 8086/8088 CPU 系统中，该引脚接低电平。

④ CLK：三分频时钟输出端，输出振荡源三分频后的脉冲信号，频率为 4.77MHz，占空比为 1/3。该信号提供给 8086/8088 CPU 的 CLK 端作为 CPU 的主频。

⑤ OSC：石英晶体振荡器的频率输出端，提供给显示器使用。

⑥ PCLK：六分频时钟输出端，输出振荡源六分频后的时钟信号，占空比为 1/2，提供给外设作为时钟信号使用。

⑦ RDY、READY：外设发出的 RDY 信号经 8284A 同步整形后送入 8086/8088 CPU。对外部来说，可以在任何时候发出 RDY 信号，经 8284A 的内部逻辑电路同步成在时钟的下降沿处有效，然后送至 8086/8088 CPU 的准备就绪控制端 READY。

⑧ $\overline{RES}$、RESET：外设发出的复位信号经 8284A 同步、整形后反相输出至 CPU 的复位控制端 RESET。

（2）NMI(Non Maskable Interrupt)，输入，上升沿触发有效。

第 17 引脚为非屏蔽中断输入端。当非屏蔽中断源有中断请求发生时，将产生一个由低电平到高电平的触发信号至此引脚,向 CPU 申请中断。这个中断不受中断允许标志位 IF 的影响,不能被软件屏蔽。每当 NMI 端进入一个正沿触发信号时,CPU 就会在当前指令结束后,进入对应于中断类型号为 2 的非屏蔽中断处理程序。

在 IBM PC 机中,该中断源有 3 种:系统板上 RAM 的奇偶校验错,扩展槽中的 I/O 通道奇偶校验错和协处理器 8087 产生异常。

(3) INTR(Interrupt Request),输入,高电平有效。

第 18 引脚为可屏蔽中断请求输入端。CPU 在每条指令的最后一个时钟周期检测该引脚,若为高电平,并且 CPU 的中断允许标志位 IF 为 1,CPU 就会在结束当前执行的指令周期后响应中断请求,进入可屏蔽中断的中断服务程序。

(4) $\overline{RD}$(Read),输出,低电平有效。

第 32 引脚为读信号输出端。有效时表示 CPU 将要从内存储器或 I/O 口读入数据。具体是读内存或是读 I/O 口要由第 28 引脚的输出信号 M/$\overline{IO}$决定。

(5) MN/$\overline{MX}$(Minimum/Maximum Mode Control),输入。

第 33 引脚为最小/最大模式控制信号输入。当该引脚输入高电平时,8086/8088 CPU 工作于最小模式;当该引脚输入低电平时,8086/8088 CPU 工作于最大模式。

在 IBM PC 机中,该引脚接低电平,工作于最大模式。

(6) READY,输入,高电平有效。

第 22 引脚为"准备好"信号输入端。是由所访问的内存或 I/O 设备发回的响应信号,高电平有效,当信号有效时,表示内存或 I/O 设备准备就绪,马上就可进行一次数据传输。CPU 在每个总线周期的 T_3 状态开始对 READY 信号采样,如果检测到该信号为低电平(未准备好),就插入一个等待周期 Tw,在 Tw 状态中继续对该信号采样,如仍为低电平,则继续插入 Tw,Tw 状态可以插入多个,直到 REDAY 信号为高电平时,才进入 T_4 状态,完成总线周期。图 2.12 为插入两个 Tw 等待周期的总线时序图。

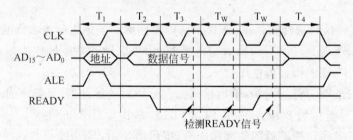

图 2.12　插入两个 Tw 等待周期的总线时序图

(7) $\overline{TEST}$(Test),输入,低电平有效。

第 23 引脚为测试信号输入端。与等待 WAIT 指令结合使用,在 CPU 执行 WAIT 指令时,CPU 处于空转状态进行等待,并每隔 5 个时钟周期重复检测该信号。当检测到该信号为低电平时,等待状态结束,CPU 继续执行 WAIT 后的指令。WAIT 指令和该信号配合使用是为了使处理器与外部硬件同步。

(8) RESET,输入,高电平有效。

第 21 引脚为复位信号输入端。8086/8088 CPU 要求复位信号至少维持 4 个时钟周期的高电平才有效。当信号有效时,CPU 结束当前操作,并对 CPU 内的寄存器 FR,IP,DS,

SS,ES 及指令队列清零,而将 CS 设置为 FFFFH,当复位信号变为低电平时,CPU 从 FFFF0H 处开始执行程序。

(9) $\overline{BHE}/S_7$(Bus High Enable/Status),输出。

第 34 引脚为高 8 位数据总线允许/状态复用引脚。

$\overline{BHE}$是 8086 CPU 特有信号,在总线周期的 T_1 状态,该引脚控制奇地址存储器芯片的片选,表示高 8 位数据线 $D_{15} \sim D_8$ 上的数据有效。在 $T_2 \sim T_4$ 状态,输出状态信号 S_7,但在 8086 CPU 的设计中,S_7 没有赋予实际意义,该状态恒为 1。

在 8088 中,该引脚被赋予了另外的信号。在最大模式中恒为高电平,在最小模式中,同其他控制线配合使用,与当前总线周期的读写动作有关。

由于存储器的标准结构为每一地址单元只能存放一个字节(8 位二进制)的数据,而 8086 CPU 的数据总线宽度为 16 位,即一次可以同时存取两个字节的数据,这样,要求 8086 CPU 一次可以同时访问两个地址单元。为此,在 8086 CPU 构成的计算机系统中,将 1MB 存储空间分为两个 512KB 的存储体,称为奇地址存储体和偶地址存储体,如图 2.13 所示。

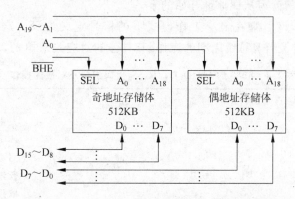

图 2.13　8086 CPU 系统存储器与总线连接示意图

(1) 1MB 存储体的地址线

8086 CPU 的地址线是 $A_{19} \sim A_0$ 共 20 根,而奇偶存储体的存储容量各为 512KB,其片内寻址的地址线为 $A_{18} \sim A_0$ 共 19 根,这 19 根地址线与 8086 CPU 的地址线 $A_{19} \sim A_1$ 一一对应连接,构成了奇偶存储体片内单元的地址。

(2) 1MB 存储体的数据线

8086 CPU 的数据线是 $D_{15} \sim D_0$ 共 16 根,而奇偶存储体每个地址内存储一个字节(8 位二进制)的数据,故每个存储体的数据总线为 8 根。偶地址存储体的数据总线 $D_7 \sim D_0$ 与 8086 CPU 的低位数据线 $D_7 \sim D_0$ 连接;奇地址存储体的数据总线 $D_7 \sim D_0$ 与 8086 CPU 的高位数据线 $D_{15} \sim D_8$ 连接。

(3) 1MB 存储体的片选线

奇偶存储体的片选线$\overline{SEL}$均为低电平有效。偶地址存储体的片选线$\overline{SEL}$接 8086 CPU 的地址线 A_0,奇地址存储体的片选线$\overline{SEL}$接 8086 CPU 的高 8 位数据总线允许引脚$\overline{BHE}$。当片选有效时,存储体工作。可见,当 8086 CPU 的 A_0 为低电平时,偶地址存储体操作有效,即 8086 CPU 的低位数据线 $D_7 \sim D_0$ 有效;当 8086 CPU 的$\overline{BHE}$为低电平时,奇地址存储体操作有效,即 8086 CPU 的高位数据线 $D_{15} \sim D_8$ 有效。因此,$\overline{BHE}$是控制 CPU 高 8 位数据总线的允许信号,A_0 端是控制 CPU 低 8 位数据总线上的允许信号。8086 CPU 的地址线 A_0 不参加存储器片内单元的选取,其与 8086 CPU 系统的数据总线的操作关系如表 2.3 所示。

表 2.3　奇偶存储体片选端与 8086 CPU 数据总线的操作关系

$\overline{BHE}$	A_0	操　作	8086 CPU 引脚
0	0	从偶地址开始读写一个字(16 位)	$AD_{15} \sim AD_0$
1	0	从偶地址单元或端口读写一个字节(8 位)	$AD_7 \sim AD_0$
0	1	从奇地址单元或端口读写一个字节(8 位)	$AD_{15} \sim AD_8$
0	1	从奇地址单元开始读写一个字(16 位)(在第一个总线周期,将低 8 位数据送至 $AD_{15} \sim AD_8$;在第二个总线周期,将高 8 位数据送至 $AD_7 \sim AD_0$。)	$AD_{15} \sim AD_8$
1	0		$AD_7 \sim AD_0$

从表 2.3 可以看出,如果要读写从奇地址单元开始的一个字,需要两个总线周期,所以一般在编写程序时尽量读写从偶地址开始的字。

在 8088 CPU 中,该引脚在最小工作模式下的信号定义为 $\overline{SS_0}$,这个信号与 $\overline{M}/IO$ 和 $DT/\overline{R}$ 组合起来,决定了当前总线周期的操作,其具体的对应关系如表 2.4 所示。

表 2.4　8088 的 $\overline{M}/IO$,$DT/\overline{R}$,$\overline{SS_0}$ 代码组合及对应的操作

$\overline{M}/IO$	$DT/\overline{R}$	$\overline{SS_0}$	操　作
1	0	0	发中断响应信号
1	0	1	读 I/O 端口
1	1	0	写 I/O 端口
1	1	1	暂停
0	0	0	取指令
0	0	1	读内存
0	1	0	写内存
0	1	1	无源状态

2. 最小模式下的控制信号线

8086/8088 CPU 有 8 根控制信号线与系统工作模式有关,即同一引脚在不同的工作模式下有不同的定义。首先分析在最小工作模式下这 8 根控制信号线的引脚特性。

(1) $\overline{INTA}$(Interrupt Acknowledge),输出,低电平有效。

在最小工作模式下,第 24 引脚为中断响应信号的输出端,用来对外设的可屏蔽中断请求作出响应。当外设向 CPU 申请可屏蔽中断 INTR,CPU 如果允许中断,则在该引脚连续发出两个负脉冲给外设。第一个负脉冲通知外设已受理中断,并要求外设在第二个负脉冲期间向数据总线上发送中断类型码。

(2) ALE(Address Latch Enable),输出,高电平有效。

在最小工作模式下,第 25 引脚为地址锁存允许信号输出端。在任何一个总线周期的 T_1 状态,ALE 输出高电平,表明当前在 8086 CPU 的地址/数据复用线 $AD_{15} \sim AD_0$ 上出现的是地址信息,地址锁存器利用 ALE 的下降沿将此地址信息锁存至系统的地址总线端,达

到 8086/8088 CPU 分时传送地址信息及数据信息的目的,见图 2.9、图 2.10 所示。

(3) $\overline{\text{DEN}}$(Data Enable),输出,低电平有效。

在最小工作模式下,第 26 引脚为数据允许信号输出端。由于 8086 CPU 的地址/数据复用线 $AD_{15} \sim AD_0$ 上地址信息、数据信息是分时出现的,当 $\overline{\text{DEN}}$ 信号有效时,表明当前的地址/数据复用线上传输的是数据信息,与 8086 CPU 的 $AD_{15} \sim AD_0$ 引脚连接的双向数据缓冲器利用这个信号选通,使得 8086 CPU 与系统的数据总线连通,进而输入输出数据,见图 2.9、图 2.10 所示。

(4) $DT/\overline{R}$(Data Transmit/Receive),输出。

在最小工作模式下,第 27 引脚为数据收发方向的控制端。由于连接数据总线的双向数据缓冲器在任一时刻只能单向导通,所以 $DT/\overline{R}$ 引脚连接到双向数据缓冲器的方向控制端 DIR,用于控制数据信息的传送方向,见图 2.9 所示。当 $DT/\overline{R}$ 为高电平,表明 8086 CPU 输出(或写)数据到存储器或 I/O 端口;当 $DT/\overline{R}$ 为低电平,表明 8086 CPU 从存储器或 I/O 端口输入(或读)数据。至于 8086 CPU 在某个时刻具体执行的是输出还是输入操作则是由程序中的指令决定的。

(5) $\overline{\text{WR}}$(Write),输出,低电平有效。

在最小工作模式下,第 29 引脚为写信号输出端。与读信号输出端 $\overline{\text{RD}}$ 信号类似,有效时表示 CPU 要将数据输出(写)到内存储器或 I/O 口。具体是写内存还是写 I/O 口要由第 28 引脚的输出信号 $M/\overline{\text{IO}}$ 决定。

(6) $M/\overline{\text{IO}}$(Memory/Input and Output),输出。

在最小工作模式下,第 28 引脚为存储器/输入输出信号控制输出端。该引脚用来控制 CPU 对存储器的访问或是对外部输入输出端口的访问。高电平为对存储器的访问,低电平为对 I/O 口的访问,具体的高低电平也由指令(软件)控制。

在 8086 微机系统中,存储器的地址与 I/O 口的地址是重合的,例如地址总线上的一个地址信号(300H),即可以访问到存储器的 300H 单元,又可以访问到 I/O 口的 300H 单元,同时读写信号 $\overline{\text{WR}}$ 和 $\overline{\text{RD}}$ 也是公用的,所以读写信号必须要与 $M/\overline{\text{IO}}$ 信号配合使用,通过片外的组合逻辑电路产生独立的选通信号,才能区分出所访问的对象,如图 2.14 所示。

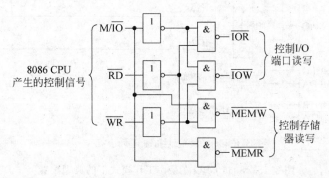

图 2.14 8086 CPU 控制存储器或 I/O 端口读写信号的逻辑电路

(7) HOLD(Hold Request),输入,高电平有效。

在最小工作模式下,第 31 引脚为总线保持请求信号输入端。当系统中除 CPU 之外的另一个主模块要求占用总线时,通过此引脚向 CPU 发送一个高电平请求信号。

（8）HLDA(Hold Acknowledge)，输出，高电平有效。

在最小工作模式下，第 32 引脚为总线保持响应信号的输出端。当 8086/8088 CPU 收到其他主模块发出的 HOLD 信号，如果 CPU 允许出让总线，就在当前总线周期完成后，将总线（地址、数据、控制）浮空，同时该引脚发信号给请求端，同意出让总线。在出让总线期间，HOLD 与 HLDA 均为高电平。当 HOLD 变为低电平时，表示放弃对总线的占有，8086/8088 CPU 也将 HLDA 变为低电平，此时，CPU 又获得了总线的占有权。

3. 8086 CPU 在最小模式下的典型配置

8086 CPU 在最小工作模式下的典型配置如图 2.15 所示。

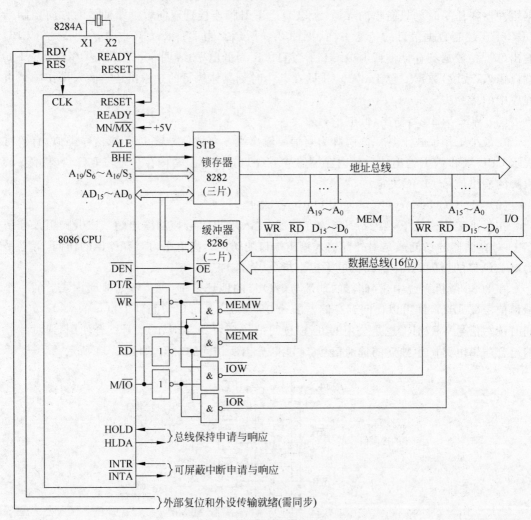

图 2.15　8086 CPU 在最小工作模式下的典型配置

当 MN/MX 接高电平时，系统仅有一片微处理器芯片 8086，所有的控制信号均由 8086 CPU 本身产生。整个系统分为以下几个功能。

1）系统时钟产生电路

8086 CPU 的时钟由专用时钟芯片 8284A 产生。8284A 除为系统提供 4.77MHz 的时钟信号外,还对准备好(READY)信号和复位(RESET)信号进行同步。外部的准备好信号从 RDY 引脚输入,已被同步、整形的准备好信号从 READY 引脚输出,送至 8086 CPU;外部的复位信号也是一样,从$\overline{\text{RES}}$引脚输入,RESET 引脚输出。这样,对外部电路来说,可以在任何时候发出这两个信号,但在 8284A 的内部,被整形、同步成在时钟的下降沿处开始有效。

2) 16 根地址/数据复用线,4 根地址/状态复用线和$\overline{\text{BHE}}/\text{S}_7$复用线分离电路

8086 CPU 的引脚 $\text{AD}_{15} \sim \text{AD}_0$ 是地址、数据分时复用线,$\text{A}_{16}/\text{S}_3 \sim \text{A}_{19}/\text{S}_6$ 和 $\overline{\text{BHE}}/\text{S}_7$ 是地址/状态分时复用线,在工作时需要将地址信息送到地址总线,数据信息连接至数据总线,所以在 8086 CPU 片外需要有地址、数据信息的分离及锁存电路。由于地址线有 21 根(包括$\overline{\text{BHE}}$),所以需要有 3 片 8282 或 74LS373 锁存器芯片,8086 的 ALE 信号连接锁存器的使能端,使得当复用线的地址信号到来时锁存地址,复用线上的地址信号结束时锁存器输出端(地址总线)的地址信息不变;同样,由于数据线有 16 根,所以 8086 CPU 的地址/数据复用线用二片双向数据缓冲器 8286 连通系统的数据总线。8086 的$\overline{\text{DEN}}$信号连接 8286 的片选端,使得当复用线上的数据信息到来时双向数据缓冲器才开始工作,8086 的 DT/$\overline{\text{R}}$ 信号连接双向数据缓冲器的方向端,控制数据的传送方向。

3) 存储器、I/O 读写控制电路

8086 CPU 的 M/$\overline{\text{IO}}$、$\overline{\text{WR}}$、$\overline{\text{RD}}$这 3 个引脚决定了存储器或 I/O 口的数据传输方向。这 3 个引脚信号经外部简单的逻辑组合电路作用后,产生了 4 个独立的控制信号:存储器读写信号$\overline{\text{MEMR}}$、$\overline{\text{MEMW}}$和 I/O 端口的读写信号$\overline{\text{IOR}}$、$\overline{\text{IOW}}$。随着指令的不同,在每一个总线周期,只有一种信号有效,控制数据传输的方向、来源和目的地。

4) 总线保持申请与响应控制电路

HOLD、HLDA 两引脚信号在外电路的配合作用下,允许 8086 CPU 出让总线,具体的信号分析如前所述。

5) 可屏蔽中断申请与响应控制电路

这一部分的电路分析在第 7 章中断部分详细阐述。

4. 最大工作模式下的控制信号线

将 8086/8088 CPU 的第 23 引脚 MN/$\overline{\text{MX}}$接低电平时,系统工作于最大工作模式。在最大工作模式系统中,微机系统中允许有两个或两个以上微处理器存在,其中一个主处理器是 8086,其他的称为协处理器。大部分总线控制信号由总线控制器 8288 产生,可以构成大规模的控制系统。在 IBM PC/XT 机中,8086/8088 CPU 就工作于最大工作模式。首先分析在最大工作模式下 8 根控制信号线的引脚特性。

(1) $\overline{\text{S}}_2$,$\overline{\text{S}}_1$,$\overline{\text{S}}_0$(Bus Cycle Status),输出。

在最大工作模式下,第 26,27,28 引脚是总线状态周期信号输出端。这 3 个信号组合起来可以指出当前总线周期的操作类型。总线控制器 8288 正是根据这 3 个引脚指示出的总线操作类型,产生系统所需的控制信号。具体的状态信号,操作类型以及 8288 所产生的控制信号的对应关系如表 2.5 所示。

表 2.5　$\overline{S_2}$,$\overline{S_1}$,$\overline{S_0}$状态信号与控制命令

$\overline{S_2}$	$\overline{S_1}$	$\overline{S_0}$	总线周期操作类型	8288 的控制命令
0	0	0	可屏蔽中断响应周期	$\overline{INTA}$
0	0	1	读 I/O 端口	$\overline{IORC}$
0	1	0	写 I/O 端口	$\overline{IOWC}$,$\overline{AIOWC}$
0	1	1	暂停	无
1	0	0	取指令	$\overline{MRDC}$
1	0	1	读存储器	$\overline{MRDC}$
1	1	0	写存储器	$\overline{MWTC}$,$\overline{AMWC}$
1	1	1	无源状态	无

无源状态：对$\overline{S_2}$,$\overline{S_1}$,$\overline{S_0}$来说,在前一个总线周期的 T_4 状态和本总线周期的 T_1,T_2 状态中,至少有一个信号为低电平,每种情况下,都对应了某一个总线操作过程,通常称为有源状态。在总线周期 T_3 和 T_W 状态且 READY 信号为高电平时,$\overline{S_2}$,$\overline{S_1}$,$\overline{S_0}$为高电平,此时,一个总线操作过程就要结束,另一个新的总线周期还未开始,通常称为无源状态。

8086/8088 CPU 的总线周期信号状态$\overline{S_2}$,$\overline{S_1}$,$\overline{S_0}$总结如下:

$\overline{S_2}$为 0,表示数据传输是在 CPU 和 I/O 接口之间进行的;

$\overline{S_2}$为 1,表示数据传输是在 CPU 和内存之间进行的;

$\overline{S_1}$为 0,表示 CPU 进行的是读操作;

$\overline{S_1}$为 1,表示 CPU 进行的是写操作。

8288 为最大工作模式下的总线控制器,它根据 8086/8088 CPU 的状态信号$\overline{S_2}$,$\overline{S_1}$,$\overline{S_0}$的组合判定 CPU 要执行何种操作,从而发出相应的控制命令。用 8288 代替 8086/8088 CPU 产生总线控制信号,能很好地解决主处理器和协处理器之间的协调工作和对总线的共享控制问题;并提高了控制总线的驱动能力。8288 的内部原理图如图 2.16 所示。

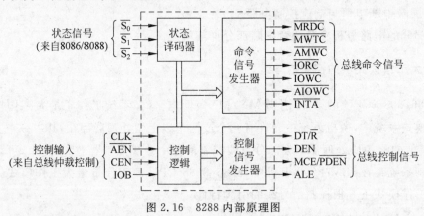

图 2.16　8288 内部原理图

① 8288 的输入信号

8288 接受 8086/8088 CPU 的总线状态编码信号$\overline{S_2}$,$\overline{S_1}$,$\overline{S_0}$,来自时钟发生器的 CLK 信号和来自总线仲裁控制的$\overline{AEN}$,CEN 和 IOB 信号。其中,在单处理器的工作方式中(IBM PC/XT),CEN 接高电平,$\overline{AEN}$和 IOB 接地,此时 8288 的主要作用是增加控制总线的驱动

能力,同时方便在主板的扩展槽上扩展协处理器的电路板,构成一个多处理器系统。

② 8088 的输出信号

8288 的输出信号有两个方面。

首先是总线控制信号 ALE、DEN 和 DT/$\overline{R}$。参考最小工作模式,可以知道这 3 个信号的主要作用是将 8086/8088 CPU 的地址/数据分时复用引脚上的地址、数据信号分离开,并且控制数据总线的数据传输方向。信号 MCE/$\overline{PDEN}$在单处理器系统中,与中断级联有关,在 IBM PC/XT 机中处于浮空状态。

其次是总线命令信号 $\overline{MRDC}$等,主要作用分为以下 3 类。

a. 存储器读写控制命令。

$\overline{MRDC}$:读存储器命令,控制存储器中数据的流向,将 8086/8088 CPU 在内存中所寻址的单元的内容送至数据总线。

$\overline{MWTC}$:写存储器命令,控制存储器中数据的流向,将 8086/8088 CPU 送至数据总线上的数据写入所寻址的内存单元中。

$\overline{AMWC}$:提前写存储器命令,作用与$\overline{MWTC}$一样,但比$\overline{MWTC}$提前一个周期发出,使得存取速度较慢的存储器芯片可以得到一个额外的时钟周期去执行写入操作。

b. I/O 读写控制命令。

$\overline{IORC}$:读 I/O 端口命令,控制 I/O 端口的数据流向,将 8086/8088 CPU 在 I/O 端口中所寻址的单元的内容送至数据总线。

$\overline{IOWC}$:写 I/O 端口命令,控制 I/O 端口的数据流向,将 8086/8088 CPU 送至数据总线上的数据写入所寻址的 I/O 端口中。

$\overline{AMWC}$:提前写 I/O 端口命令,作用与$\overline{IOWC}$一样,但比$\overline{IOWC}$提前一个周期发出,使得存取速度较慢的设备可以得到一个额外的时钟周期去执行写入操作。

c. 可屏蔽中断响应命令。

用来对外设的可屏蔽中断请求作出响应。当外设向 CPU 申请可屏蔽中断 INTR,CPU 如果允许中断,则连续发出两个负脉冲$\overline{INTA}$给外设。第一个负脉冲通知外设已受理中断;并要求外设在第二个负脉冲期间向数据总线上发送中断类型码。

(2) QS_1, QS_0(Instruction Queue Status),输出。

在最大工作模式下,第 24,25 引脚是指令队列状态信号输出端。这两个信号组合起来提供了前一个时钟周期中指令队列的状态,以便于外部设备对 8086 CPU 内部指令队列的动作跟踪。具体含义如表 2.6 所示。

表 2.6　QS_1, QS_0 的代码组合及其所对应的含义

QS_1	QS_0	含　义
0	0	无操作
0	1	从指令队列的第一个字节中取走代码
1	0	队列为空
1	1	从指令队列的第二个字节及后续字节中取走代码

(3) $\overline{LOCK}$(Lock),输出,低电平有效。

在最大工作模式下,第 29 引脚是总线封锁信号输出端。当该引脚上的信号为低电平

时,总线上的其他主控设备不能占有总线。该信号由指令前缀 LOCK 产生,带有 LOCK 前缀的指令执行完后,便撤销了这个引脚信号。

(4) $\overline{RQ/GT_0}$,$\overline{RQ/GT_1}$(Request/Grant),输入输出双向,低电平有效。

在最大工作模式下,第 30,31 引脚是总线请求信号输入/总线请求允许信号输出端。这两个引脚是 CPU 外的总线主设备向 CPU 申请总线和 CPU 接受申请后的应答信号。信号是双向的,方向相反。$\overline{RQ/GT_0}$ 比 $\overline{RQ/GT_1}$ 有更高的优先权。请求和允许的过程如下:

① 要占有总线的主设备输送一个宽度为一个时钟周期的脉冲给 CPU,表示请求使用总线。

② CPU 在当前总线周期的 T_4 或下一个总线周期的 T_1 状态输出一个宽度为一个时钟周期的脉冲给该总线主设备,作为出让总线的应答信号,从下一个时钟周期开始,CPU 释放总线。

③ 当外设使用完毕时,该总线主设备输出一个时钟周期的脉冲给 CPU 表示总线请求的结束,于是 CPU 在下一个时钟周期又开始控制总线。

每一次总线主设备的改变都需要这样的 3 个脉冲,脉冲为低电平有效。在两个总线请求之间,至少要有一个空时钟周期。

5. 8086 CPU 在最大模式下的典型配置

8086 CPU 在最大工作模式下的典型配置如图 2.17 所示。

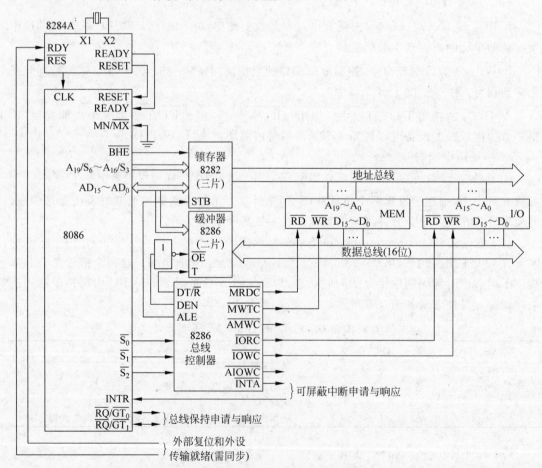

图 2.17　8086 在最大模式下的典型配置

当 MN/$\overline{\text{MX}}$ 接低电平时,系统工作于最大工作模式。与最小工作模式不同的是,在最大工作模式下,系统的大部分总线控制信号由总线控制器 8288 产生,具体的控制信号及其作用在上面已详细地讨论过,在这里就不再赘述。

2.4 典型时序分析

微机的基本工作原理可概括为"程序存储"和"程序控制"。程序以指令的形式存储在计算机的内存中,计算机在时钟信号 CLK 的统一控制下,一个节拍一个节拍地工作,对每条指令完成"取指→分析指令→执指"的操作。

计算机的内部是时序电路,每条指令都有其固有的时序,因此,研究 CPU 的时序是非常重要的,了解时序有利于深入了解指令的执行过程;有利于提高所编程序的质量,减少存储空间,加快程序的有效执行速度;在微机实时控制应用中,精确计算程序运行时间,便于与控制过程相配合;在构成一个微机系统时,必须考虑扩展的 I/O 端口、存储器等与 CPU 之间连接的时序配合。

2.4.1 基本概念

时钟周期:相邻两个时钟脉冲上升沿之间的时间间隔称为时钟周期 T,又称 T 状态。CPU 所有的操作都以它为基准。8086/8088 CPU 的时钟是由时钟发生器 8284A 提供的,频率为 4.77MHz,一个 T 状态大约为 210ns。

指令周期:执行一条指令的时间。不同的指令执行的时间是不同的,不同的指令长短也是不同的,因此指令周期是针对具体的指令而言的。例如寄存器间的数据传送指令周期需要 2 个时钟周期,而 I/O 端口的输入输出指令周期则需要 8~10 个时钟周期。

总线周期:CPU 访问(读或写)一次存储器单元或 I/O 端口所需要的时间。8086/8088 CPU 的一个总线周期由多个时钟周期 T 组成。

8086/8088 CPU 的总线周期可以大致分为以下类别。

1. 基本总线周期

基本总线周期由 4 个时钟周期组成,即含有 4 个 T 状态,称为 T_1,T_2,T_3,T_4。正常情况下,CPU 对存储器或 I/O 端口的一次读写操作只需要一个基本总线周期。

1)读总线周期

CPU 将存储器单元或 I/O 端口中的数据取出并读入 CPU 内部寄存器的总线周期。具体操作时序在 2.4.2 节中介绍。

2)写总线周期

CPU 将内部寄存器中的数据写入存储器单元或 I/O 端口的总线周期。具体操作时序在 2.4.3 节中介绍。

2. 扩展总线周期

1)等待周期 Tw

如果存储器或 I/O 端口的存取速度小于 CPU 的读写速度,则应在总线周期的 T_3 状态通过 8284A 向 CPU 的 READY 端口发送一个低电平,CPU 检测到此低电平后,在 T_3 状态后插入一个或多个附加时钟周期 Tw,延长总线周期的时间。在等待周期 Tw 内,数据及控制信号等保持不变。CPU 在每个 Tw 状态中都检测 READY 信号,直到 READY 信号变为高电平,表示存储器或 I/O 端口已完成了数据的存取,才结束等待周期进入 T_4 状态,完成本次数据读写操作。

2) 空闲周期 TI

总线周期用于 CPU 和存储器或 I/O 端口之间传送数据,以及 BIU 取指令填充指令队列,这些操作都由 BIU 完成。若当前没有 BIU 操作,系统总线处于空闲状态,此时即执行空闲周期 TI。在 TI 中,可以包含 1 个或多个时钟周期。若 BIU 又需对总线进行操作,则结束空闲周期。

空闲周期 TI 期间,在高 4 位地址/状态总线上,CPU 仍维持前一个总线周期的状态信息不变。若前一个总线周期是写周期,则低 16 位地址/数据线上将维持数据信息;若前一个总线周期是读周期,则低 16 位地址/数据线上浮空。

在理想情况下,CPU 应工作于基本总线周期。若 CPU 长期工作于扩展总线周期,将降低 CPU 的效率。因此,要求存储器和外设有较快的存取速度,以减少等待周期 Tw 的产生;编程时尽量少用有较长指令周期的指令(如乘除法指令等),使得 EU 和 BIU 同步执指、取指,减少空闲周期的存在。

2.4.2　读总线周期操作时序

根据系统规模的不同,分为最大工作模式下的读总线周期操作时序和最小工作模式下的读总线周期操作时序,主要的不同在于在最小工作模式下总线的各种控制信号是由 8086 CPU 本身产生的,而在最大工作模式下总线大部分的控制信号是由总线控制器 8288 产生的。

1. 最小工作模式下的读周期操作时序

由于 8086 CPU 既可以寻址存储器也可以寻址 I/O 端口,且这两种寻址方式的读写信号完全一致,唯一的区别就是第 28 引脚的信号 $M/\overline{IO}$ 不同,当寻址存储器时,该引脚信号为高电平;当寻址 I/O 端口时,该引脚信号为低电平。图 2.18 为最小工作模式下存储器读周期操作时序。

1) T_1 状态

(1) 由于 CPU 访问的是存储器,故 $M/\overline{IO}$ 为高电平;若此时访问的是 I/O 设备,则该引脚为低电平。该引脚在整个读总线周期中保持不变。

(2) 地址/数据复用线 $AD_{15} \sim AD_0$ 在 T_1 状态输出地址信息。

(3) 由于 CPU 访问的是存储器,地址/状态复用线 $A_{19}/S_6 \sim A_{16}/S_3$,$\overline{BHE}/S_7$ 在 T_1 状态输出的也是地址信息。

(4) 为了锁存地址信息,ALE 引脚在 T_1 状态输出一个正脉冲作为地址锁存控制信号,在此正脉冲的下降沿,地址锁存器将复用线上的地址信号锁存到地址总线,并在整个读总线周期中保持该地址信号不变。

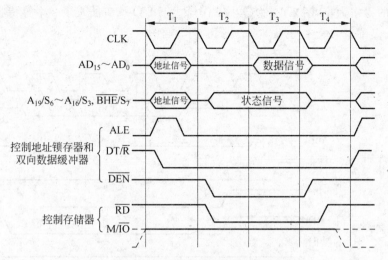

图 2.18　最小工作模式下存储器读周期操作时序

（5）由于执行的是读存储器的操作，数据信息由存储器流向 CPU，所以控制双向缓冲器方向端的引脚 DT/$\overline{\text{R}}$ 输出的是低电平，控制数据流向 CPU。

2）T_2 状态

（1）地址/数据复用线 $AD_{15} \sim AD_0$ 在 T_2 状态处于浮空状态，作为一个缓冲期以便为读入数据做准备。

（2）地址/状态复用线 $A_{19}/S_6 \sim A_{16}/S_3$，$\overline{\text{BHE}}/S_7$ 在 T_2 状态输出的是状态信息 $S_3 \sim S_7$，并一直持续到 T_4 状态。

（3）引脚 $\overline{\text{DEN}}$ 输出低电平，控制双向数据缓冲器的使能端，使地址/数据复用线与系统的数据总线连接，以便接收从存储器传输到 CPU 的数据。此低电平一直持续到 T_4 状态。

（4）引脚 $\overline{\text{RD}}$ 输出低电平，与引脚 M/$\overline{\text{IO}}$ 配合，作为存储器读控制端的有效信号，使得存储器的数据信息得以输出到系统的数据总线，同样，此低电平一直持续到 T_4 状态。

3）T_3 状态

存储器将数据信息 $D_{15} \sim D_0$ 送入系统的数据总线，此时由于数据总线与 8086 CPU 的 $AD_{15} \sim AD_0$ 复用线连接，故在 $AD_{15} \sim AD_0$ 复用线上出现的是存储器的数据信息。同时，CPU 也在该状态期间检测输入端 READY 引脚上的信号，若此时 READY 引脚上为低电平，则 CPU 插入一个等待状态 T_W，并在 T_W 期间保持各引脚上的信号不变，同时在 T_W 期间继续检测 READY 信号，直至 READY 信号变为高电平，才停止插入 T_W 状态，进入 T_4 状态，见图 2.19 所示。

4）T_4 状态

CPU 获取了数据总线上的数据信息，完成了读数据的操作，数据信号从数据总线上撤除，$AD_{15} \sim AD_0$，$A_{19}/S_6 \sim A_{16}/S_3$ 等引脚均进入高阻状态，各控制信号线也进入无效状态，$\overline{\text{DEN}}$ 信号成为高电平，使得双向数据缓冲器不工作，从而结束了读总线周期。

若存储器或 I/O 设备的存取速度低于 CPU 的读写速度，不能在基本总线周期规定的 4 个 T 状态期间完成读操作，则在一个总线周期期间要插入一个或多个等待状态，直到正确完成所需要的操作为止,图 2.19 为最小工作模式下 I/O 端口插入了 2 个等待状态下的读周期操作时序。

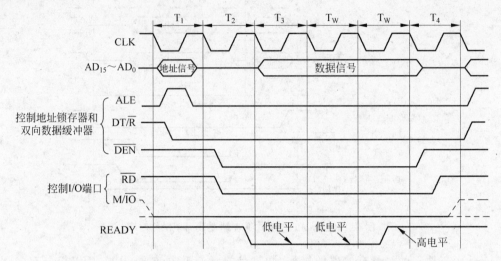

图 2.19　最小工作模式下 I/O 端口插入了 2 个等待状态下的读周期操作时序

可见,最小模式下 I/O 端口的读周期总线时序信号与存储器的读周期总线时序基本一致,不同处在于:

(1) I/O 地址总线为 16 位,在 T_1 时刻,高位地址线 $A_{19} \sim A_{16}$ 无效,但状态信息 $S_3 \sim S_7$ 在 T_2 状态依然有效。

(2) M/$\overline{\text{IO}}$ 引脚的信号在寻址 I/O 端口时,从 T_1 状态至 T_4 状态一直为低电平。

(3) 若 I/O 设备工作速度较低,不能在基本总线周期规定的 4 个 T 状态下完成读操作,则会通过 8284A 时钟发生器向 CPU 的 READY 端发送低电平。CPU 在 T_3 的下降沿检测 READY 引脚,若检测到低电平,则表示 CPU 此时不能正确读取数据,于是增加等待状态 Tw,同时保持总线的各种控制信号不变,继续在 Tw 状态的下降沿检测 READY 信号,只有检测到 READY 信号为高电平,表示 I/O 端口的数据已准备就绪,此时 CPU 才会读取数据总线,同时进入 T_4 状态,结束此次总线周期。图 2.19 中检测了 3 次 READY 引脚,在总线周期中增加了两个 Tw 状态。

2. 最大工作模式下的读周期操作时序

最大工作模式下的读周期操作时序与上述最小工作模式的情形类似,不同之处在于:

(1) 8086 CPU 在 T_1 状态至 T_3 状态之间只发出对应的总线控制编码信号 $\overline{S_0}$, $\overline{S_1}$, $\overline{S_2}$ 给总线控制器 8288,在一个基本总线周期中,这 3 个引脚应至少有一个引脚信号为低电平。在 T_3 或 Tw 状态中,这 3 个引脚全部为高电平,进入无源状态。

(2) 具体的地址、数据总线的译码控制信号由 8288 根据 $\overline{S_0}$, $\overline{S_1}$, $\overline{S_2}$ 的情况发出,同时 8288 也发出存储器或 I/O 端口的读控制信号 $\overline{\text{MRDC}}$ 或 $\overline{\text{IORC}}$,图 2.20 是最大工作模式下存储器的读周期操作时序。

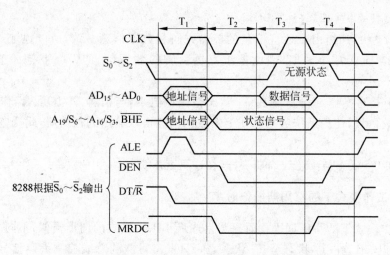

图 2.20 最大工作模式下存储器的读周期操作时序

2.4.3 写总线周期操作时序

与读总线周期一样,根据系统规模的不同,分为最大工作模式下的写总线周期操作时序和最小工作模式下的写总线周期操作时序。

1. 最小工作模式下的写周期操作时序

和读操作一样,当寻址存储器时,M/$\overline{\text{IO}}$引脚信号为高电平;当寻址 I/O 端口时,M/$\overline{\text{IO}}$引脚信号为低电平。图 2.21 为最小工作模式下存储器写周期操作时序。

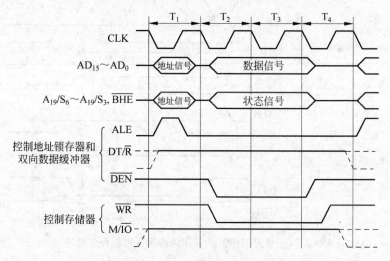

图 2.21 最小工作模式下存储器写周期操作时序

1) T_1 状态

在 T_1 状态下,写操作时序与读操作时序的引脚信号基本一致,所不同的是由于写操作的数据信息是由 CPU 流向存储器,所以控制双向缓冲器方向端的引脚 DT/$\overline{\text{R}}$ 输出的是高电平,控制数据由 CPU 流向存储器。

2) T$_2$ 状态

(1) 在 T$_2$ 状态时,由于地址信息的传输方向和数据信息一致,所以地址/数据复用引脚 AD$_{15}$~AD$_0$ 上无需缓冲期,因此该组复用引脚的数据信息从 T$_2$ 状态一直持续到 T$_4$ 状态。

(2) 由于是写操作,引脚 $\overline{WR}$ 在 T$_2$ 状态输出低电平,与引脚 M/$\overline{IO}$ 配合,作为存储器写控制端的有效信号,使得系统数据总线上的数据信息得以输出到存储器,此低电平一直持续到 T$_4$ 状态。

3) T$_3$ 和 T$_4$ 状态与读总线周期一样,在这里就不赘述。

2. 最大工作模式下的写周期操作时序

最大工作模式下的写周期操作时序与上述最小工作模式的情形类似,不同之处在于:

(1) 8086 CPU 在 T$_1$ 状态至 T$_3$ 状态之间只发出对应的总线控制编码信号 $\overline{S_0}$,$\overline{S_1}$,$\overline{S_2}$ 给总线控制器 8288,在一个基本总线周期中,这 3 个引脚应至少有一个引脚信号为低电平。在 T$_3$ 或 T$_W$ 状态中,这 3 个引脚全部为高电平,进入无源状态。

(2) 具体的地址、数据总线的译码控制信号由 8288 根据 $\overline{S_0}$,$\overline{S_1}$,$\overline{S_2}$ 的情况发出,同时 8288 也在 T$_3$ 状态发出存储器或 I/O 端口的写控制信号 $\overline{MWTC}$ 或 $\overline{IOWC}$。另外,为了与慢速存储器或 I/O 设备配合,8288 还在 T$_2$ 状态发出提前写控制信号 $\overline{AMWC}$ 或 $\overline{AIOWC}$,可以使存储器或 I/O 端口提前一个 T 状态做好接收数据的准备。图 2.22 为最大工作模式下存储器的写周期操作时序。

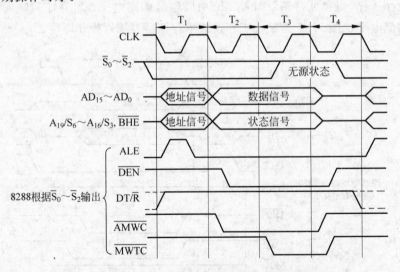

图 2.22 最大工作模式下存储器的写周期操作时序

在写总线周期中,如果在 T$_3$ 状态的下降沿检测到 READY 信号为低电平,同样会在 T$_3$ 和 T$_4$ 状态之间插入一个或几个 T$_W$ 状态,使总线的数据和控制信号保持不变,直至 READY 信号变为高电平,表示数据已经正确接收,同时进入 T$_4$ 状态,结束本次总线周期。

习题 2

一、选择题

1. 8086/8088 CPU 内部有一个始终指示下条指令偏移地址的部件是_____。

    A. SP   B. CS   C. IP   D. BP

2. 指令队列的作用是_____。

    A. 暂存操作数地址   B. 暂存操作数

    C. 暂存指令地址   D. 暂存预取指令

3. 8086/8088 下列部件中与地址形成无关的是_____。

    A. ALU   B. 通用寄存器   C. 指针寄存器   D. 段寄存器

4. 对于 8086,下列说法错误的是_____。

    A. 段寄存器位于 BIU 中   B. 20 位的物理地址是在 EU 部件中形成的

    C. 复位后 CS 的初值为 FFFFH   D. 指令队列的长度为 6 个字节

5. 8086/8088 中 ES、DI 分别属于_____。

    A. EU、BIU   B. EU、EU   C. BIU、BIU   D. BIU、EU

6. BIU 与 EU 工作方式的正确说法是_____。

    A. 并行但不同步工作   B. 同步工作

    C. 各自独立工作   D. 指令队列满时异步工作,空时同步工作

7. 在执行转移、调用和返回指令时,指令队列中原有的内容_____。

    A. 自动清除   B. 用软件清除

    C. 不改变   D. 自动清除或用软件清除

8. 下列说法中,正确的一条是_____。

    A. 8086/8088 标志寄存器共有 16 位,每一位都有含义

    B. 8088/8086 的数据总线都是 16 位

    C. 8086/8088 的逻辑段不允许段的重叠和交叉

    D. 8086/8088 的逻辑段空间最大为 64KB,实际应用中可能小于 64KB

9. 8086/8088 工作于最大模式,是因为_____。

    A. 可以扩展存储容量   B. 可以扩大 I/O 空间

    C. 可以构成多处理器系统   D. 可以提高 CPU 主频

10. 8088/8086 最大模式比最小模式在结构上至少应增加_____。

    A. 中断优先级控制器   B. 总线控制器

    C. 数据驱动器   D. 地址锁存器

11. 组成最大模式下的最小系统,除 CPU、时钟电路、ROM、RAM 及 I/O 接口外,至少需增加的芯片类型为_____。

    a. 总线控制器   b. 总线裁决器   c. 地址锁存器   d. 总线驱动器

    A. b,d   B. a,b,c   C. a,d   D. a,c,d

12. 工作在最小模式时,对 CPU 而言,下列信号皆为输入信号的是_____。

  A. HOLD、$\overline{\text{TEST}}$、READY　　　　B. M/$\overline{\text{IO}}$、$\overline{\text{TEST}}$、READY

  C. M/$\overline{\text{IO}}$、HOLD、$\overline{\text{TEST}}$　　　　D. DT/$\overline{\text{R}}$、HOLD、READY

13. LOCK 引脚的功能是_____。

  A. 总线锁定　　　B. 地址锁定　　　C. 数据输入锁定　　　D. 数据输出锁定

14. 与存储器(或外设)同步以及与协处理器同步的引脚信号依次为_____。

  A. READY、$\overline{\text{TEST}}$　　　　　　B. READY、HOLD

  C. LOCK、RESET　　　　　　D. $\overline{\text{TEST}}$、LOCK

15. 工作在最大模式时,下列信号皆为输出信号的是_____。

  A. QS_0、QS_1、$\overline{\text{LOCK}}$　　　　　B. QS_0、$\overline{\text{RQ}/\text{GT}_0}$、$\overline{\text{LOCK}}$

  C. QS_1、$\overline{\text{RQ}/\text{GT}_1}$、$\overline{S_0}$　　　　D. $\overline{\text{RQ}/\text{GT}_0}$、$QS_1$、$\overline{\text{BHE}}$

16. 8086/8088 最大模式时,LOCK引脚有效时的正确含义是_____。

  A. 能中断 CPU 的工作　　　　B. 能进行 DMA 操作

  C. 其他总线部件不能占有总线　　D. 暂停 CPU 的工作

17. 工作在最大模式时,经总线控制器 8288 将对应 CPU 最小模式时的 3 个引脚状态进行组合,产生控制和命令信号,这 3 个引脚应为_____。

  A. MN/$\overline{\text{MX}}$　M/$\overline{\text{IO}}$　DT/$\overline{\text{R}}$　　　B. $\overline{\text{DEN}}$　M/$\overline{\text{IO}}$　MN/$\overline{\text{MX}}$

  C. M/$\overline{\text{IO}}$　DT/$\overline{\text{R}}$　$\overline{\text{DEN}}$　　　D. $\overline{\text{DEN}}$　DT/$\overline{\text{R}}$　MN/$\overline{\text{MX}}$

18. 8088/8086 中,关于总线周期叙述不正确的是_____。

  A. 总线周期通常由连续的 $T_1 \sim T_4$ 组成

  B. 在读写操作数时才执行总线周期

  C. 总线周期允许插入等待状态

  D. 总线周期允许存在空闲状态

19. 在 8086 读总线周期中,进入 T_3 后发现 READY=0,需要插入等待状态,则在插入等待状态时其引脚的高地址 $A_{19} \sim A_{16}$_____。

  A. 表示读数据对应的高 4 位的地址

  B. 表示 CPU 当前工作状态

  C. 处于高阻状态

  D. 处于不定状态

20. 设 8086/8088 工作于最小模式,在存储器读、写周期中,总线 $AD_{15} \sim AD_0$ 上数据开始有效的时刻(不插入 Tw)分别是_____。

  A. T_2、T_2　　　B. T_2、T_3　　　C. T_3、T_4　　　D. T_3、T_2

二、填空题

1. 8086/8088 CPU 在结构上由两个独立的处理单元_____和_____构成,这两个单元可以_____工作,从而加快了程序的运行速度。

2. 8086 是 Intel 系列的 16 位处理器,从功能上,它分为两个部分:即总线接口单元和执行单元。总线接口单元由_____、_____、_____、_____、_____等寄存器和20 位地址加法器和 6 字节指令队列构成。执行单元有 4 个通用寄存器,即_____、_____、_____、_____;4 个专用寄存器,即_____、_____、_____、_____、等寄存器和算术逻辑单元组成。

3. 任何 CPU 都有一个寄存器存放程序运行状态的标志信息,在 8086 中,该寄存器是_____。其中,根据运算结果是否为零,决定程序分支走向的标志位是_____。

4. 8086/8088 CPU 中标志寄存器的 3 个控制位是_____、_____、_____。

5. 逻辑地址 9B50H:2C00H 对应的物理地址是_____。

6. 在任何一个总线周期的 T_1 状态,ALE 输出_____。

7. 8086 有两种工作模式,即最小模式和最大模式,它由_____决定。最小模式的特点是_____,最大模式的特点是_____。

8. 8086 CPU 可访问的存储器的空间为 1MB,实际上分奇数存储体和偶数存储体两部分,对于奇数存储体的选择信号是_____,对于偶数存储体的选择信号是_____,对于每个存储体内的存储单元的选择信号是_____。

9. 在 8086 的最小系统,当 $M/\overline{IO} = 0$,$\overline{WR} = 1$,$\overline{RD} = 0$ 时,CPU 完成的操作是_____。

10. 在最小模式下,执行"OUT DX,AL"指令时,$M/\overline{IO}$、$\overline{WR}$、$\overline{RD}$、$DT/\overline{R}$ 的状态分别是_____、_____、_____、_____。

11. 8086 CPU 从偶地址读写两个字节时,需要_____个总线周期,从奇地址读取两个字节时,需要_____个总线周期。

12. 8086 在存取存储器中以偶地址为起始地址的字时,$M/\overline{IO}$,$\overline{BHE}$,A_0 的状态分别是_____、_____、_____。

13. 8086 向内存地址 1200BH 写一个字节数据时,需要一个总线周期,在该总线周期的 T_1 状态,$\overline{BHE}$ 为_____,A_0 为_____。

14. 假设某个总线周期需插入两个 Tw 等待状态,则该总线周期内对 READY 信号检测的次数是_____。

15. 8086 CPU 上电复位后,CS=_____,IP=_____,DS=_____,标志寄存器 FR=_____。

16. 8086/8088 的复位信号至少要维持_____个时钟周期。

17. 8086 CPU 工作在最小模式下,控制数据流方向的信号是_____、_____、_____、_____、_____。

18. 当存储器的读出时间大于 CPU 所要求的时间时,为了保证 CPU 与存储器的周期配合,就要利用_____信号,使 CPU 插入一个_____状态。

19. 当 8086/8088 工作于最大模式时,$QS_1 = 1$,$QS_0 = 0$,其表示指令队列的状态为_____。

20. 在 T_2、T_3、Tw、T_4 状态时,S_6 为_____,表示 8086/8088 当前连在总线上。

21. 8086/8088 提供的能接受外中断请求信号的引脚是_____和_____。两种请求信号的主要不同处在于是否可_____。

22. 一台微机的 CPU,其晶振的主振频率为 8MHz,二分频后作为 CPU 的时钟频率。如果该 CPU 的一个总线周期含有 4 个时钟周期,那么此总线周期是_____μs。

23. 某微处理器的主频为 20MHz,由 2 个时钟周期组成一个机器周期,设平均 3 个机器周期可完成一条指令,其时钟周期和平均运算速度分别为_____。

三、问答题

1. 8086/8088 CPU 在结构上由哪两个独立的处理单元构成？这样的结构最主要的优点是什么？

2. 完成下列补码运算，并根据结果设置标志 SF、ZF、CF 和 OF，指出运算结果是否溢出。

(1) 00101101B＋10011100B　　　　(2) 01011101B－10111010B

(3) 876AH－0F32BH　　　　(4) 10000000B＋11111111B

3. 存储器采用分段方法进行组织有哪些好处？

4. Intel8086/8088 处理器芯片功能强大，但引脚数有限，为了建立其与外围丰富的信息联系，Intel8086/8088 处理器引脚采用了复用方式，说明其采用了何种复用方式？

5. 8086 CPU 是怎样解决地址线和数据线的复用问题的？ALE 信号何时处于有效电平？

6. 8086/8088 系统用的时钟发生器会产生哪些信号？

7. 说明 8086 CPU 的 READY 输入信号和 $\overline{\text{TEST}}$ 信号的作用是什么？

第 3 章　8086/8088的指令系统

微机的基本工作原理可概括为"程序存储"和"程序控制"。所谓程序就是指令的集合。指令是微处理器所能执行的操作命令,是由一系列二进制代码组成的。不同的微处理器可识别的指令系列不同。一个微机系统所能执行的全部指令的集合称为指令系统。由于指令本身是机器码或二进制代码的形式,编程人员不易编写和检查,所以在编程时,每条指令都用一定格式的助记符来代替它,这种助记符形式的语言称为汇编语言。当微机执行用汇编语言编写的程序时,首先将其转换成机器码,这个过程称为编译,然后再执行经转换后的机器码形式的指令序列。本章重点讨论 8086/8088 CPU 的指令系统。

3.1　8086/8088 的指令格式和寻址方式

3.1.1　指令格式

8086/8088 的指令由操作码和操作数两部分组成。操作码指出指令的操作类型,操作数则指出操作的对象。一条指令最多有两个操作数,也可能只有一个操作数,或一个操作数也没有,但是必须有操作码。

指令的具体格式如下:

[标号:] 操作码 [操作数 1][,操作数 2][;注释]

其中,方括号表示括号内的内容不一定存在。

标号:实际上表示的是地址,即是内存码段中存放该指令的第一个字节的地址。在分支、循环的程序结构中,当程序需要跳转到该指令处时,用标号指出具体的目的地地址。

操作码:指出操作的类型或操作的性质。例如是加法还是传送数据等。操作码是每条指令中都必不可少的。在汇编语言中,操作码是用助记符来描述的,如 MOV、SUB、SHL 等。编程时,通过助记符代替指令,可以方便地编写和阅读程序。

操作数:指出操作的对象。一般来说是操作数本身或存放操作数的内存(或 I/O 端口)地址。每条指令的操作数的多少要视具体指令的性质而定。

注释:在指令后可以用分号间隔,对指令进行注解,称为注释。注释部分是为了人们方便阅读程序用的,不进行编译,所以不影响程序的执行。

例如传送指令:

```
MOV  AX, BX  ；表示将 BX 寄存器中的内容传送到 AX 寄存器中
```

3.1.2　寻址方式

在汇编语言中,操作数是操作的对象,指明参加操作的数或者它所在的地址。指令中的操作数的来源主要有以下 4 种:

(1) 操作数包含在指令中,即操作数为常数,如 MOV AX,2000H。此时,2000H 为常数操作数,称为立即数。

(2) 操作数在 CPU 的某个寄存器中。此时操作数是该寄存器名。

(3) 操作数在内存中。此时在指令中表示的是该操作数所在的内存的地址。

(4) 操作数在 I/O 端口中。此时在指令中表示的是该操作数所在 I/O 端口的地址。

这 4 种来源的操作数通过不同的寻址方式来描述。在汇编语言中,是通过不同的书写方式来区分不同的寻址方式。

1. 立即寻址

操作数为常数,称为立即数,直接放在指令编码中,紧跟在操作码的后面,存放在存储器的码段区域内。立即数可以是 8 位或 16 位二进制的数。如果立即数是 16 位二进制数,需要占用两个字节的存储区间,则高 8 位数据占用高地址单元,低 8 位数据占用低地址单元。

【例 3.1】 MOV AX,2030H

该指令将立即数 2030H 存放到 AX 寄存器中。执行后(AX)=2030H。

指令的机器码(十六进制)为:B8 20 30。

其中,B8 是操作码,表示将一个立即数赋值给 AX 寄存器;2030H 就是这个立即数,紧挨着操作码,与操作码一起存放在存储器的代码段中。其代码段的存储形式及执行后的结果如图 3.1 所示。

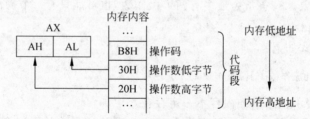

图 3.1　MOV AX,2030H 操作示意图

2. 寄存器寻址

操作数放在 CPU 的内部寄存器中,而寄存器名在指令中指出。8086/8088 的寄存器的宽度均为 8 位或 16 位二进制,在寻址时,源操作数与目的操作数的寄存器宽度要一致。

【例 3.2】 MOV AX,BX

该指令将源操作数寄存器 BX 中的内容传送到目的操作数寄存器 AX 中去。如果执行前 BX 寄存器中的内容为 1234H,即(BX)=1234H,则执行后,(AX)=1234H。

【例 3.3】 MOV CL,AH

该指令将源操作数寄存器 AH 中的内容传送到目的操作数寄存器 CL 中去。如果执行前 AH 寄存器中的内容为 12H,即(AH)=12H,则执行后,(CL)=12H。本例中,源和目的操作数均是8位寄存器。

3. 直接寻址

操作数是8位或16位数据,存放在内存中,指令中出现的是操作数在内存中所存放的偏移地址。内存地址是由段地址和偏移地址组成的,在直接寻址中,默认的操作数所在的段是数据段,即操作数的物理地址是由数据段的段地址和指令中给出的偏移地址组成的。

【例3.4】 MOV AX, [1006H]

将内存中数据段内偏移地址为1007H和1006H两个单元中的16位数据复制到寄存器AX中去。如果执行前(DS)=4000H,(41007H)=12H,(41006H)=34H,则执行后(AX)=1234H。

可见,在执行该指令时,首先要计算出操作数所在的物理地址,即DS×16+1006H=41006H,然后根据目的操作数(AX)的宽度(8位或16位)决定读取一个字节或两个字节的内存单元。而在指令中仅仅给出操作数的偏移地址。操作示意如图3.2所示。

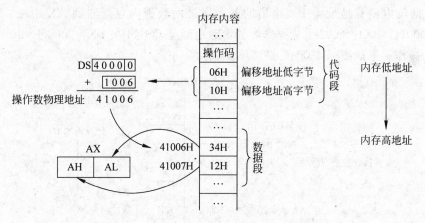

图3.2 MOV AX, [1006H]操作示意图

直接寻址还支持段超越,即操作数可以存储在代码段、堆栈段或附加数据段中。此时,指令中必须加上段超越前缀。

【例3.5】 MOV SS:[2000H], BX

将寄存器BX中的内容复制到内存堆栈段内偏移地址为2001H和2000H这两个单元中。如果执行前(BX)=4456H,(SS)=1000H,则执行后,(12001H)=44H,(12000H)=56H。

同样,在执行该指令时,首先计算操作数所在的物理地址,即SS×16+2000H=12000H,然后将BX中的内容复制到以该地址为首地址的两个字节中,如图3.3所示。

4. 寄存器间接寻址

操作数是8位或16位数据,存放在内存中,操作数的偏移地址存放在寄存器内,以寄存器的形式出现在指令中。作为存放操作数偏移量的间址寄存器只有4个,分别是BX,BP,SI和DI。下面分两种情况进行讨论。

(1) 若以BX,SI和DI间接寻址,操作数存储在数据段中,即操作数的物理地址是由数据段的段基址DS和对应寄存器内的偏移地址组合而成的。

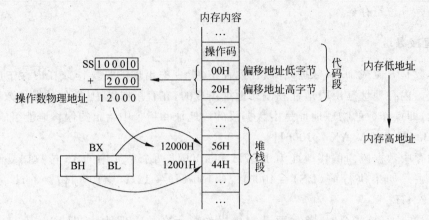

图 3.3 MOV SS：[2000H]，BX 操作示意图

【例 3.6】 MOV AX，[BX]

将数据段内偏移地址由 BX 给出的两个字节的数据内容复制到 AX 中去。若执行前 (DS)＝2000H，(BX)＝2002H，则操作数的物理地址是 DS×16＋BX＝2000H×16＋2002H＝22002H。操作示意如图 3.4 所示。

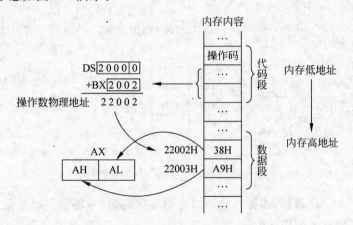

图 3.4 MOV AX，[BX]的操作示意图

可见，指令执行完后，(AX)＝A938H。

（2）若以 BP 间接寻址，操作数存储在堆栈段中，即操作数的物理地址是由堆栈段的段基址 SS 和 BP 寄存器内的偏移地址组合而成的。

【例 3.7】 MOV AL，[BP]

将堆栈段内偏移地址由 BP 指定的一个字节的数据内容复制到 AL 中去。若操作前 (SS)＝3000H，(BP)＝0100H，则操作数的物理地址是 SS×16＋BP＝3000H×16＋0100H＝30100H。操作示意如图 3.5 所示。

指令完成后，(AL)＝ABH。

寄存器间接寻址方式也支持段超越。若指令中有段超越前缀，则 BX，BP，SI，DI 的内容也可以与其他段寄存器相加，形成操作数的物理地址。

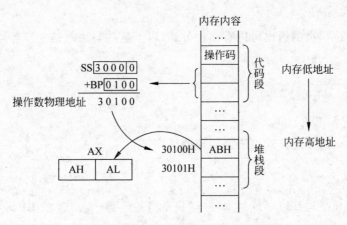

图 3.5　MOV AL,[BP]的操作示意图

5.基址寻址

可以用作寄存器间接寻址的 4 个寄存器 BX,BP,SI,DI 中,BX,BP 称为基址寄存器,SI,DI 称为变址寄存器。

基址寻址方式中,操作数仍存放在内存中,其偏移地址在指令中由基址(BX 或 BP)寄存器加上一个位移量共同给出。当使用 BX 进行基址寻址时,默认的操作数存放在数据段中;当使用 BP 进行基址寻址时,默认的操作数存放在堆栈段中。基址寻址方式也同样支持段超越。

【例 3.8】　MOV AX,2010H[BX]

将数据段内偏移地址为(BX)+2010H 的两个字节的数据复制到 AX 中,若此时(DS)=2000H,(BX)=2002H,则操作数的物理地址是 DS×16+BX+2010H=2000H×16+2002H+2010H=24012H。操作示意如图 3.6 所示。

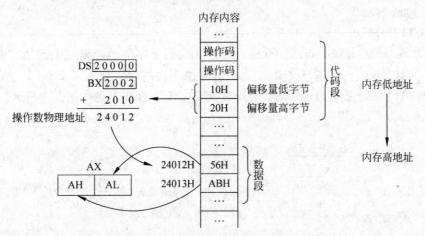

图 3.6　MOV AX,2010H[BX]操作示意图

指令完成后,(AX)=AB56H。

【例 3.9】　MOV BX,1002H[BP]

将堆栈段偏移地址为(BP)+1002H 的两个字节的数据复制到 BX 中。若操作前(SS)=3000H,(BP)=0100H,则操作数的物理地址是 SS×16+BP+1002H=3000H×16+

$0100H+1002H=31102H$。

基址寻址中位移量的给出可以有多种方式,以下这些写法都是完全等同的:

```
MOV  AX, 10H[BX]
MOV  AX, [BX]10H
MOV  AX, [BX + 10H]
MOV  AX, [BX] + 10H
```

其他带位移量的寻址方式也遵循同样的规则。

6. 变址寻址

变址寻址的规则与基址寻址基本一样,只是将基址寄存器 BX 或 BP 改换成变址寄存器 SI 或 DI。

操作数存放在内存的数据段中,偏移地址由变址寄存器 SI 或 DI 的内容加上一个位移量共同给出。支持段超越。

【例 3.10】 MOV BL, [SI+200H]

将数据段内偏移地址为(SI)+200H 单元内的 8 位数据复制到 BL 中去。若此时(DS)=2000H,(SI)=1004H,则操作数的物理地址是 DS×16+SI+200H=2000H×16+1004H+200H=21204H。

7. 基址加变址寻址

操作数在内存中,其偏移地址是由基址寄存器(BX 或 BP)加上变址寄存器(SI 或 DI)再加上一个位移量共同组成的。如果指令中出现的基址寄存器是 BX,则操作数默认在内存的数据段;如果指令中出现的基址寄存器是 BP,则操作数默认在内存的堆栈段。同样,支持段超越寻址。

【例 3.11】 MOV AX, [BX+SI+110H]

将数据段内偏移地址为(BX)+(SI)+110H 的两个字节的数据复制到 AX 中,若此时(DS)=2000H,(BX)=2002H,(SI)=200H,则操作数的物理地址是 DS×16+BX+SI+110H=2000H×16+2002H+200H+110H=22312H。操作示意如图 3.7 所示。

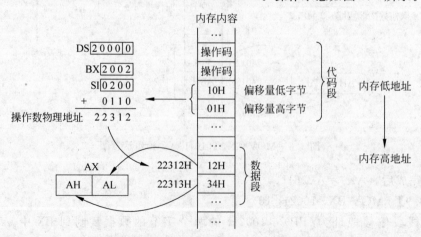

图 3.7   MOV AX,[BX+SI+110H]操作示意图

指令完成后,(AX)=3412H。

注意的是,无论是基址寻址、变址寻址还是基址加变址寻址,偏移地址都要经过计算取得,且结果是 16 位二进制数据。若计算的最后结果超过 16 位数据,则超过部分舍去。

【例 3.12】 MOV AL,[BP+SI]+10H

将堆栈段内偏移地址为(BP)+(SI)+10H 的一个字节的数据复制到 AL 中,若此时(SS)=3000H,(BP)=F000H,(SI)=2000H,则操作数的偏移地址是:BP+SI+10H=F000H+2000H+10H,因为这 3 项之和超过了 16 位,故偏移地址只取低 16 位为 1010H。物理地址是 SS×16+1010H=3000H×16+1010H=31010H。

3.2 数据传送指令

8086/8088 CPU 有多种数据传送指令,以实现寄存器之间、寄存器与内存之间的数据多方式传送。

3.2.1 通用数据传送 MOV 指令

MOV 指令的功能是完成 8 位或 16 位数据的传送,也是最常用的指令。

指令格式:**MOV dest,src**。

指令功能:将操作数 src 复制传送到操作数 dest,即 src→dest。

dest 称为目的操作数,src 称为源操作数。

一般说来,除了目的操作数不可以是立即数之外,源和目的操作数都支持所有的寻址方式,但使用 MOV 指令时应注意以下几个问题。

(1) 所有的 MOV 传送指令都不改变标志寄存器 FR 的标志位。

(2) 代码段的段基址和偏移地址寄存器 CS,IP 不能作为目的操作数。例如"MOV CS,AX"就是错误的指令。

(3) 两个段寄存器间的数据不能直接传送。例如"MOV DS,SS"就是错误的指令。

(4) 立即数不能直接传送给段寄存器。例如"MOV DS,2000H"就是错误的指令,如果要进行这样的操作,可以用以下方式间接完成:

```
MOV AX, 2000H
MOV DS, AX
```

(5) 两个操作数不能同时为内存单元的数据,即内存单元中的数据不能直接传送。例如"MOV [DI],[SI]"就是错误的指令,如果要完成这样的操作,也可以通过以下方式间接完成:

```
MOV AX, [SI]
MOV [DI], AX
```

(6) 立即数不能作为目的操作数。例如"MOV 1000H,AX"就是错误的指令。

(7) 所传送的源和目的操作数的数据位数必须一致。例如"MOV BX,AL"就是错误的指令,BX 的数据位数为 16 位,而 AL 为 8 位,传送的数据不匹配。

【例 3.13】 下列各条指令是否有错,如有错,请指出错误之处。

(1) MOV AL,BX   (2) MOV 100,CX

(3) MOV [SI],AX   (4) MOV CS,AX

(5) MOV [SI],[DI]   (6) MOV BX,2[DI]

(7) MOV AX,CS   (8) MOV SS,2400H

解:

(1) MOV AL,BX;错误,源操作数为 16 位数据,目的操作数为 8 位数据,不匹配。

(2) MOV 100,CX;错误,目的操作数不能是立即数。

(3) MOV [SI],AX;正确。

(4) MOV CS,AX;错误,CS 不能是目的操作数。

(5) MOV [SI],[DI];错误,源和目的操作数不能同为内存中的数据。

(6) MOV BX,2[DI];正确。

(7) MOV AX,CS;正确。

(8) MOV SS,2400H;错误,立即数不能直接传送给段寄存器。

3.2.2 堆栈操作指令

堆栈是内存中一段特定的存储区域,常用来存放中断断点,调用子程序的调用现场,程序运行中需要临时保存的数据等内容。对堆栈区间的访问遵循"先进后出"的原则,即最先进入堆栈的数据最后才能取出来,而最后进入堆栈的数据最先取出。

在 8086/8088 微机中堆栈的段基址是由堆栈寄存器 SS 确定的,而堆栈区间的具体大小是由用户在程序中指定的,在微机中用堆栈指针 SP 表示,SP 始终指向堆栈顶部(栈顶)。

例如,某程序设置:(SS)=2000H,(SP)=0064H,表示堆栈区间的物理地址为:20000H~20063H,如图 3.8 所示。此时,堆栈区间内没有存储数据,故堆栈指针 SP 指向栈底,为最大值 0064H,表示可用的堆栈空间最大。

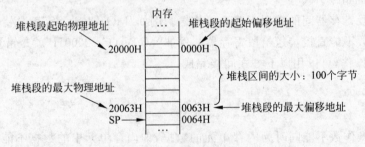

图 3.8　堆栈区间示意图

对堆栈的基本操作有入栈(PUSH)和出栈(POP)操作。入栈操作将数据存入堆栈,出栈操作从堆栈中读出数据。

1. 入栈指令(PUSH)

入栈(PUSH)又称压栈或进栈。

指令格式:PUSH OPRD。

指令功能：将指定的寄存器或存储单元的内容存入到栈顶。

注意：

(1) 操作数 OPRD 不可以是立即数；

(2) 入栈的数据必须是 16 位的，且支持所有寻址方式。

入栈的过程分以下两步：

第一步：SP−1→SP，然后操作数的高位字节送至 SP 所指向的单元；

第二步：SP−1→SP，然后操作数的低位字节送至 SP 所指向的单元。

【例 3.14】 PUSH AX

若此时(AX)=1234H,(SS)=2000H,(SP)=0100H,则指令的执行过程如下：

第一步：SP−1→SP,即(SP)=00FFH,(200FFH)=12H；

第二步：SP−1→SP,即(SP)=00FEH,(200FEH)=34H。

执行指令后,(SP)=00FEH。操作过程如图 3.9 所示。

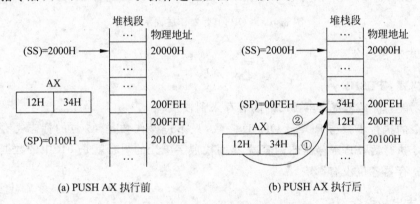

图 3.9 PUSH AX 操作过程示意图

2. 出栈指令(POP)

指令格式：**POP OPRD**

指令功能：将栈顶的数据复制到指定的寄存器或内存单元中。

注意：

(1) 操作数不可以是 CS 寄存器；

(2) 出栈的数据必须是 16 位的，且支持所有的寻址方式。

出栈的顺序与入栈的顺序相反,其过程分以下两步：

第一步：SP 所指向单元的数据送至操作数的低位字节,SP+1→SP；

第二步：SP 所指向单元的数据送至操作数的高位字节,SP+1→SP。

【例 3.15】 POP [BX]

若此时(BX)=0010H,(SS)=2000H,(DS)=3000H,(SP)=00FEH,堆栈段内存储数据如图 3.10(a)所示,则指令的执行过程如下：

第一步：(SP)→(30010H),SP+1→SP,即(SP)=00FFH；

第二步：(SP)→(30011H),SP+1→SP,即(SP)=0100H。

执行指令后,(SP)=0100H。(30010H)=34H,(30011H)=12H,操作过程如图 3.10(b)所示。

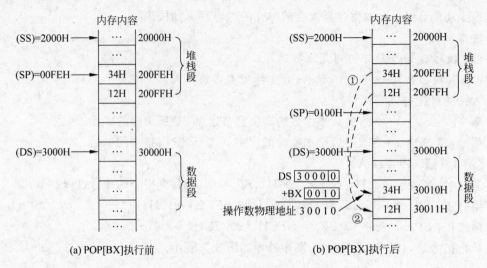

(a) POP[BX]执行前   (b) POP[BX]执行后

图 3.10   POP [BX]操作过程示意图

3．标志进栈指令

指令格式：**PUSHF**

指令功能：将标志寄存器 FR 的内容存入到栈顶。

该指令的执行步骤与 PUSH OPRD 一致，只不过操作数是 16 位的标志寄存器 FR 的内容。指令执行后，SP 寄存器的内容减 2，而栈顶字单元的内容就是 FR 中的数据。指令执行对标志寄存器各位没有影响。

4．标志出栈指令

指令格式：**POPF**

指令功能：将 SP 指向的栈顶字单元的内容送至标志寄存器 FR。

该指令执行的步骤与 POP OPRD 一致。指令执行时，首先将 SP 所指向的字单元的内容送至 FR，然后 SP 寄存器的内容加 2，指向堆栈的下一个字单元，即栈顶向下移动两个字节。

3.2.3   交换指令

指令格式：**XCHG dest，src**

指令功能：将目的操作数 dest 与源操作数 src 的内容相互交换。

注意：

（1）两操作数必须同为 8 位或 16 位数据；

（2）段寄存器不能作为操作数；

（3）两操作数不能同为内存中的数据。

【**例 3.16**】   XCHG AX，DI

将寄存器 AX 与 DI 的内容进行交换。若指令执行前（AX）＝1234H，（DI）＝AABBH，则指令执行后（AX）＝AABBH，（DI）＝1234H。

3.2.4　地址传送指令

1. 有效地址传送指令 LEA

指令格式：**LEA dest，src**

指令功能：把源操作数 src 的地址偏移量送至目的操作数 dest。

注意：

（1）源操作数 src 必须是一个内存操作数；

（2）目的操作数 dest 必须是一个 16 位的通用寄存器；

（3）指令执行对标志位没有影响。

【例 3.17】　LEA SI，[BX]

将[BX]的地址偏移量送至寄存器 SI。由于[BX]是内存数据段中的数据，其偏移地址就是 BX 寄存器中的内容，故指令是将 BX 中的内容送至 SI。

若指令执行前(SI)=1200H，(BX)=0100H，则指令执行后，(SI)=0100H，(BX)=0100H。

【例 3.18】　LEA DI，[BP][SI]

将[BP][SI]的地址偏移量送至寄存器 DI。由于[BP][SI]是内存堆栈段中的数据，其偏移地址是 BP+SI，故指令是将 BP+SI 中的内容送至 DI。

若指令执行前(DI)=1234H，(BP)=1000H，(SI)=0100H，则指令执行后，(DI)=1100H，BP 和 SI 中的内容不变。

可见，src 是存在于内存中的数据，该指令就是取内存中这个数据的偏移地址。

【例 3.19】　若(DS)=2000H，内存数据段的存储内容如图 3.11(a)所示，指令"MOV BX，[1200H]"和"LEA BX，[1200H]"的执行结果各是什么？

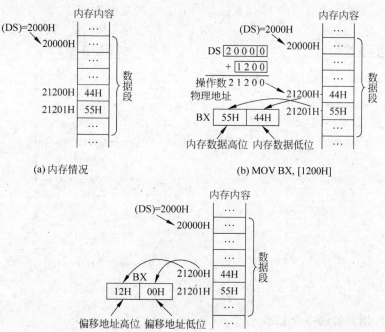

(a) 内存情况　　　(b) MOV BX, [1200H]

(c) LEA BX, [1200H]

图 3.11　MOV BX，[1200H]与 LEA BX，[1200H]指令比较

"MOV BX，[1200H]"，将内存数据段中的一个字单元数据存入到寄存器 BX 中，该字单元数据的偏移地址是 1200H，所以该字单元的物理地址是 DS×16＋1200H＝21200H，因此是将内存单元(21201H)和(21200H)中的数据复制至 BX 中，指令执行后(BX)＝5544H。

"LEA BX，[1200H]"，将内存数据段中数据的偏移地址存入到寄存器 BX 中去，该数据的偏移地址是 1200H，所以指令执行后(BX)＝1200H。

2. 全地址指针传送指令 LDS

指令格式：**LDS dest，src**

指令功能：从源操作数 src 指示的存储单元开始，连续取出 4 个字节的数据，这 4 个字节的数据组成一个完整的内存逻辑地址，即段基址(16 位)：偏移地址(16 位)。其中较低地址单元的两个字节的数据作为偏移地址送至目的寄存器 dest，而较高地址单元的两个字节的数据作为段基址送至数据段寄存器 DS。

注意：

(1) 源操作数 src 必须是一个内存操作数；

(2) 目的操作数 dest 必须是一个 16 位的通用寄存器；

(3) 指令执行对标志位没有影响。

【例 3.20】 LDS SI，0100H[BX]

若执行指令前(DS)＝2000H，(SI)＝0200H，(BX)＝0400H，内存数据段的存储内容如图 3.12(a)所示。

首先要定位存储单元 0100H[BX]的具体物理地址。由于是 BX 寻址，故物理地址在数据段，为：DS×16＋BX＋0100H＝2000H×16＋0400H＋0100H＝20500H。

其次从地址 20500H 处开始，连续取 4 个单元的数据，低地址单元中的 16 位数据 1020H 送至寄存器 SI，高地址单元中的 16 位数据 3000H 送至段寄存器 DS，如图 3.12(b)所示。

指令执行后，(SI)＝1020H，(DS)＝3000H。可见，当 LDS 指令执行后，数据段的段基址发生了变化，数据段不再从 20000H 开始，而是从 30000H 处开始。

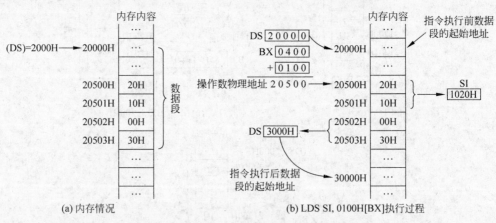

图 3.12　LDS SI，0100H[BX]操作过程示意图

3. 全地址指针传送指令 LES

指令格式：**LES dest，src**

指令功能：从源操作数 src 指示的存储单元开始，连续取出 4 个字节的数据，这 4 个字

节的数据组成一个完整的内存逻辑地址，即段基址(16 位):偏移地址(16 位)。其中较低地址单元的两个字节的数据作为偏移地址送至目的寄存器 dest,而较高地址单元的两个字节的数据作为段基址送至附加段寄存器 ES。

注意:

(1) 源操作数 src 必须是一个内存操作数;

(2) 目的操作数 dest 必须是一个 16 位的通用寄存器;

(3) 指令执行对标志位没有影响。

可见,LES 与 LDS 指令的操作基本相同,所不同的是 LES 将源操作数 src 所指定的较高地址的字单元数据复制到附加段的段寄存器 ES 中。

3.2.5　查表指令

指令格式: **XLAT** 或 **XLAT** 表首址。

指令功能: ((BX)+(AL))→(AL),把内存数据段中的一个字节的数据复制进 AL,该数据的偏移地址是(BX)+(AL)。

可以把内存数据段中以 BX 为偏移地址的一段连续的存储空间看成是一张表,而 AL 是表中具体数据项距表头的位移量(索引值)。只要知道了这个位移量,就能利用 XLAT 指令方便地找到表中的数据。

【例 3.21】　通过查表计算一个整数(0~9)的平方。

首先在数据段建立一个具有 0~9 的平方值的表,同时将该表的首地址的偏移量 1000H 送至 BX,如图 3.13(a)所示,这样执行该指令的先决条件就完成了。

如果要计算 5^2,则将 5 赋值给 AL,然后执行 XLAT:将数据段中偏移地址为 BX+AL 即 1005H 单元中的数据复制进 AL 中,指令执行后,AL 中的内容即为 5 的平方值 25。如图 3.13(b)所示。

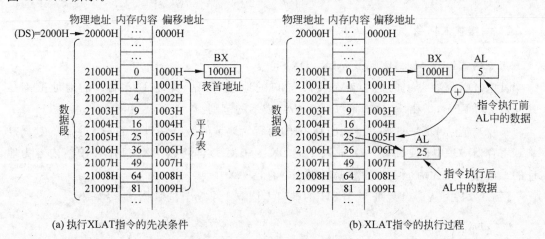

(a) 执行XLAT指令的先决条件　　　　(b) XLAT指令的执行过程

图 3.13　XLAT 操作过程示意图

可见,XLAT 指令使 AL 中的索引量变换为存储器表格中对应于该索引量的具体数据,适用于码制转换、数学计算等方面。

注意: 利用 **XLAT** 指令查表,表的最大长度不能超过 256 字节。

3.3 输入输出指令

输入输出指令是专门针对 I/O 端口进行的操作。无论是输入还是输出,都必须通过累加器(AX 或 AL)才能与 I/O 端口上的数据进行通信。因此,与内存储器的多种寻址方式不同,8086/8088 CPU 对于 I/O 端口的数据传送需要专门的指令。

3.3.1 输入指令

1. 直接输入指令

指令格式: **IN AL, PORT** 或 **IN AX, PORT**

其中,PORT 为 I/O 端口地址,范围为 00H~FFH,即由低 8 位地址线 $A_7 \sim A_0$ 表示的范围。

指令功能:(PORT)→(AL),将地址为 PORT 的 I/O 端口中的一个字节的数据复制到寄存器 AL 中;或(PORT+1)→(AH),(PORT)→(AL),即将地址为 PORT+1,PORT 的 I/O 端口中的两个字节的数据复制到寄存器 AX 中。

注意:输入输出指令均不影响标志位。

【例 3.22】 IN AL, 50H

将地址为 50H 的 I/O 端口中的一个字节的数据复制进寄存器 AL 中,即(50H)→(AL)。

【例 3.23】 IN AX, 84H

将地址为 85H 的 I/O 端口中的一个字节的数据复制进寄存器 AH 中,将地址为 84H 的 I/O 端口中的一个字节的数据复制进寄存器 AL 中,即(85H)→(AH),(84H)→(AL)。

2. 间接输入指令

指令格式: **IN AL, DX** 或 **IN AX, DX**

其中,DX 寄存器中的内容就是 I/O 端口的地址,可见,此时 I/O 端口的地址范围是 0000H~FFFFH,即由 16 位地址线 $A_{15} \sim A_0$ 表示的范围。

指令功能:(DX)→(AL),将以 DX 中的内容为地址的 I/O 端口中的一个字节的数据复制到寄存器 AL 中;或(DX+1)→(AH),(DX)→(AL),即将以 DX+1,DX 中的内容为地址的 I/O 端口中的两个字节的数据复制到寄存器 AX 中。

【例 3.24】 从 I/O 地址为 3F8H 的端口上读取 1 个字节的数据,指令如下:

```
MOV  DX, 3F8H
IN   AL, DX
```

若执行该指令序列前地址为 3F8H 的 I/O 端口中的数据为 12H,即(3F8H)=12H,则执行指令后(AL)=12H。

3.3.2　输出指令

1. 直接输出指令

指令格式：**OUT PORT，AL** 或 **OUT PORT，AX**

其中，PORT 为 I/O 端口地址，范围为 00H～FFH，即由低 8 位地址线 A_7～A_0 表示的范围。

指令功能：(AL)→(PORT)，将寄存器 AL 中的内容复制到地址为 PORT 的 I/O 端口中；或(AH)→(PORT+1)，(AL)→(PORT)，即寄存器 AX 中的内容复制到地址为 PORT+1，PORT 的 I/O 端口中。

【例 3.25】　OUT 86H，AX

将 AH 中的内容复制到 I/O 端口 87H 中，将 AL 中的内容复制到 I/O 端口 86H 中。若执行该指令前(AX)=1234H，则执行指令后，(87H)=12H，(86H)=34H。

2. 间接输出指令

指令格式：**OUT DX，AL** 或 **OUT DX，AX**

其中，DX 寄存器中的内容就是 I/O 端口的地址，可见，此时 I/O 端口的地址范围是 0000H～FFFFH，即由 16 位地址线 A_{15}～A_0 表示的范围。

指令功能：(AL)→(DX)，将寄存器 AL 中的数据复制到以 DX 中的内容为地址的 I/O 端口中；或(AH)→(DX+1)，(AL)→(DX)，即将寄存器 AX 中的内容复制到以 DX+1、DX 中的内容为地址的 I/O 端口中。

【例 3.26】　某微机系统的 I/O 端口中，5H 端口为输入端口，接收一位十进制数据；20H 端口为输出端口，连接一个共阴极 LED 数码管显示器。编程实现 5H 端口的十进制数据的显示。

LED 显示器又称数码管，它是由 8 个发光管组成，其中 7 个发光管排列成"8"字形，另一个构成小数点，如图 3.14(a)所示。LED 显示器有共阴极和共阳极两种类型，如图 3.14(b)和 3.14(c)所示。当显示 0～9 某个字形时，将相应的字段点亮即可。例如，要显示 1，点亮 b、c 段；要显示 2，点亮 a、b、g、e、d 段……。为了编程方便，经常将要显示的字形以它们对应的数字顺序列成一个表，称为字形码表，表 3.1 即为共阴极字形码表。

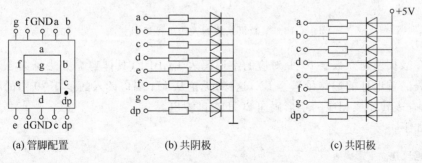

(a) 管脚配置　　　　　(b) 共阴极　　　　　(c) 共阳极

图 3.14　LED 显示器结构图

表 3.1   共阴极 LED 显示器字形码表

字符	dp	g	f	e	d	c	b	a	字形码
0	0	0	1	1	1	1	1	1	3FH
1	0	0	0	0	0	1	1	0	06H
2	0	1	0	1	1	0	1	1	5BH
3	0	1	0	0	1	1	1	1	4FH
4	0	1	1	0	0	1	1	0	66H
5	0	1	1	0	1	1	0	1	6DH
6	0	1	1	1	1	1	0	1	7DH
7	0	0	0	0	0	1	1	1	07H
8	0	1	1	1	1	1	1	1	7FH
9	0	1	1	1	0	0	1	1	67H

地址为 20H 的 I/O 端口的数据线 $D_7 \sim D_0$ 分别接到一个共阴极 LED 显示器的 dp,g～a 段(如图 3.15 所示)。若从 5H 端口输入数字 0,按照题目要求,应该在 LED 显示器上显示字符 0,此时 20H 端口应输出数据 3FH。

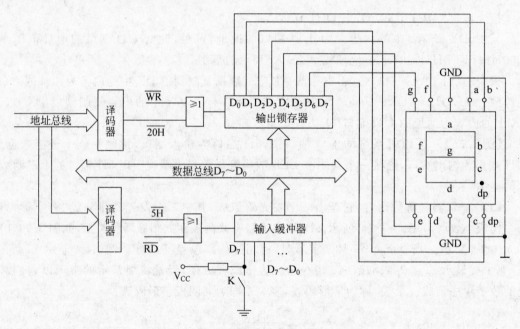

图 3.15   某微机系统输入输出接口示意图

首先在数据段建立数字 0～9 对应的字形码表 LABLE(具体建立方法见第 4.3.1 节),同时将该表的首地址的偏移量送至 BX,这样,无论从 5H 端口读入的是 0～9 中的哪一个数字,都可以查表转换成相应的字形码向 20H 端口输出。

程序如下:

```
;在数据段建立字形码表
…
TABLE DB 3FH, 06H, 5BH, 4FH, 66H, 6DH, 7DH, 07H, 7FH, 67H
…
```

```
;程序段
…
LEA BX, TABLE              ; BX 为字形码表首的偏移地址
IN AL, 5H                  ;AL 内为从地址为 5H 的 I/O 端口读入的数字,假设为 0～9 之一
XLAT                       ;查表将数字转换成字形码
OUT 20H, AL               ;将字形码输出至 20H 端口
…
```

3.4 算术运算指令

3.4.1 概述

8086 的算术运算指令包括整数的加、减、乘、除运算指令,可以处理 4 种类型的整数,分别是:

(1) 带符号的二进制整数;

(2) 不带符号的二进制整数;

(3) 不带符号的非组合的十进制(BCD 码)整数;

(4) 不带符号的组合的十进制(BCD 码)整数。

算术指令要求涉及运算的两个操作数同为一种数据类型。

几乎所有的算术运算都对标志寄存器 FR 的 6 个状态标志位 CF、PF、AF、ZF、SF 和 OF 有影响,一般来说,影响的规则如下:

(1) 将操作数看成无符号数运算时,如果运算结果超出了无符号数的运算范围,表示产生了借位或进位,则 CF 置 1,否则 CF 置 0;

(2) 将操作数看成有符号数运算时,如果运算结果超出有符号数所表示的范围,表示有符号数运算溢出,此时 OF 置 1,否则 OF 置 0;

(3) 如果运算结果的最高位为 1,则 SF 置 1,否则 SF 置 0;

(4) 如果运算结果为 0,则 ZF 置 1,否则 ZF 置 0;

(5) 如果运算结果的低字节中有偶数个二进制位"1",则 PF 置 1,否则 PF 置 0;

(6) 如果在运算过程中,D_3 位向 D_4 位产生了进位或借位,则 AF 置 1,否则 AF 置 0。

有符号数在计算机中是以补码的形式存储的,有符号数的加减运算需要考虑溢出的问题。

【例 3.27】 如果整型数据均用一个字节表示,解释 8+124 在 8086/8088 中的运行结果及各个标志位的意义。

用二进制表示这两个整数,其运算的结果如图 3.16 所示。

(1) 如果将加数 00001000 和被加数 01111100 看成是无符号数,那么相加后的结果 10000100 也是无符号数,转换成十进制为 132,并未超出 8 位二进制无符号数 0～255 的表示范围,故此时 CF 置 0;

```
  00001000
+ 01111100
----------
  10000100
```

图 3.16 二进制加法运算

(2) 如果将加数 00001000 和被加数 01111100 看成是有符号数,那么相加后的结果 10000100 也是有符号数,且为负数。由于负数在计算机中均是以补码的形式表示的,而

10000100 是十进制数−124 的补码,所以相加的结果为−124,这显然是错误的。

导致这一错误的原因是 8 位二进制有符号数的表示范围是−128～127,而该加法的正确结果是132,超出了合理的表示范围,所以产生了溢出错误,此时 OF 置1;从逻辑上看,两个正数相加结果为负数,由此可以判定结果溢出,OF 自动置1;

(3) 运算结果 10000100 的最高位为 1,故 SF 置1;

(4) 运算结果 10000100 非零,故 ZF 置0;

(5) 运算结果 10000100 中有两个二进制位"1",故 PF 置1;

(6) 在运算过程中,D_3 位向 D_4 位有进位产生,故 AF 置1。

由此可见,对于加减运算而言,CPU 总是按照既定的规则来设置各个标志位,并不关心参与运算的是什么类型的数据;用户可根据实际需要决定在程序中具体要运用哪几个标志位。

【例 3.28】 如果整型数据均用一个字节表示,解释 8−5 在 8086/8088 中的运行结果及各个标志位的意义。

```
    00001000
  + 11111011
进位──► ①00000011
```

图 3.17　二进制加法运算

根据补码运算规则,8−5＝8＋(−5),而−5 的补码为 11111011,因此其运算结果如图 3.17 所示。

(1) 由于整数是由 8 位二进制表示的,所以相加后的结果也应该是 8 位二进制数。如果将加数 00001000 和被加数 11111011 看成是无符号数,那么相加后的结果 100000011 是 9 位二进制数,最高位上有进位,超出 8 位二进制无符号数 0～255 的表示范围,故此时 CF 置1;

(2) 如果将加数 00001000 和被加数 11111011 看成是有符号数,那么相加后的结果 0000011 也是有符号数,且为正数,转换成十进制数为 3,未超出 8 位二进制有符号数的表示范围−128～127,此时 OF 置0;从逻辑上看,正数和负数相加不会产生溢出,OF 自动置0;

(3) 运算结果 0000011 的最高位为 0,故 SF 置0;

(4) 运算结果 0000011 非零,故 ZF 置0;

(5) 运算结果 0000011 中有两个二进制位"1",故 PF 置1;

(6) 在运算过程中,D_3 位向 D_4 位有进位产生,故 AF 置1。

3.4.2　加法指令

1. 基本加法指令

指令格式:**ADD dest,src**

指令功能:(dest)←(dest)＋(src),即将目的操作数 dest 与源操作数 src 相加,结果送至目的操作数 dest 中,源操作数 src 中的内容不变,并根据指令的执行结果设置状态标志位 CF、PF、AF、ZF、SF 和 OF。

其中,ADD 指令可以是两字节数据相加或两个字数据相加。源操作数 src 可以是通用寄存器,存储器操作数或立即数,而目的操作数 dest 只能是通用寄存器或存储器操作数,且不允许 dest 和 src 同时为存储器操作数。

【例 3.29】 解释"ADD BX,0E30AH"在 8086/8088 中的运行结果及各个标志位的意义。

这是两个字数据相加,如果相加前(BX)＝84DCH,其运算过程如图 3.18 所示。

$$
\begin{array}{r}
1000\ 0100\ 1101\ 1100 \\
+\ 1110\ 0011\ 0000\ 1010 \\
\hline
进位 \longrightarrow \boxed{1}\,0110\ 0111\ 1110\ 0110
\end{array}
$$

图 3.18　字数据相加过程

运算结束后,(BX)=67E6H,各个标志位的状态解释如下:

(1) 由于整数是由 16 位二进制表示的,所以相加后的结果也应该是 16 位二进制数。两数相加后在最高位产生了进位,故此时 CF 置 1。

(2) 如果将加数和被加数看成是有符号数,加数 84DCH 和被加数 0E30AH 均为负数,相加后的结果也是有符号数,且为正数,从逻辑上看,两个负数相加结果为正数,由此可以判定结果溢出,OF 置 1。

(3) 运算结果最高位为 0,故 SF 置 0。

(4) 运算结果非零,故 ZF 置 0。

(5) 运算结果的低字节 1110 0110 中有奇数个二进制位"1",故 PF 置 0。

(6) 在运算过程中,D_3 位向 D_4 位有进位产生,故 AF 置 1。

2. 带进位的加法指令

指令格式: **ADC dest,src**

指令功能:(dest)←(dest)+(src)+CF,即将目的操作数 dest 与源操作数 src 和当前的 CF 值相加,结果送至目的操作数 dest 中,源操作数 src 中的内容不变,并根据指令的执行结果设置状态标志位 CF、PF、AF、ZF、SF 和 OF。

其中,参与运算的 CF 值是该指令执行前的 CF 值,指令执行后各个标志位要根据指令的执行结果重置。dest 与 src 的操作数类型与 ADD 指令相同。

该指令主要用于多字节数相加运算。

【例 3.30】　两个 4 字节无符号数 30C4A967H 与 45A28F56H 相加,这两个数分别放在以 2000H 和 3000H 开始的存储单元内,高位字节存放于高地址,低位字节存放于低地址,如图 3.19 所示。要求运算后得到的结果以同样的规则存放在以 2000H 开始的单元内。

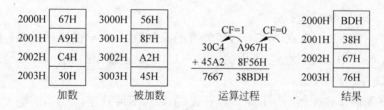

图 3.19　带进位加法指令示意图

实现加法过程的指令如下:

```
CLC                    ;将当前状态标志 CF 置 0
MOV  SI, 2000H         ;寄存器间接寻址地址
MOV  AX, [SI]          ;将加数的低位字数据 0A967H 赋给 AX
ADC  AX, [3000H]       
; AX 中的内容与存储器 3000H 中的字数据 8F56H 带进位相加,进位 CF 此时为 0
```

```
MOV  [SI], AX                    ;将相加后的结果存入存储器 2000H 处
MOV  AX, [SI + 2]                ;将加数的高位字数据 30C4H 赋给 AX
ADC  AX, [3002H]
; AX 中的内容与存储器 3002H 中的字数据 45A2H 带进位相加,进位 CF 此时为 1
MOV  [SI + 2], AX                ;将相加后的结果存入存储器 2002H 处
```

最后一条加法指令是"ADC AX,[3002H]",根据图 3.19 的运算过程示意,30C4H 加 45A2H 加 1 的结果是 7667H,未产生进位,故运算结束后 CF 置 0;30C4H 与 45A2H 均为正数,结果 7667H 亦是正数,未出现溢出,故 OF 置 0;运算结果 7667H 的最高二进制位为"0",故 SF 置 0;运算结果非零,故 ZF 置 0;运算结果的低字节 67H 中有 5 个二进制的"1",故 PF 置 0;在此次加法运算中,D_3 位向 D_4 位没有进位,故 AF 置 0。

可见,通过使用带进位的加法指令 ADC,可以实现多字节整型数据的相加。

3. 自加 1 指令

指令格式：**INC dest**

指令功能：(dest)←(dest)+1,即将目的操作数 dest 加 1,将结果回送至目的操作数,并根据指令的执行结果设置状态标志位 PF、AF、ZF、SF 和 OF。

注意：该指令不影响状态标志位 CF。

其中,目的操作数 dest 可以是通用寄存器或存储器操作数。

例如：

```
INC  CX                          ;将 CX 寄存器中的内容加 1,结果仍存入 CX 中
```

【例 3.31】 INC AL

如果执行指令前(AL)=0FFH,则执行该指令后(AL)=0,此时,OF 置 0,SF 置 0,ZF 置 1,PF 置 1,AF 置 1,而 CF 保持执行指令前的原值不变。

3.4.3　减法指令

1. 基本减法指令

指令格式：**SUB dest，src**

指令功能：(dest)←(dest)−(src),即将目的操作数 dest 与源操作数 src 相减,结果送至目的操作数 dest 中,源操作数 src 中的内容不变,并根据指令的执行结果设置状态标志位 CF、PF、AF、ZF、SF 和 OF。

SUB 允许的操作数类型与 ADD 完全一致,在此就不再赘述。

【例 3.32】 解释"SUB BX,0E30AH"在 8086/8088 中的运行结果及各个标志位的意义。

这是两个字数据相减,如果相减前(BX)=84DCH,其运算过程如图 3.20 所示。

借位 ⟶
```
  [1]1000 0100 1101 1100
  −1110 0011 0000 1010
   1010 0001 1101 0010
```

图 3.20　二进制减法指令运算示意图

运算结束后,(BX)=0A1D2H,各个标志位的状态解释如下：

(1) 由于整数是由 16 位二进制表示的,所以相减后的结果也应该是 16 位二进制数。两数相减后

在最高位产生了借位,故此时 CF 置 1。

(2) 如果将减数和被减数看成是有符号数,减数 84DCH 和被减数 0E30AH 均为负数,相减后的结果也是有符号数,且为负数。从逻辑上看,两个负数相减相当于负数和正数相加,其结果不会产生溢出,OF 置 0。

(3) 运算结果最高位为 1,故 SF 置 1。

(4) 运算结果非零,故 ZF 置 0。

(5) 运算结果的低字节 1101 0010 中有偶数个二进制位"1",故 PF 置 1。

(6) 在运算过程中,D_3 位向 D_4 位没有借位产生,故 AF 置 0。

2. 带借位的减法指令

指令格式:**SBB dest,src**

指令功能:(dest)←(dest)−(src)−CF,即将目的操作数 dest 减去源操作数 src 和当前的 CF 值,结果送至目的操作数 dest 中,源操作数 src 中的内容不变,并根据指令的执行结果设置状态标志位 CF、PF、AF、ZF、SF 和 OF。

其中,参与运算的 CF 值是该指令执行前的 CF 值,指令执行后各个标志位要根据指令的执行结果重置。dest 与 src 的操作数类型与 ADC 指令相同。

与 ADC 指令一样,该指令主要用于多字节数的相减运算。

3. 自减 1 指令

指令格式:**DEC dest**

指令功能:(dest)←(dest)−1,即将目的操作数 dest 减 1,将结果回送至目的操作数,并根据指令的执行结果设置状态标志位 PF、AF、ZF、SF 和 OF。

注意:该指令不影响状态标志位 CF。

其中,目的操作数 dest 可以是通用寄存器或存储器操作数。

例如:

```
DEC CX                    ;将 CX 寄存器中的内容减 1,结果仍存入 CX 中
```

【例 3.33】 DEC AL

如果执行指令前(AL)=0H,则执行该指令后(AL)=0FFH,此时,OF 置 0,SF 置 1,ZF 置 0,PF 置 1,AF 置 1,而 CF 保持执行指令前的原值不变。

4. 比较指令 CMP

指令格式:**CMP dest,src**

指令功能:该指令与 SUB 指令类似,区别是(dest)−(src)的差值不送入(dest),其指令的执行结果只影响状态标志位 CF、PF、AF、ZF、SF 和 OF,也就是说,CMP 指令只根据相减的结果自动设置这 6 个状态标志位,而不影响目的操作数 dest。

CMP 允许的操作数类型与 SUB 完全一致,在此就不再赘述。

根据 CMP 指令的特点,可根据相减后的状态标志位来判断减数和被减数的大小。

(1) 如果是两个无符号数 dest 和 src 进行比较,执行指令"CMP dest,src"后仅根据 CF

的状态就可以进行判断。当 CF 为 1 时,表示 dest 小于 src;当 CF 为 0 时,表示 dest 大于等于 src。当 ZF 为 1 时,表示 dest 等于 src。

(2) 如果是两个带符号数 dest 和 src 进行比较,情况就要复杂得多。执行指令"CMP dest, src"后,要根据 OF 和 SF 的状态综合判断:若 OF≠SF,表示 dest 小于 src;若 OF=SF,表示 dest 大于等于 src。

8086/8088 针对无符号数和有符号数各有专门的判断指令(见第 3.7 节),所以用户只需要根据操作数的具体数据类型,在 CMP 指令后面应用正确的判断指令既可。

【例 3.34】 CMP AL, AH

若在执行指令前(AX)=864AH,则执行指令 4AH−86H 后 AL 和 AH 的值不变,即 (AX)=864AH,但该指令的执行影响各个状态标志位,具体情况如下:CF 置 1,OF 置 1,SF 置 1,ZF 置 0,PF 置 0,AF 置 0。

如果 AL 和 AH 为无符号数,由于 CF 置 1,故 AL<AH。

如果 AL 和 AH 为有符号数,由于 OF=SF,故 AL>AH。

进一步,如果 AL 和 AH 为无符号数,显然无符号 16 进制数 86H 要大于 4AH,故 AH>AL。

如果 AL 和 AH 为有符号数,最高位 D_7 位为符号位,可见(AL)=4AH 是正数,(AH)=86H 是负数,故 AL>AH。

5. 取负指令 NEG

指令格式:**NEG dest**。

指令功能:(dest)←0−(dest),用 0 减去目的操作数,并将结果送回目的操作数。其指令的执行结果影响状态标志位 CF、PF、AF、ZF、SF 和 OF。

注意:如果是字节操作数,当(dest)=80H 时,执行指令"NEG dest"后,dest 的值不变,但 OF 置 1;同样地,如果是字操作数,当(dest)=8000H 时,执行指令"NEG dest"后,dest 的值不变,但 OF 置 1。

其中,目的操作数 dest 可以是通用寄存器或存储器操作数。

【例 3.35】 NEG AX

若在执行指令前(AX)=4A86H,则执行指令后(AX)=0B57AH,同时,CF 置 1,OF 置 0,SF 置 1,ZF 置 0,PF 置 0,AF 置 1。

由于 NEG 操作相当于求补码的运算,故又称做求补指令。

3.4.4　十进制加减运算调整指令

上面介绍的加减运算指令都是针对二进制数的。但日常生活中,人们多使用十进制,有时需要进行十进制的运算。8086/8088 没有专门的十进制运算指令,为了能方便地进行十进制的运算,8086/8088 提供了一组二—十进制调整指令,用户可以直接使用十进制数据(BCD 码)进行运算,同时运算结果经过专门的调整指令转换,可以直接得到十进制数据(BCD 码)的结果。

BCD 码是用二进制形式表示的十进制码制(见第 1.2.1 节),运算规则是逢十进一。一位十进制数据用 4 位二进制数据表示(见表 1.3 所示)。

BCD码都是无符号数，8086/8088支持组合的BCD码和非组合的BCD码这两种类型数据的运算。

(1) 组合的BCD码：用一个字节的高4位、低4位分别表示一位十进制数。例如十进制数45用组合的BCD码表示为：0100 0101。

(2) 非组合的BCD码：用一个字节的低4位表示一位十进制数，高4位为0。例如十进制数45用非组合的BCD码表示为：0000 0100，0000 0101，即用两个字节表示。

无论是组合的BCD码还是非组合的BCD码，进行加减运算时还是遵循着二进制运算的规则，然后将其二进制运算的结果用相应的BCD码调整指令进行十进制调整，调整后的结果即为十进制BCD码的结果。

1. 非组合BCD码加法调整指令AAA

指令格式：**AAA**

指令功能：两个非组合的BCD码相加，结果在AL中，执行该指令后将结果调整为十进制，放在AX中。

调整原则：在调整前若AL低4位包含的数值大于9或AF=1，则AAA完成下列操作：AL加6，AH加1，AF和CF置1，AL的高4位清零。

注意：AAA指令紧跟在加法指令之后，且相加的结果应在AL中。该指令是由CPU自动按照调整原则执行的。

【例3.36】 编写指令完成十进制加法运算：7+5。

```
MOV  AX, 0H                   ;AX清零
MOV  AL, 7H
ADD  AL, 5H                   ;首先执行二进制加法运算,结果存储在AL中
AAA                           ;对AL中的二进制数据进行十进制调整,结果为十进制数据
```

执行过程如图3.21所示。

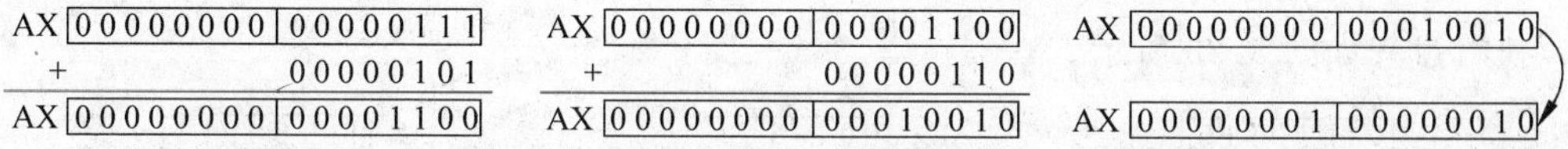

(a) 二进制加法　(b) AL大于9，加6调整　(c) AH加1, AL高4位清零, CF=AF=1

图3.21　非组合BCD码5+7运算过程示意

可见，参与运算的虽然是二进制数7H和5H，但用户可以将其看成是非组合的BCD码7和5，最后的结果在AX中，AH是非组合的BCD码1，表示结果的十位数，AL是非组合的BCD码2，表示结果的个位数，所以可以认为最后的结果是十进制数12；由于CF为1，也可以认为CF是表示结果的十位数，与AL组合成十进制的12。

【例3.37】 编写指令完成十进制加法运算：9+9。

```
MOV  AX, 0H                   ;AX清零
MOV  AL, 9H
ADD  AL, 9H                   ;首先执行二进制加法运算,结果存储在AL中
AAA                           ;对AL中的二进制数据进行十进制调整,结果为十进制数据
```

执行过程如图3.22所示。

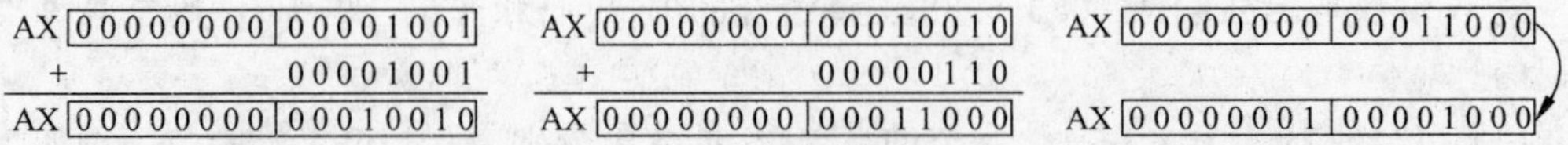

(a) 二进制加法　(b) AL=1，加6调整　(c) AH加1, AL高4位清零, CF=AF=1

图 3.22　非组合 BCD 码 9+9 运算过程示意

可见,参与运算的虽然是二进制数 9H 和 9H,但用户可以将其看成是非组合的 BCD 码 9 和 9,最后的结果在 AX 中,AH 是非组合的 BCD 码 1,表示结果的十位数,AL 是非组合的 BCD 码 8,表示结果的个位数,所以可以认为最后的结果是十进制数 18；由于 CF 为 1,也可以认为 CF 是表示结果的十位数,与 AL 组合成十进制的 18。

2. 组合 BCD 码加法调整指令 DAA

指令格式：**DAA**

指令功能：两个组合的 BCD 码相加,结果在 AL 中,执行该指令后将结果调整为十进制,放在 AL 中,同时用 CF 表示进位。

调整原则：

(1) 如果 AF=1 或 AL 的低 4 位大于 9,则 AL 加 06H 并置 AF=1；

(2) 如果 CF=1 或 AL 的高 4 位大于 9,则 AL 加 60H 并置 CF=1；

(3) 如果同时满足上述两条,则 AL 加 66H,并置 AF=1,CF=1。

注意：*DAA 指令紧跟在加法指令之后,且相加的结果应在 AL 中。该指令是由 CPU 自动按照调整原则执行的。*

【例 3.38】　编写指令完成十进制加法运算：56+47。

```
MOV  AL, 56H
ADD  AL, 47H                          ;首先执行二进制加法运算,结果存储在 AL 中
DAA                                   ;对 AL 中的二进制数据进行十进制调整,结果为十进制数据
```

执行过程如图 3.23 所示。

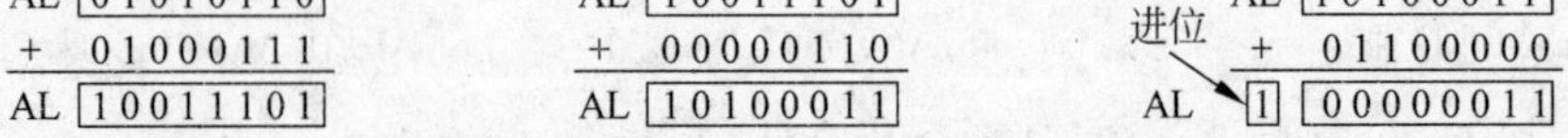

(a) 二进制加法　(b) AL低4位大于9, 加06H调整　(c) AL高4位大于9, 加60H调整

图 3.23　组合 BCD 码 56+47 运算过程示意

可见,参与运算的虽然是二进制数 56H 和 47H,但用户可以将其看成是十进制数 56 和 47,最后的结果在 CF 和 AL 中,CF 表示结果的百位数,此时是 1；AL 是组合的 BCD 码,表示结果的十位数和个位数,此时是 03；所以可以认为最后的结果是十进制数 103。

3. 非组合 BCD 码减法调整指令 AAS

指令格式：**AAS**

指令功能：两个非组合的 BCD 码相减,结果在 AL 中,执行该指令后将结果调整为十进制,放在 AX 中。

调整原则：在调整前若 AL 低 4 位包含的数值大于 9 或 AF=1，则 AAS 完成下列操作：AL 减 6，AH 减 1，AF 和 CF 置 1，AL 的高 4 位清零。

注意：AAS 指令紧跟在减法指令之后，且相减的结果应在 AL 中。该指令是由 CPU 自动按照调整原则执行的。

【例 3.39】 编写指令完成十进制减法运算：23－7。

```
MOV  AH, 2H                        ;置十位数
MOV  AL, 3H                        ;置个位数
SUB  AL, 7H                        ;首先对个位数执行二进制减法运算，结果存储在 AL 中
AAS                                ;对 AL 中的二进制数据进行十进制减法调整，结果为十进制数据
```

执行过程如图 3.24 所示。

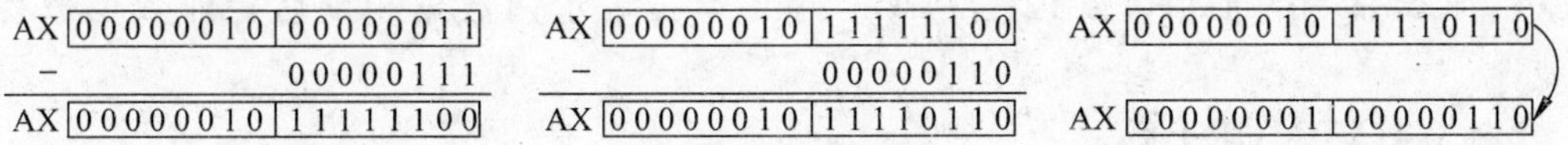

(a) 二进制减法　　(b) AF=1，减6调整　　(c) AH减1, AL高4位清零, CF=AF=1

图 3.24　非组合 BCD 码 23－7 运算过程示意

可见，AH 中是非组合的 BCD 码的十位数 2，AL 中是非组合的 BCD 码个位数 3，参与运算的虽然是二进制数 3H 和 7H，但经过十进制减法调整后，AH 中的十位数减 1，可以认为最后的结果是十进制数 16。实际上完成的运算是十进制的减法运算。

4. 组合 BCD 码减法调整指令 DAS

指令格式：**DAS**

指令功能：两个组合的 BCD 码相减，结果在 AL 中，执行该指令后将结果调整为十进制，放在 AL 中，同时用 CF 表示借位。

调整原则：

(1) 如果 AF=1 或 AL 的低 4 位大于 9，则 AL 减 06H 并置 AF=1；

(2) 如果 CF=1 或 AL 的高 4 位大于 9，则 AL 减 60H 并置 CF=1；

(3) 如果同时满足上述两条，则 AL 减 66H，并置 AF=1，CF=1。

注意：DAS 指令紧跟在减法指令之后，且相减的结果应在 AL 中。该指令是由 CPU 自动按照调整原则执行的。

3.4.5　乘法指令

8086/8088 的乘法指令可以对有符号数或无符号数的字节数据和字数据进行运算，但有下列规则限制：

(1) 8 位数据×8 位数据→16 位数据，16 位数据×16 位数据→32 位数据；

(2) 两个 8 位数据相乘，有一个乘数在 AL 中，另一个乘数在寄存器或内存中，乘积在 AX 中；

(3) 两个 16 位数据相乘，有一个乘数在 AX 中，另一个乘数在寄存器或内存中，乘积的高 16 位在 DX 中，低 16 位在 AX 中；

（4）乘法指令分有符号数乘法指令和无符号数乘法指令两组指令。

1．无符号乘法指令 MUL

指令格式：**MUL dest**

指令功能：若 dest 是字节数据操作数，则（AL）×（dest）→（AX），若此时（AH）≠0，则 CF＝OF＝1，表示相乘后操作数长度扩展，否则 CF＝OF＝0；若 dest 是字数据操作数，则（AX）×（dest）→（DX）（AX），若此时（DX）≠0，则 CF＝OF＝1，表示相乘后操作数长度扩展，否则 CF＝OF＝0。

【例 3.40】 MUL BL

这是字节数据相乘指令。若在执行指令前（AL）＝24H，（BL）＝82H，则执行指令后（AX）＝1248H，由于（AH）＝12H，故 CF＝OF＝1，表示两数据相乘后操作数位数得到扩展。

【例 3.41】 MUL BX

这是字数据相乘指令。若在执行指令前（AX）＝0A824H，（BX）＝827BH，则执行指令后（DX）＝55B3H，（AX）＝114CH，CF＝OF＝1，表示两数据相乘后操作数位数得到扩展。

2．带符号乘法指令 IMUL

指令格式：**IMUL dest**

指令功能：指令的操作数类型，存放方式的规定与 MUL 指令相同。无论是字节数据或字数据相乘，首先将两数的绝对值相乘，再根据乘数的符号确定积的符号，最后所得的积是补码形式的带符号数。若乘积的高位（AH）或（DX）不是低位（AL）或（AX）的符号扩展，则 CF＝OF＝1，表示乘积的高位含有有效数据，否则 CF＝OF＝0。

【例 3.42】 IMUL BL

这是字节数据相乘指令。若在执行指令前（AL）＝0F5H，（BL）＝04H，由于两个操作数均为有符号数，也就是补码形式，AL 中的内容是十进制数－11，BL 中的内容是十进制数 4，故最后的结果为十进制数－44，转换成 16 位二进制补码形式为：1111 1111 1101 0100。因此指令执行后（AH）＝0FFH，（AL）＝0D4H，由于 AH 中的内容是 AL 中最高位"1"的扩展，所以此时 CF＝OF＝0，表示乘积的高位只是符号扩展，没有有效数据。

3.4.6　除法指令

与乘法指令类似，8086/8088 的除法指令可以对有符号数或无符号数的字节数据和字数据进行运算，但有下列规则限制：

（1）16 位数据÷8 位数据→8 位数据

32 位数据÷16 位数据→16 位数据

由此可见，除数必须为被除数的一半字长。

（2）被除数为 16 位，放在 AX 中，除数为 8 位，在寄存器或内存中，进行除法运算后，商为 8 位存放在 AL 中，余数为 8 位存放在 AH 中。

（3）被除数为 32 位，分别放在 DX（高位）和 AX（低位）中，除数为 16 位，在寄存器或内存中，进行除法运算后，商为 16 位存放在 AX 中，余数为 16 位存放在 DX 中。

(4) 除法指令分为有符号数除法指令和无符号数除法指令两组指令。

(5) 当 8 位数除以 8 位数,16 位数除以 16 位数时,必须对被除数进行扩展。

1. 无符号除法指令 DIV

指令格式: **DIV dest**

指令功能: 若 dest 是字节数据操作数,则(AX)÷(dest)→(AL),(AX)mod(dest)→(AH);若 dest 是字数据操作数,则(DX)(AX)÷(dest)→(AX),(DX)(AX)mod(dest)→(DX)。除法运算不影响标志位。

【例 3.43】 DIV BL

BL 是字节数据操作数。若在执行指令前(AX)=124AH,(BL)=82H,则执行指令后商(AL)=24H,余数(AH)=02H。

2. 带符号除法指令 IDIV

指令格式: **IDIV dest**

指令功能: 指令的操作数类型、存放方式的规定与 DIV 指令相同。无论是 dest 是字节数据或是字数据,首先将两数的绝对值相除,再根据被除数和除数的符号确定商和余数的符号,最后所得的商和余数是补码形式的带符号数。8086/8088 规定余数的符号与被除数的符号相同。

【例 3.44】 IDIV BL

BL 是字节数据操作数。若在执行指令前(AX)=0FFDFH,(BL)=04H,由于两个操作数均为有符号数,也就是补码形式,AX 中的内容是十进制数-33,BL 中的内容是十进制数 4,故最后的结果商为十进制数-8,转换成 8 位二进制补码形式为: 1111 1000,因此指令执行后(AL)=0F8H;余数为十进制数-1,转换成 8 位二进制补码形式为: 1111 1111,因此指令执行后(AH)=0FFH。

当 8 位数除以 8 位数,16 位数除以 16 位数时,为了应用除法指令,必须对被除数进行扩展。

对于无符号除法指令 DIV,对被除数扩展时,直接将 AH 或 DX 清零即可。

对于有符号除法指令 IDIV,对被除数扩展时,需要用专门的指令对 AH 和 DX 进行符号扩展。

3. 字节数据符号扩展指令 CBW

指令格式: **CBW**

指令功能: 将 AL 中的符号位扩展到 AH 中。当(AL)<80H,执行 CBW 后,(AH)=0;当(AL)≥80H 时,执行 CBW 后,(AH)=0FFH。该指令不影响任何标志位。

注意: 当遇到两个有符号字节数据相除时,要预先执行 CBW 指令,扩展被除数,否则不能正确执行除法操作。

【例 3.45】 CBW

若在执行指令前(AX)=1256H,则执行 CBW 后,(AX)=0056H。

4. 字数据符号扩展指令 CWD

指令格式：**CWD**

指令功能：将 AX 中的符号位扩展到 DX 中。当(AX)<8000H,执行 CWD 后,(DX)=0;当(AX)≥8000H 时,执行 CWD 后,(DX)=0FFFFH。该指令不影响任何标志位。

注意：当遇到两个有符号字数据相除时,要预先执行 CWD 指令,扩展被除数,否则不能正确执行除法操作。

3.4.7　十进制乘除运算调整指令

BCD 码都是无符号数,8086/8088 只支持非组合的 BCD 码乘除法运算。

对于非组合的 BCD 码,进行乘除运算时还是遵循着二进制运算的规则,然后将其二进制运算的结果用相应的 BCD 码调整指令进行十进制调整,调整后的结果即为十进制 BCD 码的结果。

1. 非组合 BCD 码乘法调整指令 AAM

指令格式：**AAM**

指令功能：(AX)÷10→(AH),(AX)mod10→(AL),根据 AX 所得的结果,设置状态标志位 SF,ZF 和 PF。

注意：AAM 实际上是字节乘法操作结束后,将 AX 中的二进制乘积(数值范围为 0～99)转换为两个非组合 BCD 码的形式,十位数存放在 AH 中,个位数存放在 AL 中。

【例 3.46】　编写指令完成十进制乘法运算：7×5。

```
MOV  AL, 7H
MOV  BL, 5H
MUL  BL                    ;首先执行二进制乘法运算,结果 23H 存储在 AX 中
AAM                        ;对 AX 中的二进制数据进行十进制调整,(AH) = 03H,(AL) = 05H
```

可见,参与运算的虽然是二进制数 7H 和 5H,但用户可以将其看成是非组合的 BCD 码 7 和 5,最后的结果在 AX 中,AH 是非组合的 BCD 码 3,表示结果的十位数,AL 是非组合的 BCD 码 5,表示结果的个位数,所以可以认为最后的结果是十进制数 35。

进一步,在二进制乘法运算指令结束时,由于(AX)=0023H,故 CF=OF=0;当 AAM 指令执行结束时,根据 AX 中的结果,ZF=0,SF=0,PF=1。

2. 非组合 BCD 码除法调整指令 AAD

指令格式：**AAD**

指令功能：(AH)×10+(AL)→(AX),根据 AX 所得的结果,设置状态标志位 SF,ZF 和 PF。

注意：AAD 实际上是将两个非组合的 BCD 码数据(范围为 0～99)转换成等值的二进制数据,并且 AAD 指令必须在 DIV 指令执行前调整。

【例 3.47】　编写指令完成十进制除法运算：43÷5。

```
MOV  AX, 0403H
```

```
MOV   BL, 5H
AAD                          ;首先将 AX 中的 BCD 数据调整成二进制形式,执行后(AX) = 002BH
DIV   BL                     ;进行二进制除法运算,执行后商为:(AL) = 08H,余数为:(AH) = 03H
```

执行 AAD 指令后,ZF＝0,SF＝0,PF＝1。

3.5　逻辑运算和移位循环指令

3.5.1　逻辑运算指令

8086/8088 的逻辑运算指令包括"与"、"或"、"非"、"异或"这 4 种,均是对操作数的对应位按位进行逻辑运算,同时对状态标志位有不同的影响。

1. 逻辑非指令 NOT

指令格式：**NOT dest**　　　;B/W

指令功能：将目的操作数 dest 按位取反,结果返回目的操作数 dest,即 $(\overline{dest}) \rightarrow (dest)$。

注意:

(1) B/W 表示操作数 dest 是字节数据类型或字数据类型;

(2) dest 可以是通用寄存器或存储器操作数,且该指令不影响任何状态标志位。

【例 3.48】　NOT AL

若在执行指令前(AL)＝25H(0010 0101B),则执行 NOT AL 后,(AL)＝0DAH(1101 1010B)。并且各个状态标志位均保持不变。

2. 逻辑与指令 AND

指令格式：**AND dest, src**　;B/W

指令功能：将目的操作数 dest 和源操作数 src 按位相与,结果返回目的操作数 dest。即 $(dest) \& (src) \rightarrow (dest)$。

注意:

(1) 任何二进制位与 1 相与保持不变,与 0 相与结果为 0;

(2) dest 可以是通用寄存器或存储器操作数,执行指令后,OF＝CF＝0,ZF,SF,PF 由指令运行结果设置。

【例 3.49】　AND AL, 0FH

若在执行指令前(AL)＝25H(0010 0101B),则执行"AND AL, 0FH"后,(AL)＝05H (0000 0101B)。并且 CF＝OF＝0,ZF＝0,SF＝0,PF＝1。可见,这条指令的实际作用是将 AL 的高 4 位置"0",也称"屏蔽"了 AL 的高 4 位。

3. 测试指令 TEST

指令格式：**TEST dest, src**　;B/W

指令功能：将目的操作数 dest 和源操作数 src 按位相与,结果只影响各个状态标志位。即 $(dest) \& (src)$。

注意:

(1) 该指令与 AND 指令类似,只是"位与"运算后的结果不返回目的操作数 dest。

(2) dest 可以是通用寄存器或存储器操作数,执行指令后,$OF=CF=0$,ZF、SF、PF 由指令运行结果设置。

【例 3.50】 某微机系统的 I/O 端口中,5H 端口为输入端口,该端口的 D_7 位数据线连接一个开关 K;20H 端口为输出端口,连接一个共阴极 LED 数码管显示器,如图 3.25 所示。若开关 K 闭合,LED 数码管显示数据"7",若开关打开,则显示"0"。编程实现这一功能。

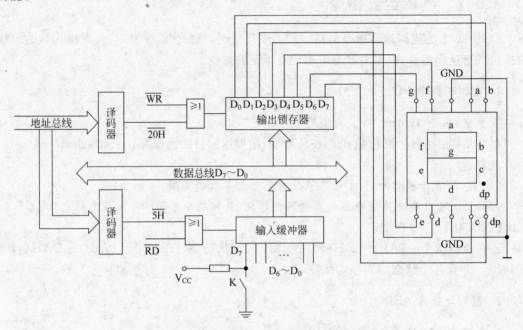

图 3.25　微机系统 I/O 电路对开关 K 的检测

开关 K 连接在地址为 5H 的 I/O 端口的 D_7 位上。若开关 K 闭合,D_7 为 0,否则 D_7 为 1。无论开关 K 闭合与否,5H 端口的其他数据位 $D_6 \sim D_0$ 均保持不变。

程序首先将 5H 端口的字节数据 $D_7 \sim D_0$ 输入至 CPU,然后判断 D_7 位是否为 0,根据判断结果向 20H 端口输出相应的字形码,具体字形码的建立、查找方法见例 3.26。

程序如下:

```
; 在数据段建立字形码表
...
TABLE DB 3FH, 06H, 5BH, 4FH, 66H, 6DH, 7DH, 07H, 7FH, 67H
...
; 程序段
    ...
    LEA BX, TABLE          ;BX 为字形码表首的偏移地址
    IN AL, 5H              ;将地址为 5H 的 I/O 端口中的数据(D7～D0)送至 AL
    TEST AL, 80H           ;(AL)&(1000 0000B),即屏蔽除 D7 外的其他位
    JZ CLOSE               ;如果"位与"运算结果为 0,即 D7 为 0 转 CLOSE 处
    MOV AL, 0              ;否则 D7 为 1,即开关未闭合,应显示 0
```

```
        JMP DISP                ;查找字形码并输出
CLOSE: MOV AL, 7                ;开关闭合,应显示7
DISP:  XLAT                     ;查表将数字转换成字形码
       OUT 20H, AL              ;将字形码输出至20H端口
       …
```

4. 逻辑或指令 OR

指令格式：**OR dest，src**   ;B/W

指令功能：将目的操作数 dest 和源操作数 src 按位相或，结果返回目的操作数 dest。即(dest) ∨ (src)→(dest)。

注意：

(1) 任何二进制位与 0 相或保持不变，与 1 相或结果为 1；

(2) dest 可以是通用寄存器或存储器操作数，执行指令后，OF＝CF＝0，ZF、SF、PF 由指令运行结果设置。

【例 3.51】 OR AX，0FF00H

若在执行指令前(AX)＝253DH(0010 0101 0011 1101B)，则执行指令后，(AX)＝FF3DH(1111 1111 0011 1101B)，并且 CF＝OF＝0，ZF＝0，SF＝1，PF＝0。

在程序设计中，OR 指令可以使操作数中的某些位置1。

5. 逻辑异或指令 XOR

指令格式：**XOR dest，src**   ;B/W

指令功能：将目的操作数 dest 和源操作数 src 按位异或，结果返回目的操作数 dest。即(dest) ⊕ (src)→(dest)。

注意：

(1) 任何二进制位与 0 相异或均保持不变，与 1 相异或状态取反；

(2) dest 可以是通用寄存器或存储器操作数，执行指令后，OF＝CF＝0，ZF、SF、PF 由指令运行结果设置。

【例 3.52】 XOR AL，0FH

若在执行指令前(AL)＝25H(0010 0101B)，则执行"XOR AL，0FH"后，(AL)＝2AH(0010 1010B)。并且 CF＝OF＝0，ZF＝0，SF＝0，PF＝0。可见，这条指令的实际作用是使 AL 的高 4 位保持不变，低 4 位按位取反。

3.5.2 移位指令

移位指令有逻辑移位和算术移位之分。逻辑移位是把进行移位的操作数当作无符号数，总是用 0 填补已空出的位；而算术移位是对带符号数进行移位，在移位的过程中必须保持操作数的符号不变。

移位指令有下列规则：

(1) 移位指令的目的操作数只允许是 8 位或 16 位通用寄存器操作数或存储器操作数；

(2) 如果移位指令只要求移 1 位，在指令中移位次数"1"是以立即数的形式给出的；如

果移位的位数大于1,则必须首先将移位的位数置于 CL,然后再执行移位指令;

(3) 移位操作后,AF 的内容不确定;PF、SF、ZF 根据移位的结果正常调整;CF 是目的操作数最后一次被移出的值。在只移 1 位的移位指令中,如果移位前后目的操作数的最高位发生变化,OF 被置 1,否则 OF 置 0;在多位移位的指令中,OF 的值不确定。

1. 逻辑左移指令 SHL

指令格式:**SHL dest, 1**　　　　　　;B/W
或　　　　**SHL dest, CL**　　　　　　;B/W

指令功能:将目的操作数 dest 左移 1 位或左移 CL 中预置的位数,最高位移入 CF 中,其他位依次左移,最低位补 0,如图 3.26 所示。

【例 3.53】　SHL AL, 1

若在执行指令前(AL)=04H(0000 0100B),则执行指令后,(AL)=08H(0000 1000B)。CF=0,ZF=0,SF=0,PF=0,移位前后 AL 的最高位符号不变,故 OF=0。可见,左移移位的作用相当于原数数值乘 2。由于移位指令执行的速度快,且执行后数值的长度不变,所以常用移位指令来代替乘法指令。

【例 3.54】　编写指令段完成 $5×10$ 的操作。

```
MOV AL, 5          ;(AL) = 0000 0101B
SAL AL, 1          ;(AL)×2→(AL),(AL) = 0000 1010B,相当于(AL) = 5×2
MOV BL, AL         ;将 5×2 的结果保存在 BL 中
MOV CL, 2
SAL AL, CL         ;(AL)×4→(AL),(AL) = 0010 1000B,相当于(AL) = 5×2×4 = 5×8
ADD AL, BL         ;(AL) + (BL)→(AL),(AL) = 0011 0010B,相当于(AL) = 5×10
```

2. 逻辑右移指令 SHR

指令格式:**SHR dest, 1**　　　;B/W
或　　　　**SHR dest, CL**　　　;B/W

指令功能:将目的操作数 dest 右移 1 位或右移 CL 中预置的位数,最低位移入 CF 中,其他位依次右移,最高位补 0,如图 3.27 所示。

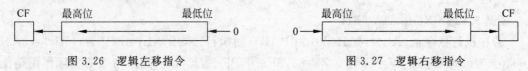

图 3.26　逻辑左移指令　　　　　　　　　图 3.27　逻辑右移指令

【例 3.55】　MOV CL, 2
　　　　　　　SHR AL, CL

若在执行指令前(AL)=14H(0001 0100B),即为十进制数 20,则执行指令后,(AL)=05H(0000 0101B),也就是十进制数 5。CF=0,ZF=0,SF=0,PF=1,不影响 OF。

可见,以上指令实际上完成的是 20÷4。

如果将 dest 看成是无符号操作数,逻辑右移 1 次相当于无符号数除 2。

3. 算术左移指令 SAL

指令格式:**SAL dest, 1**　　　;B/W

或 **SAL dest，CL** ;B/W

指令功能：同逻辑左移指令 SHL 一样。

4. 算术右移指令 SAR

指令格式：**SAR dest，1** ;B/W

或 **SAR dest，CL** ;B/W

指令功能：将目的操作数 dest 右移 1 位或右移 CL 中预置的位数，最低位移入 CF 中，其他位依次右移，最高位用原数值的最高位补足，如图 3.28 所示。

图 3.28 算术右移指令

【例 3.56】 MOV CL，2

　　　　　　SAR AL，CL

若在执行指令前(AL)=0ECH(1110 1100B)，即为十进制数－20 的补码，则执行指令后，(AL)=0FBH(1111 1011B)，也就是十进制数－5 的补码。CF=0，ZF=0，SF=1，PF=0，不影响 OF。

可见，以上指令实际上完成的是－20÷4。

如果将 dest 看成是有符号操作数，算术右移 1 次相当于有符号数除 2。

3.5.3 循环移位指令

循环移位指令的规则与移位指令基本类似，不同的是对状态标志位的影响。循环移位指令只影响 CF 和 OF，CF 总是最后一次被移入的值；在循环 1 位的移位中，如果指令执行前后操作数的最高位发生变化，则 OF=1，否则 OF=0；在多位循环移位时，OF 的值是不确定的。

1. 不带进位的循环左移指令 ROL

指令格式：**ROL dest，1** ;B/W

或 **ROL dest，CL** ;B/W

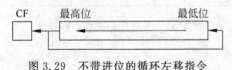

图 3.29 不带进位的循环左移指令

指令功能：将目的操作数 dest 循环左移 1 位或左移 CL 中预置的位数，最高位移入 CF 的同时，也移入最低位，其他位依次左移，原 CF 中的内容消失，如图 3.29 所示。

【例 3.57】 MOV AL，－126

　　　　　　ROL AL，1

在执行指令前(AL)=82H(1000 0010B)，则执行指令后，(AL)=05H(0000 0101B)，CF=1；由于执行指令前后 AL 的最高位发生了变化，故 OF=1。

2. 不带进位的循环右移指令 ROR

指令格式：**ROR dest，1** ;B/W

或 **ROR dest，CL** ;B/W

指令功能：将目的操作数 dest 循环右移 1 位或右移 CL 中预置的位数，最低位移入 CF 的同时，也移入最高位，其他位依次右移，原 CF 中的内容消失，如图 3.30 所示。

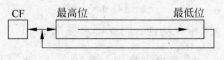

图 3.30　不带进位的循环右移指令

【例 3.58】　MOV AL，−126
　　　　　　ROR AL，1

在执行指令前 (AL)=82H(1000 0010B)，则执行指令后，(AL)=41H(0100 0001B)，CF=0；由于执行指令前后 AL 的最高位发生了变化，故 OF=1。

3. 带进位的循环左移指令 RCL

指令格式：**RCL dest，1**　　　；B/W
或　　　　　　**RCL dest，CL**　　；B/W

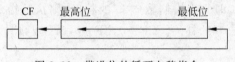

图 3.31　带进位的循环左移指令

指令功能：将目的操作数 dest 连同进位标志 CF 一起循环左移 1 位或左移 CL 中预置的位数。将 CF 的值移入最低位，其他位依次左移，原数值 dest 的最高位移入 CF 中，如图 3.31 所示。

【例 3.59】　CLC
　　　　　　MOV AL，−126
　　　　　　RCL AL，1

在执行指令前 CF=0，(AL)=82H(1000 0010B)，则执行指令后，(AL)=04H(0000 0100B)，CF=1；由于执行指令前后 AL 的最高位发生了变化，故 OF=1。

4. 带进位的循环右移指令 RCR

指令格式：**RCR dest，1**　　　；B/W
或　　　　　　**RCR dest，CL**　　；B/W

指令功能：将目的操作数 dest 连同进位标志 CF 一起循环右移 1 位或右移 CL 中预置的位数。将 CF 的值移入最高位，其他位依次右移，原数值 dest 的最低位移入 CF 中，如图 3.32 所示。

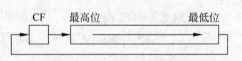

图 3.32　带进位的循环右移指令

【例 3.60】　STC
　　　　　　MOV AL，−126
　　　　　　RCR AL，1

在执行指令前 CF=1，(AL)=82H(1000 0010B)，则执行指令后，(AL)=0C1H(1100 0001B)，CF=0；由于执行指令前后 AL 的最高位未发生变化，故 OF=0。

利用移位和循环移位指令可以实现多字节操作数的移位。

【例 3.61】　有一个 4 字节操作数，其高 2 字节在 DX 中，低 2 字节在 AX 中，将该操作数左移一位。

```
SAL AX, 1          ;AX左移一位,最高位放至 CF 中 0→AX→CF
RCL DX, 1          ;DX循环左移一位,将原 AX 的最高位补在 DX 的最低位上 CF→DX→CF
```

可见,这两条指令完成了 4 字节数据的乘 2 运算。

3.6　串操作指令

3.6.1　概述

计算机在处理数据时,经常要对一组数据进行处理,这样的一组数据称为数据串。由字节组成的数据串称为字节串;由字组成的数据串称为字串。一个数据串最长可达 64KB。8086/8088 指令系统中有专门的串操作指令,可以对数据串进行多种操作,但所有串操作指令必须遵循一些基本的规则。

(1) 无论是字节串或字串,所处理数据的个数都存放在 CX 中,在有串前缀的前提下,每执行一次操作 CX 自动减 1,直至减到零,串操作自动停止;如果没有串前缀,需要由指令设置并判断 CX。

(2) 串操作指令的源操作数 src 和目的操作数 dest 都在内存中,是唯一一条从内存到内存的指令。默认的源操作数在 DS:[SI]中,目的操作数在 ES:[DI]中,并支持段前缀。

(3) 在串操作前要首先设置方向标志位 DF。当 DF=1,指示源和目的操作数位置的偏移地址(SI)和(DI)自动由高至低,减量进行串操作,当串为字节串时,每操作一次,(SI)和(DI)减 1,当串为字串时,每操作一次,(SI)和(DI)减 2;当 DF=0,指示源和目的操作数位置的偏移地址(SI)和(DI)自动由低至高,增量进行串操作,当串为字节串时,每操作一次,(SI)和(DI)加 1,当串为字串时,每操作一次,(SI)和(DI)加 2。

3.6.2　数据串传送指令

1. 串传送指令 MOVSB

指令格式:**MOVSB**　　　　　　;B

或　　　　**MOVSW**　　　　;W

指令功能: 将位于 DS 段,由(SI)所指出的存储单元的字节或字数据传送到位于 ES 段,由(DI)所指的存储单元中,即 DS:[SI]→ES:[DI],若 DF=1,(DI)−n→(DI),(SI)−n→(SI);若 DF=0,(DI)+n→(DI),(SI)+n→(SI)。

其中,当使用指令 MOVSB 时,n=1;使用指令 MOVSW 时,n=2。

可见,MOVSB 与 MOVSW 指令基本一致,区别在于后者一次传送两个字节的数据,因此数据地址也自动增减 2 个单位。

【例 3.62】　编程完成以下操作:将存储器物理地址从 20300H 开始的 100 个字节数据复制到 20A00H 开始的存储单元中,如图 3.33(a)所示。

```
MOV AX, 2000H
MOV DS, AX              ;设置数据段基址 DS
MOV ES, AX              ;ES 与 DS 是同一段基址
MOV SI, 0300H           ;设置源操作数偏移地址
MOV DI, 0A00H           ;设置目的操作数偏移地址
```

```
        MOV CX, 100             ;设置传输的数据个数
        CLD                     ;设置 DF = 0,数据由低地址向高地址传输
LOP:    MOVSB                   ;DS:[SI]→ES:[DI]; (DI) + 1→(DI),(SI) + 1→(SI)
        DEC CX                  ;(CX) − 1→(CX)
        JNZ LOP                 ;当 CX≠0,程序转 LOP 处执行; 否则程序向下执行
        ...
```

可见,如果要完成这一操作,需要执行 100 次 MOVSB 指令,完成数据从存储器向存储器的传输,同时自动修改数据地址,如图 3.33 所示。由程序可见,控制传输次数的寄存器 CX 还需要用户利用单独的指令递减和判断。

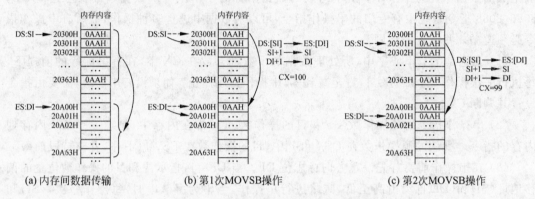

(a) 内存间数据传输　　　　　　(b) 第 1 次 MOVSB 操作　　　　　　(c) 第 2 次 MOVSB 操作

图 3.33　利用 MOVSB 传输字节数据

通常使用串重复操作前缀 REP 可以使 CPU 自动进行针对 CX 的操作,从而使得编程更加简洁。

2. 串重复操作前缀 REP

指令格式:**REP MOVSB**　　　;B
或　　　　**REP MOVSW**　　;W

指令功能:REP 是无条件串重复操作前缀,在串传送指令前使用。如果(CX)=0,则不执行后面的串传送指令,直接执行下一条指令;若(CX)≠0,则首先执行串传送指令,然后再执行(CX)−1→(CX),接着继续重复执行串传送指令。

例 3.62 的操作可以简化如下:

```
        MOV AX, 2000H
        MOV DS, AX              ;设置数据段基址 DS
        MOV ES, AX              ;ES 与 DS 是同一段基址
        MOV SI, 0300H           ;设置源操作数偏移地址
        MOV DI, 0A00H           ;设置目的操作数偏移地址
        MOV CX, 100             ;设置传输的数据个数
        CLD                     ;设置 DF = 0,数据由低地址向高地址传输
REP     MOVSB                   ;
        ...
```

可见,REP MOVSB 指令完成了数据传送、地址改变、传输次数(CX)的变化和判断功能,使用串重复操作前缀 REP 并未减少指令执行的步骤和时间,却方便了用户编程,使得程

序的逻辑性更强。

注意：尽管REP会自动修改(CX)的值直至(CX)为0，但这种减1操作不影响任何标志位。

3.6.3　数据串比较指令

1. 数据串比较指令CMPSB

指令格式：**CMPSB**　　　　　;B
或　　　　**CMPSW**　　　　　;W

指令功能：将位于DS段由(SI)所指出的存储单元的字节或字数据与ES段由(DI)所指的字节或字数据相比较，比较结果仅影响标志位。通过串前缀REPZ的控制，可以在两个数据串中寻找第一个不相等的字节或字数据；通过串前缀REPNZ的控制，可以在两个数据串中寻找第一个相等的字节或字数据。比较后自动按照串操作指令的规则修改操作数地址指针。

2. 串重复操作前缀REPZ/REPE

指令格式：**REPZ/REPE CMPSB**　　　　　;B
或　　　　**REPZ/REPE CMPSW**　　　　　;W

指令功能：将位于DS段由(SI)所指出的存储单元的字节或字数据与ES段由(DI)所指的字节或字数据相比较，当(CX)=0或ZF=0时，不再执行比较指令，直接执行下一条指令；当(CX)≠0同时ZF=1；继续执行串比较指令。该指令是查找两个数据串中第一个不相同的数据。

可见，带有串前缀REPE/REPZ的串比较指令的结束条件有两个：

(1) 两串两两比较完毕，即(CX)=0，且未有不相同的单元，表明两数据串一一对应的数据均相同，串比较指令结束时，ZF=1，据此可以判断CMPSB/CMPSW的比较结果；

(2) 两串两两比较，比较到第一个不相同的数据，此时(CX)≠0，表明数据串还未比较完，但操作DS:[SI]−ES:[DI]导致ZF=0。此时，不再进行剩下数据的比较，而是在后续指令中直接依据ZF=0判断CMPSB/CMPSW的比较结果。

注意：在串操作指令中，(CX)的值的变化与ZF无关。

【例3.63】 判断一个微型机系统是否为初次加电，如果不是初次加电可以检测到在RAM的400H单元开始的4个字节分别设置了加电标志12H，23H，34H，45H。这4个字节的加电标志是在初次加电时，由ROM区(位于0E2DH单元开始的4个字节)复制过去的。当然，ROM区中的0E2DH处的加电标志是一直存在的。

实现判断的程序是比较RAM区和ROM区指定地址处的内容，看这4个字节是否相同，若相同，说明不是初次加电，转入处理程序DONE；若不同，说明是初次加电，需要返回进行进一步的处理。

假设已经设置DS为ROM区的段基址，ES为RAM区的段基址，程序段如下：

```
MOV SI, 0E2DH        ;DS:[SI]为ROM区加电标志数据处的首地址
MOV DI, 0400H        ;ES:[DI]为RAM区存放加电标志数据处的首地址
```

```
        MOV CX, 4                ;最多需比较 4 个字节
        CLD                      ;比较时地址自动由低到高递增
        REPZ CMPSB               ;DS:[SI]-ES:[DI],(DI) + 1→(DI),(SI) + 1→(SI),
                                 ; (CX)-1→(CX),当 ZF = 1 且(CX)≠0 时,继续比较
                                 ; 当(CX) = 0 或 ZF = 0 时向下执行程序
        JZ   DONE                ;ZF = 1,转 DONE 处运行
        RET                      ;ZF = 0,表明两串数据存在不相同的对应数据,说明是初
                                 ;次加电,返回主程序进行处理
DONE:…                           ;(CX) = 0 且 ZF = 1,表明比较完后,两段数据完全相同,说
                                 ;明不是初次加电,从该处执行程序
```

3. 串重复操作前缀 REPNZ/REPNE

指令格式：**REPNZ/REPNE CMPSB**   ;B
或   **REPNZ/REPNE CMPSW**   ;W

指令功能：将位于 DS 段由(SI)所指出的存储单元的字节或字数据与 ES 段由(DI)所指的字节或字数据相比较,当(CX)=0 或 ZF=1 时,不再执行比较指令,直接执行下一条指令；当(CX)≠0 同时 ZF=0,继续执行串比较指令。该指令是查找两个数据串中第一个相同的数据。

可见,带有串前缀 REPNE/REPNZ 的串比较指令的结束条件有两个：

(1) 两串两两比较完毕,即(CX)=0,且未有相同的单元,表明两数据串一一对应的数据均不相同,串比较指令结束时,ZF=0,据此可以判断 CMPSB/CMPSW 的比较结果；

(2) 两串两两比较,比较到第一个相同的数据,此时(CX)≠0,表明数据串还未比较完,但操作 DS：[SI]－ES：[DI]导致 ZF=1。此时,不再进行剩下数据的比较。而是在后续指令中直接依据 ZF=1 判断 CMPSB/CMPSW 的比较结果。

3.6.4 读数据串指令

读数据串指令 LODSB/LODSW。

指令格式：**LODSB**   ;B
或   **LODSW**   ;W

指令功能：将位于 DS 段由(SI)所指出的存储单元的字节或字数据传送至(AL)或(AX),并自动按照串操作指令的规则修改操作数地址指针。即 DS：[SI]→(AL)或 DS：[SI+1][SI]→(AX),若 DF=1,(SI)-n→(SI)；若 DF=0,(SI)+n→(SI)。

其中,当使用指令 LODSB 时,n=1；使用指令 LODSW 时,n=2。

【例 3.64】 已知在数据段中有 100 个字数据组成的串,现要求统计其中正数的个数,并将其存放到紧接着该数据串的下一个地址中。已知该串首元素的偏移地址是 2000H。

```
        CLD                      ;串操作时地址自动由低向高递增
        MOV SI, 2000H            ;存放数据的首地址
        MOV DX, 0                ;存放统计出的正数个数
        MOV CX, 100              ;数据的个数
LOOP:   LODSW                    ;DS:[SI + 1][SI]→AX,(SI) + 2→(SI)
        TEST AX, 8000H           ;判断数据是否为正数,若为正数 ZF = 1
```

```
        JNZ COUNT              ;ZF≠1,表明数据不为正数,跳过个数加1的操作
        INC DX                 ;如果为正数,个数加1
COUNT: DEC CX                  ;数据个数减1
        JNZ LOOP               ;数据没有判断完,继续进行下一个数的判断
        MOV [SI], DX           ;全部数据判断完,将结果存放在(SI)指向的存储单元中
        HLT
```

3.6.5 写数据串指令

写数据串指令 STOSB/STOSW。

指令格式: **STOSB**　　　　　;B

或　　　　**STOSW**　　　　　;W

指令功能:将 AL 或 AX 中的字节或字数据写入位于 ES 段由(DI)所指出的存储单元中,并自动按照串操作指令的规则修改操作数地址指针。即(AL)→ES:[DI]或(AX)→ES:[DI+1][DI],若 DF=1,(DI)−n→(DI);若 DF=0,(DI)+n→(DI)。

其中,当使用指令 STOSB 时,n=1;使用指令 STOSW 时,n=2。

该指令与 LODSB/LODSW 指令执行的方向正好相反,是由 AL 或 AX 传送数据到存储单元中。该指令也可与段前缀 REP 配合使用,可以对存储区某一段区域填充相同的值。

【例 3.65】 将附加数据区偏移地址从 0404H 开始的连续 256 个字节清零。

```
CLD                    ;串操作时地址自动由低向高递增
LEA DI, [0404H]        ;欲清零数据段的首地址
MOV CX, 80H            ;欲清零的字数据的个数
XOR AX, AX             ;将 AX 清零
REP STOSW              ;AX→ES:[DI+1][DI],(DI)+2→(DI),(CX)−1→CX,
                       ;当(CX)≠0,继续执行该指令,直至(CX)=0 结束
...
```

【例 3.66】 将数据段从 0700H 单元开始的 5 个字节的内容逐一取来,放在累加器中进行处理,处理完后再送到 0700H 的内存区域。假设 DS 与 ES 为同一段基址。

```
    CLD
    MOV  SI, 0700H
    MOV  DI, 0700H
    MOV  CX, 5
L1: LODSB              ; DS:[SI]→AL,(SI)+1→(SI)
    PUSH CX
    ...                ;处理字符指令
    POP CX
    STOSB              ; AL→ES:[DI],(DI)+1→(DI)
    DEC  CX
    JNZ  L1
    ...
```

可见,利用 LODSB 和 STOSB 指令,可以不用考虑数据地址指针 SI 和 DI 的变化。

3.6.6 数据串检索指令

数据串检索指令 SCASB/SCASW。

指令格式：SCASB　　　　　　　;B

或　　　SCASW　　　　　　　;W

指令功能：将 AL 或 AX 中的值与位于 ES 段由(DI)所指出的存储单元中的字节或字数据进行比较,比较结果仅影响标志位。通过串前缀 REPZ 的控制,可以在数据串中寻找第一个与 AL 或 AX 不相等的字节或字数据；通过串前缀 REPNZ 的控制,可以在数据串中寻找第一个与 AL 或 AX 相等的字节或字数据。比较后自动按照串操作指令的规则修改操作数地址指针。即(AL)−ES:[DI]或(AX)−ES:[DI+1][DI],若 DF=1,(DI)−n→(DI)；若 DF=0,(DI)+n→(DI)。

其中,当使用指令 SCASB 时,n=1；使用指令 SCASW 时,n=2。

该指令与 CMPSB/CMPSW 的判断条件基本一致,在这里就不再赘述。

【例 3.67】　有一长度为 100 字节的字符串放在数据段以 2000H 单元为始地址的内存中,从中搜索串结束符'$',若存在'$',将串长度 x 放入 2100H 单元,若没有'$',2100H 单元中放入 0FFH。假设 DS 与 ES 为同一段基址。

```
            CLD                 ;串操作时地址自动由低向高递增
            MOV DI, 2000H       ;数据串的首地址
            MOV CX, 100         ;数据串的长度
            MOV AL, '$'         ;欲在数据串中搜索的字符
            REPNE SCASB         ;(AL)−ES:[DI],(DI)+1→(DI),(CX)−1→(CX),
                                ;当(CX)≠0,且 ZF≠1 继续执行该指令,
                                ;直至(CX)=0 或 ZF=1 结束
            JZ DONE             ;当串搜索指令结束且 ZF=1 时,说明搜索到了字符'$',
                                ;转 DONE 处运行
            MOV AL, 0FFH        ;当串搜索指令结束且 ZF≠1 时,说明未搜索到字符'$',
                                ;将 0FFH 传送到 AL 中
            JMP STO
DONE:       MOV BX,100          ;将 BX 设置成 100
            SUB BX, CX          ;100−(CX)
            DEC BL              ;100−(CX)−1,计算字符串的长度(串长度不包括'$'字符)
            MOV AL, BL          ;将串长度送入 AL
STO:        MOV [2100H], AL
```

3.7　控制转移指令

3.7.1　概述

指令存储在内存的代码段,8086/8088 执行的指令地址是由代码寄存器 CS 和指令指针 IP 的内容确定的,CPU 运行码段 CS:IP 所指向的那条指令。一般情况下,CPU 在执行完当前指令后会自动顺序执行下一条指令,此时,下一条指令的偏移地址 IP 是由控制器自动给出的。

控制转移指令用来改变程序的正常执行顺序,这种改变是通过改变代码段的段基址 CS 和偏移地址 IP 的内容而实现的。

跳转或转移的目标地址距离当前的正常指针的地址偏移量称为"相对偏移量"。

转移分为段内转移和段间转移两类。

段内转移：转移的目标地址与当前地址在同一个代码段内，即只需要改变指令指针 IP 的内容就可实现转移，而不用改变 CS 的值。这种转移又称为"近转移"，转移的范围在 64KB 之内，即偏移地址 IP 的范围。也就是说，转移的相对偏移量为 16 位二进制数，取值范围为 $-32768 \sim 32767$。

段间转移：转移的目标地址与当前地址不在同一个代码段内，需要同时改变 CS 和 IP 的内容才可寻址到新的指令地址。这种转移又称为"远转移"，转移的范围可以超过 64KB。

转移的方式分为直接转移和间接转移两类。

直接转移：在指令的操作数中直接给出转移的目标地址（一般用标号的形式）。

间接转移：转移的目标地址存放在寄存器或内存单元中。

注意：所有的转移类指令均不影响状态标志位。

3.7.2 无条件转移指令

1. 无条件段内直接转移指令

指令格式：JMP 目标地址处标号。

指令功能：码段的基地址 CS 不变，偏移地址 IP 由当前地址变成目标指令处的偏移地址，从而实现程序的转移跳转。

注意：尽管该指令的操作数是语句标号或指令标号，但实际上的操作数是相对偏移量，即编译程序首先根据目标地址计算出距当前指令的相对偏移量，然后将这个相对偏移量放在操作码后，所以该指令执行的操作是：(IP)＋相对偏移量→(IP)。

如果相对偏移量是 8 位二进制数的范围（$-128 \sim 127$），则该指令为二字节指令，即 1 字节的操作码 0EBH 和 1 字节的操作数；如果相对偏移量是 16 位二进制数的范围（$-32\,768 \sim 32\,767$），则该指令为三字节指令，即 1 字节的操作码 0E9H 和 2 字节的操作数。

需要注意的是，JMP 指令的相对偏移量是由编译程序自动计算的，用户只需要把目标地址的标号写在程序中就可以了。

【例 3.68】 假设目标地址标号为 LABLE，位于码段的 2300H 处，指令 JMP LABLE 位于码段的 2308H 处，执行该指令后偏移地址 IP 的值是多少，相对偏移量是多少？

JMP LABLE 是段内直接转移指令，执行后(IP)＝2300H。

由于 2300H 距 2308H 的相对偏移量不足 1 个字节的范围，故该指令是 2 字节指令，按正常顺序执行 JMP LABLE 后的 IP 值应为(IP)＝230AH，故两者的相对位移量是 -10，即为 1 字节补码 0F6H，通过符号扩展为 0FFF6H，因此，(IP)＋相对偏移量＝230AH＋FFF6H＝2300H→(新 IP)。具体执行情况如图 3.34 所示。

【例 3.69】 假设目标地址标号为 TAB，位于码段的 9300H 处，指令 JMP TAB 位于码段的 2308H 处，执行该指令后偏移地址 IP 的值是多少，相对偏移量是多少？

JMP LABLE 是段内直接转移指令，执行后(IP)＝9300H。

由于 9300H 距 2308H 的相对偏移量大于 1 个字节的范围，故该指令是 3 个字节指令，按正常顺序执行 JMP TAB 后的 IP 值应为(IP)＝230BH，故两者的相对位移量是 9300－230BH＝6FF5H，即为 2 字节 6FF5H，因此，(IP)＋相对偏移量＝230BH＋6FF5H＝9300H→(新 IP)。具体执行情况如图 3.35 所示。

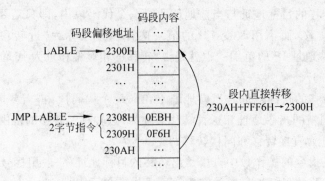

图 3.34　2 字节段内直接转移指令

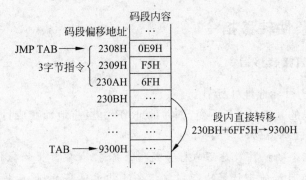

图 3.35　3 字节段内直接转移指令

2. 无条件段内间接转移指令

指令格式：**JMP dest**

指令功能：码段的基地址 CS 不变，偏移地址 IP 由当前地址变成由寄存器或存储器寻址的目标偏移地址，从而实现程序的转移跳转。

其中，dest 是寄存器或存储器操作数。

【例 3.70】 JMP BX

如果指令执行前(BX)=3080H，(IP)=2000H，则指令执行后，(IP)=3080H。

3. 无条件段间直接转移指令

指令格式：**JMP 目标地址处标号**（远标号）。

指令功能：码段的基地址 CS 变成目标地址处的段基址，偏移地址变成目标地址处的偏移地址，从而实现程序的跨段的转移跳转。

注意：虽然该指令的书写形式与段内直接转移指令一致，但目标地址处标号的属性是不一样的(见第 4.3.2 节)，该指令不计算相对偏移量，直接将目标地址的段属性和偏移地址属性赋值给 CS 和 IP 即可。

【例 3.71】 JMP LAB

如果目标地址 LAB 位于另一码段的 2000H：30A6H 处，则执行该指令后，(CS)=2000H，(IP)=30A6H。

4．无条件段间间接转移指令

指令格式：**JMP dest**

指令功能：目标地址的段基址和偏移地址存放于存储器的 4 个连续地址中，其中前 2 个字节为偏移地址，后 2 个字节为段基址，在指令中给出的是存放目标地址的 4 个连续字节的首地址的偏移地址。

【例 3.72】　JMP DWORD PTR [SI]

如果指令执行前(SI)＝3080H，(DS)＝2000H，数据段地址 2000H：3080H 单元处的内容如图 3.36 所示，则指令执行后，(CS)＝43A8H，(IP)＝0F534H。

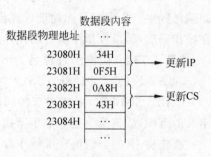

图 3.36　段间间接转移指令

3.7.3　过程调用和返回指令

过程也称为子程序，是指能够完成某种独立功能的程序模块（具体定义方式见第 4.2.2 节）。可以将一些常用的操作或计算定义为过程，供主程序（主过程）调用，这样，既可以避免重复编程，同时也使程序结构清晰，便于阅读、修改。

过程调用虽然也是改变了正常指令指针执行的顺序，但是与跳转指令 JMP 不同，CPU 在运行完过程后还要返回到主程序的调用处，继续向下运行主程序的指令，如图 3.37 所示。

因此，过程调用除了完成码段地址指针 CS、IP 的修改操作外，还要负责将紧挨着调用指令后的下一条指令地址保存起来，以便执行完子过程后返回时对 CS、IP 重新进行赋值，继续执行主程序未完成的指令。

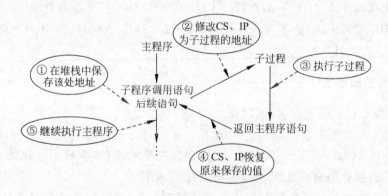

图 3.37　子过程调用及返回步骤示意图

过程调用的类型也与 JMP 指令一样，有段内调用和段间调用之分。段内调用时子过程与主程序位于同一个代码段，调用时只需修改偏移地址 IP 的值即可；段间调用时子过程与主程序在不同的代码段，有不同的段基址，故调用时需同时修改 CS 和 IP 的值。

1．段内直接过程调用指令

指令格式：**CALL 子过程名**

指令功能：在堆栈中保存调用语句的下一条语句的偏移地址，即(SP)－2→(SP)，(IP)→

((SP+1)(SP)),码段的基地址 CS 不变,偏移地址 IP 由当前地址变成子过程处的偏移地址,从而实现程序的调用。

与 JMP 指令一样,尽管该指令的操作数是子过程名,但实际上的操作数是相对偏移量,即编译程序首先根据目标地址计算出距当前指令的相对偏移量,然后将这个相对偏移量放在操作码后,所以该指令执行的操作是:(IP)+相对偏移量→(IP)。

【例 3.73】 假设子过程名为 SUBPRO,位于码段的 2300H 处,指令 CALL SUBPRP 位于同一码段的 1200H 处,(SS)=2000H,(SP)=0100H,执行该指令的过程如何。

CALL SUBPRO 是段内直接调用指令,由于 2300H 距 1200H 的相对偏移量大于 1 个字节的范围,故该指令是 3 个字节指令,紧挨着该指令的下一条指令的地址应为 1203H。

首先将 IP 的当前值在堆栈中保存起来。因此,堆栈段 2000H:00FFH=12H,2000H:00FEH=03H,(SP)=00FEH;

其次 IP 重新赋值,(IP)=2300H。

相对位移量=2300H−1203H=10FDH。

2. 段内间接过程调用指令

指令格式:**CALL dest**。

指令功能:在堆栈中保存调用语句下一条语句的偏移地址,即(SP)−2→(SP),(IP)→((SP+1)(SP)),码段的基地址 CS 不变,偏移地址 IP 由当前地址变成由寄存器或存储器寻址的目标偏移地址,从而实现程序的调用。

其中,dest 是寄存器或存储器操作数,该指令为 2 字节指令。

【例 3.74】 CALL BX

假设在指令执行前,(BX)=3780H,(IP)=3400H,(SS)=2000H,(SP)=0200H,则执行该指令后 BX,CS,SS 的值不变,2000H:01FFH=34H,2000H:01FEH=02H,(SP)=01FEH,(IP)=3780H。

3. 段间直接调用指令

指令格式:**CALL 子过程名(远过程)**。

指令功能:在堆栈中保存调用语句的下一条语句的地址,即(SP)−4→(SP),(IP)→((SP+1)(SP)),(CS)→((SP+3)(SP+2)),码段的基地址 CS 变成子过程处的段基址,偏移地址变成子过程处的偏移地址,从而实现程序的调用。

注意:虽然该指令的书写形式与段内直接转移指令一致,但子过程的属性是不一样的(见第 4.2.2 节),该指令不计算相对偏移量,直接将子过程的段属性和偏移地址属性赋值给 CS 和 IP 即可。该指令为 5 字节指令,其中操作码 1 字节,操作数 4 字节,分别是子过程的段基址和偏移地址。

【例 3.75】 CALL SUBPRO

假设 CALL 指令执行前(SS)=5000H,(SP)=0100H,(CS)=2000H,(IP)=2248H,子过程 SUBPRO 存放在另一代码段 3000H:1200H 开始的位置。

由于调用指令为 5 字节指令,紧挨着调用指令的下一条指令的地址应为 224DH。指令执行后,(SP)=00FCH,堆栈 01FFH～00FCH 中的内容依次为 20H,00H,22H,4DH。

(CS)＝3000H,(IP)＝1200H,如图3.38所示。

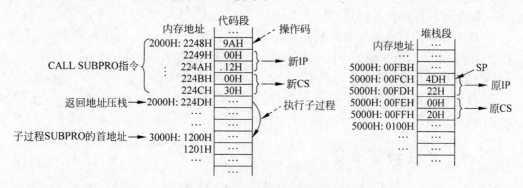

图3.38　段间直接调用指令

4. 段间间接过程调用指令

指令格式：**CALL dest**

指令功能：在堆栈中保存调用语句的下一条语句的地址,即(SP)－4→(SP),(IP)→((SP＋1)(SP)),(CS)→((SP＋3)(SP＋2)),子过程的段基址和偏移地址存放于存储器的4个连续地址中,其中前2个字节为偏移地址,为IP赋值;后2个字节为段基址,为CS赋值,从而完成子过程的段间调用。在指令中给出的是存放目标地址的4个连续字节的首地址的偏移地址。

【例3.76】　CALL DWORD PTR[DI]

这是一条段间间接调用指令,子过程的地址在数据段的(DI)、(DI＋1)、(DI＋2)、(DI＋3)这4个单元中,前2个字节为子过程的偏移地址,后2个字节为子过程的段基址。

若(DI)＝34H,(DI＋1)＝5AH,(DI＋2)＝40H,(DI＋3)＝30H,则执行该指令后,程序将转移到物理地址为35E34H的子过程继续运行。

5. 过程返回指令 RET

指令格式：**RET**

指令功能：将当前堆栈内容返回到IP(段内调用)或IP、CS(段间调用),具体是段内调用还是段间调用是由定义子程序的语句决定的。具体的执行步骤是:如果是段内调用,((SP＋1)(SP))→(IP),(SP)＋2→(SP);如果是段间调用,((SP＋1)(SP))→(IP),(SP)＋2→(SP),((SP＋1)(SP))→(CS),(SP)＋2→(SP)。

6. 带立即数的返回指令

指令格式：**RET　n**

指令功能：执行完RET指令后,(SP)＋n→(SP),其中,n为偶数。

该指令相当于删除了堆栈中的n个字节的内容,一般这些字节存放的是主程序调用子过程时所带的参数或参数地址。

综上所述,以段间过程调用为例,调用过程如下:

(1) 将调用指令后的第一条指令地址的 CS 入栈;

（2）将调用指令后的第一条指令地址的 IP 入栈；

（3）将子过程的段地址赋值 CS；

（4）将子过程的偏移地址赋值 IP；

（5）执行 CS:IP，直至遇到 RET 指令；

（6）将堆栈当前内容赋值 IP；

（7）将堆栈当前内容赋值 CS；

（8）执行 CS:IP。

3.7.4　条件转移指令

8086/8088 有 18 条条件转移指令，均是根据 CPU 的状态标志位的状态作为判断是否转移的依据。如果满足指令中所要求的条件，则产生转移；否则，将继续向下执行后面的指令。

所有条件转移指令具有下列特点：

（1）所有的条件转移指令都是相对转移的形式，其转移范围在 1 个字节（−128～127）之内。

（2）比较两数据的关系时，例如两数是否相等、大于、小于，要区分数据是有符号数或无符号数，8086/8088 对这两类型的数据各有一组比较指令。

1. 判断单一标志位置位转移指令

指令格式：**Jx rel**

指令功能：状态标志位 x 为 1 转移，其中 rel 是 1 字节的补码，在实际使用中常常用语句标号代替。如果满足转移条件，(IP)＋rel→(IP)。

其中，状态标志位 x 可以是 C(CF)、Z 或 E(ZF)、P(PF)、S(SF) 和 O(OF)。

例如：JZ NNN ；如果 ZF=1，执行 NNN 标号处的语句。

又如：JC YYY；如果 CF=1，执行 YYY 标号处的语句。

2. 判断单一标志位复位转移指令

指令格式：**JNx rel**

指令功能：状态标志位 x 为 0 转移，其中 rel 是 1 字节的补码，在实际使用中常常用语句标号代替。如果满足转移条件，(IP)＋rel→(IP)。

其中，状态标志位 x 可以是 C(CF)、Z 或 E(ZF)、P(PF)、S(SF) 和 O(OF)。

例如：JNP NNN ；如果 PF=0，执行 NNN 标号处的语句。

又如：JNO YYY；如果 OF=0，执行 YYY 标号处的语句。

【例 3.77】　检测 PC 机地址为 5FH 的 I/O 端口中的字节数据，若 D_7 为 0 时，将 AL 置为 0FFH，若为 1，将 AL 置为 00H。

```
BEGIN: IN AL, 5FH          ;将地址为 5FH 的 I/O 端口中的数据读入 AL
       TEST AL, 80H        ;AL&1000 0000B，即检测其 D₇ 位是否为 1
       JZ A1               ;当位与的结果为 0 时，表明 D₇ 位为 0，转入 A1
       XOR AX, AX          ;AX 为 0
```

```
        JMP STOP
A1:     MOV AL, 0FFH                 ;D₇ 为 0,AL 置为 0FFH
STOP:   HLT
```

3. 多标志位综合判断指令

这类指令主要是比较两数的关系,分为有符号数的比较和无符号数的比较两组指令,其比较格式及条件见表 3.2 所示。

表 3.2 多标志位综合判断指令

数据类型	指令名称		指令格式		判断条件
无符号数	高于/不低于也不等于	转移	JA/JNBE	rel	CF=0 AND ZF=0
	高于或等于/不低于	转移	JAE/JNA	rel	CF=0 OR ZF=1
	低于/不高于也不等于	转移	JB/JNAE	rel	CF=1 AND ZF=0
	低于或等于/不高于	转移	JBE/JNA	rel	CF=1 OR ZF=1
有符号数	大于/不小于也不等于	转移	JG/JNLE	rel	(SF XOR OF)=0 AND ZF=0
	大于或等于/不小于	转移	JGE/JNL	rel	(SF XOR OF)=0 OR ZF=1
	小于/不大于也不等于	转移	JL/JNGE	rel	(SF XOR OF)=1 AND ZF=0
	小于或等于/不大于	转移	JLE/JNG	rel	(SF XOR OF)=1 OR ZF=1

【例 3.78】 设数据区偏移地址 1000H 开始的区域中存放着 50 个字节的有符号数,要求找出其中最大的一个数并存放到 0FFFH 单元。

```
        MOV BX, 1000H               ;BX 指向数据区
        MOV AL, [BX]                ;将第 1 个单元的内容放至 AL,并假设其为最大的数
        MOV CX, 31H                 ;要比较数据的个数
L1:     INC BX                      ;移动指针,取下面的数据
        CMP AL, [BX]                ;AL 中的数与取来的数据比较
        JGE L2                      ;AL 中的数据大,继续比较
        MOV AL, [BX]                ;AL 中的数据小,将大数放入 AL 中
L2:     DEC CX                      ;判断数据是否比较完
        JNE L1                      ;数据未比较完,继续比较
        MOV BX, 0FFFH               ;大数放入的单元
        MOV [BX], AL                ;比较完后,将大数放入该单元
        HLT
```

3.7.5 循环控制指令

8086/8088 有 4 条有关循环控制的指令,常用来实现循环。循环控制指令实际上是一组增强型的条件转移指令,将多个计算和判断的指令综合在一起,方便用户编程。

循环控制指令的特点如下:

(1) 循环控制指令的转移范围均在 −128~127 字节内;

(2) 循环前必须将循环次数赋值给 CX。

1. LOOP 指令

指令格式: LOOP 语句标号

指令功能：(CX)-1→(CX)，若(CX)≠0，则转移到语句标号处继续循环；否则，结束循环向下顺序执行程序。

2. LOOPE/LOOPZ 指令

指令格式：**LOOPE 语句标号**
或　　　　**LOOPZ 语句标号**

指令功能：(CX)-1→(CX)，若(CX)≠0 且 ZF=1，则转移到语句标号处继续循环；否则，结束循环向下顺序执行程序。

注意：CX 是否为 0 并不影响标志位 ZF，ZF 是否为 1 是由该循环控制指令前面的指令决定的。

3. LOOPNE/LOOPNZ 指令

指令格式：**LOOPNE 语句标号**
或　　　　**LOOPNZ 语句标号**

指令功能：(CX)-1→(CX)，若(CX)≠0 且 ZF=0，则转移到语句标号处继续循环；否则，结束循环向下顺序执行程序。

4. JCXZ 指令

指令格式：**JCXZ 语句标号**

指令功能：若(CX)=0，则转移到语句标号处；否则，向下顺序执行程序。

注意：该指令不对 CX 进行操作，且循环控制条件与 LOOP 指令相反。

【例 3.79】 下面的程序段用于在 40 个元素构成的数组中寻址第一个非 0 元素，数组元素从数据段的 1000H 处开始存放。

```
         MOV CX, 28H              ;数组长度
         MOV SI, 0FFFH            ;加 1 为首地址指针
NEXT: INC SI
         CMP BYTE PTR[SI], 0      ;与 0 比较
         LOOPZ NEXT               ;ZF＝1 且 CX≠0 继续循环
         JNZ OKK                  ;退出循环,若 ZF≠1,说明找到了非零元素,执行 OKK
         CALL DISPLAY1            ;没有找到,调用 DISPLAY1 显示信息
         RET
OKK:   CALL DISPLAY2            ;找到非零元素,调用 DISPLAY2 显示信息
         RET
```

3.8　处理器控制类指令

处理器控制指令完成对 CPU 的简单控制操作。由于在指令中已确定了操作对象和操作过程，所以处理器控制类指令均没有操作数。

1. 标志位操作指令

对标志寄存器的某些位进行操作，具体操作有：

(1) 置位(SET)：对某标志位赋值1；

(2) 清位(CLEAR)：对某标志位赋值0；

(3) 取补(COMPLEMENT)：对进位标志位的当前值取反。

表3.3列出了全部标志位操作指令。

表 3.3 标志位操作指令

指令名称	指令格式	指令功能
清除进位标志	CLC	$CF=0$
进位标志置位	STC	$CF=1$
进位标志取反	CMC	$CF=\overline{CF}$
清除方向标志	CLD	$DF=0$
方向标志置位	STD	$DF=1$
清除中断标志	CLI	$IF=0$
中断标志置位	STI	$IF=1$

2. 处理器暂停指令 HLT

指令格式：**HLT**

指令功能：用软件的方法使 CPU 处于暂停状态，等待硬件中断，硬件中断的进入，使 CPU 退出暂停状态，待硬件中断服务程序执行完后，CPU 执行 HLT 后下一条指令。

3. 处理器交权指令 ESC

指令格式：**ESC 外部操作码，src**

指令功能：用于多机或有协处理器的情况。这条指令表示 8086 要调用协处理器工作，协处理器随时待命，遇到 ESC 马上响应，与 CPU 并行工作。但 8086 一般在协处理器工作时执行 WAIT 指令，等待协处理器工作完毕，送上 $\overline{\text{TEST}}$ 信号后再继续执行 WAIT 后的指令。

ESC 操作码最多可选 8 个协处理器，源操作数 src 最多可完成 8 种操作，具体指令格式可参考相关的技术手册。

4. 等待指令 WAIT

指令格式：**WAIT**

指令功能：CPU 进入等待状态，直至 $\overline{\text{TEST}}$ 引脚上的信号有效为止。

$\overline{\text{TEST}}$引脚信号和 WAIT 指令结合使用，在 CPU 执行 WAIT 指令时，CPU 处于空转状态进行等待，并每隔 5 个时钟周期重复检测该信号，当检测到该信号为低电平时，等待状态结束，CPU 继续执行 WAIT 后的指令。WAIT 指令和该信号是用来使处理器与外设同步的。

5. 总线封锁指令 LOCK

指令格式：**LOCK**

指令功能：LOCK 是指令前缀，不是一条独立的指令，带有 LOCK 前缀的指令，在指令的执行过程中都禁止其他协处理器占用总线。

6. 空操作指令 NOP

指令格式：**NOP**

指令功能：NOP 是一条空操作指令，它并未使 CPU 完成任何有效的操作，只是每执行一次该指令要占用 3 个时钟周期的时间，常用来做延时。

习题 3

一、选择题

1. 寻址方式指出了操作数的位置，一般来说_____。

　A. 立即寻址给出了操作数的地址

　B. 寄存器直接寻址的操作数在寄存器内，而指令给出了存储器

　C. 直接寻址直接给出了操作数本身

　D. 寄存器直接寻址的操作数包含在寄存器内，由指令指定寄存器的名称

2. 寄存器寻址方式中，操作数在_____。

　A. 通用寄存器　　　　B. 堆栈　　　　　C. 内存单元　　　　D. 段寄存器

3. 寄存器间接寻址方式中，操作数在_____。

　A. 通用寄存器　　　　B. 堆栈　　　　　C. 内存单元　　　　D. 段寄存器

4. 下列指令中的非法指令是_____。

　A. MOV [SI+BX], AX　　　　　　B. MOV CL, 280

　C. MOV [0260H], 2346H　　　　　D. MOV BX, [BX]

5. 设（SP）＝0100H，（SS）＝2000H，执行 PUSH BP 指令后，栈顶的物理地址是_____。

　A. 200FEH　　　　B. 0102H　　　　C. 20102H　　　　D. 00FEH

6. 指令"LEA BX，TAB"执行后，其结果是_____。

　A. 将 TAB 中内容送 BX　　　　　B. 将 TAB 的段基址送 BX

　C. 将 TAB 的偏移地址送 BX　　　 D. 将 TAB 所指单元的存储内容送 BX

7. 下列正确的指令格式有_____。

　A. MOV [BX], 1　　　　　　　　B. MOV AL, 0345H

　C. MOV ES：PTR[CX], 3　　　　D. XLAT

8. 设（AX）＝C544H，在执行指令"ADD AH,AL"之后，_____。

　A. CF＝0,OF＝0　　　　　　　　B. CF＝0,OF＝1

　C. CF＝1,OF＝0　　　　　　　　D. CF＝1,OF＝1

9. 若 AL、BL 中是压缩 BCD 数，且在执行"ADD AL, BL"之后，（AL）＝0CH,CF＝1,AF＝0。再执行 DAA 后,（AL）＝_____。

　A. 02H　　　　　　B. 12H　　　　　　C. 62H　　　　　　D. 72H

10. 执行下列程序后 AL 的内容为_____。

```
MOV AL, 25H
SUB AL, 71H
DAS
```

　　A. B4H　　　　　　　B. 43H　　　　　　　C. 54H　　　　　　　D. 67H

11. 下列 4 条指令中,需要使用 DX 寄存器的指令是_____。

　　A. MUL BX　　　　B. DIV　BL　　　C. IN AX, 20H　　　D. OUT 20H, AL

12. 设(AL)=0E0H,(CX)=3,执行"RCL AL, CL"指令后,CF 的内容_____。

　　A. 0　　　　　　　　B. 1　　　　　　　C. 不变　　　　　　D. 变反

13. 下列 4 条指令中,错误的是_____。

　　A. SHL AL, CX　　　　　　　　　　B. XCHG AL, BL

　　C. MOV BX, [SI]　　　　　　　　　D. AND AX, BX

14. 串操作指令中,有 REP 前缀的串操作指令结束的条件是_____。

　　A. ZF=1　　　　B. ZF=0　　　　C. CX>0　　　　D. CX=0

15. 对于下列程序段:

```
AGAIN: MOV   AL, [SI]
       MOV   ES:[DI], AL
       INC   SI
       INC   DI
       LOOP  AGAIN
```

　　也可用指令_____完成同样的功能。

　　A. REP MOVSB　　　　　　　　　B. REP LODSB

　　C. REP STOSB　　　　　　　　　D. REPE SCASB

16. JMP WORD PTR [DI] 是_____指令。

　　A. 段内间接转移　　　　　　　　B. 段内直接转移

　　C. 段间间接转移　　　　　　　　D. 段间直接转移

17. 条件转移指令 JNE 的转移条件是_____。

　　A. ZF=1　　　　B. CF=0　　　　C. ZF=0　　　　D. CF=1

18. 下列指令中,影响标志位的指令是_____。

　　A. 从存储器取数指令　　　　　　　B. 条件转移指令

　　C. 压栈指令　　　　　　　　　　　D. 循环移位指令

19. 假设外部设备的状态字已经读入 AL 寄存器,其中最低位为 0,表示外部设备忙。为了判断外部设备是否忙而又不破坏其他状态位,应选用下列_____指令。

　　A. RCR　AL, 01H　　　　　　　　B. CMP　AL, 00H

　　　　JZ　　Label　　　　　　　　　　JZ　　Label

　　C. AND　AL, 01H　　　　　　　　D. TEST　AL, 01H

　　　　JZ　　Label　　　　　　　　　　JZ　　Label

20. 假定一组相邻字节的首地址在 BX 中,末地址在 DI 中,为了使下面的程序段能用来查找出其中第一个非零字节,并把它存放在 AL 中,在横线处应填入_____指令。

```
        SUB     DI,BX
        INC     DI
        MOV     CX,DI
        ___
NEXT:INC     BX
        CMP     BYTE PTR [BX], 0
        LOOP    NEXT
        MOV     AL, BYTE PTR [BX]
```

  A. MOV SI, CX   B. SUB BX, BX   C. DEC BX   D. INC BX

二、填空题

1. 指令"MOV [BX+SI], AL"中的目的操作数使用_____段寄存器,属于_____寻址方式。

2. 8086 微机中,_____寄存器存放的是当前堆栈区的基地址。堆栈区的存取原则为_____,在 8086/8088 系统中,栈区最大容量为_____。若(CS)=2000H,(DS)=2500H,(SS)=3000H,(ES)=3500H,(SP)=0100H,(AX)=2FA6H,则这个栈区的物理地址的范围为_____,CPU 执行 PUSH AX 指令后,栈顶地址为_____,该栈顶单元存放的内容为_____。

3. 若(BX)=42DAH,则下列指令段

```
PUSH BX
POPF
```

指令执行完毕后,(SF, ZF, CF, OF)=_____。

4. 假设(DS)=1000H,(ES)=0200H,(BP)=0100H,(DI)=0200H,(10200H)=11H,(10201H)=12H,执行指令"LEA DX, [BP][DI]"后,(DX)=_____。

5. 假定(DS)=4000H,(DI)=0100H,(40100H)=55H,(40101H)=AAH,执行指令"LEA BX, [DI]"后,BX 中的内容是_____。

6. 如果 TABLE 为数据段 3400H 单元的符号名,其中存放的内容为 0505H,当执行指令"MOV AX, TABLE"后,(AX)=_____;而执行指令"LEA AX, TABLE"后,AX=_____。

7. 若(DS)=3000H,(SI)=2000H,(DI)=1000H,(AX)=2500H,(34000H)=00H,(34001H)=34H,(34002H)=00H,(34003H)=50H,变量 AREA 的值为 3000H,执行指令"LDS SI, AREA[DI]"后,SI 的内容是_____,DS 的内容是_____。

8. 已知(AL)=2EH,(BL)=6CH,执行"ADD AL, BL"之后,(AL)=_____,(BL)=_____, ZF =_____, AF =_____, OF =_____, PF =_____,CF=_____。

9. CPU 对两个无符号 8 位二进制数进行加法运算后,结果为 0EH,且标志位 CF=1,OF=1,SF=0,其结果应为十进制数_____。

10. 8086 CPU 执行"SUB AH, AL"后结果为(AH)=85H,OF=1,CF=1。若 AH、AL 中为带符号数,则指令执行前_____寄存器中的数大。

11. 若（AX）＝ 7531H,（BX）＝ 42DAH，则"CMP AX, BX"指令执行后，(AX)＝_____,(SF, ZF, CF, OF)＝_____。

12. 设(AL)＝1010 0000B,则执行 NEG AL 后,(AL)＝_____; 设(AL)＝1000 0000B,则执行 NEG AL 后,(AL)＝_____。

13. 假定(AX)＝96H,(BX)＝65H,依次执行"ADD AX, BX"指令和 DAA 指令后,(AL)＝_____。

14. 执行下列指令序列后,(AH)＝_____,(AL)＝_____,CF＝_____,AF＝_____。

```
MOV AX, 0106H
MOV BL, 08H
SUB AL, BL
AAS
```

15. 设(AL)＝98H,(BL)＝12H,若执行指令 MUL BL 后,

(AX)＝_____

(OF)＝_____

(CF)＝_____

而执行指令 IMUL BL 后,

(AX)＝_____

(OF)＝_____

(CF)＝_____

16. 已知(AL)＝6,(BL)＝7,执行下述指令后,(AL)＝_____。

```
MUL  BL
AAM
```

17. CBW 指令是将_____的符号扩展到_____中,如果(AL)＝0A4H,则执行 CBW 指令后,(AX)＝_____。

18. 执行下列程序段后,给出指定寄存器的内容。

```
XOR   AX,AX
DEC   AX
MOV   BX,6378H
XCHG  AX,BX
NEG   BX
```

AX 和 BX 寄存器的内容为_____。

19. 执行下列指令后:

```
MOV  AX,1234H
MOV  CL,4
ROL  AX,CL
DEC  AX
MOV  CX,4
MUL  CX
HLT
```

寄存器 AH 的值是_____,AL 的值是_____。

20. 假设（DX）= 10111001B,（CL）= 03H,CF = 1,执行"SHL DL,CL"后,（DX）=_____。

21. 下列指令段执行完毕后,（SI）=_____,（DI）=_____。

```
STD
MOV AX, 2500H
MOV DS, AX
MOV BX, 3500H
MOV ES, AX
MOV SI, 1500H
MOV DI, 0400H
MOV CX, 3
REP MOVSB
```

22. 假设 ES 段中有一个字符串'12FG3LM5C',其名为 ARRAY。下面的程序段执行后 CX 的值是_____。

```
CLD
LEA    DI, ES:ARRAY
MOV    AL,'G'
MOV    CX,9
REPNE  SCASB
HLT
```

23. 假设（DS）= 2000H,（BX）= 1256H,（SI）= 528FH,位移量 TABLE = 20A1H,（232F7H）= 80H,（232F8H）= 32H,（264E5H）= 50H,（264E6H）= 24H:

执行指令　JMP BX 后,（IP）=_____。

执行指令　JMP TABLE[BX]后,（IP）=_____。

执行指令　JMP [BX][SI] 后,（IP）=_____。

24. 已知（SS）= 3000H,（SP）= 0100H,执行下列程序后,（SP）=_____。

```
MOV    AX,N1
PUSH   AX
MOV    AX,N2
PUSH   AX
CALL   L1
...
L1: ...
RET 2
```

25. 已知（IP）= 1000H,（SP）= 2000H,（BX）= 283FH,指令 CALL WORD PTR [BX]的机器代码是 FF17H,试问执行该指令后,内存单元 1FFEH 中的内容是_____。

三、问答题

1. 设 DS = 1000H,ES = 3000H,SS = 4000H,SI = 00A0H,BX = 0700H,BP = 0070H,执行指令为"MOV AX,[BX+5]"。

（1）指令使用的是何种寻址方式?

（2）源数据的逻辑地址和物理地址分别是多少?

（3）若源数据为1234H，则执行指令后上述各寄存器的内容是什么？

2. 分别说明下列指令的源操作数和目的操作数各采用什么寻址方式，并写出指令中存储器操作数的物理地址的计算公式。

（1）MOV AX, 2408H

（2）MOV BX, [SI]

（3）MOV [BP+100H], AX

（4）MOV [BX+DI], ' $ '

（5）MOV DX, ES：[BX+SI]

3. 写出能完成下述操作的指令。

（1）将立即数1234H送至DS寄存器。

（2）将存储单元3000H和内容送至4000H单元。

（3）将累加器AX与寄存器CX中的内容对调。

4. 编程：将数据段中以BX为偏移地址的连续4单元的内容颠倒过来。

5. 已知（DS）=091DH，（SS）=（1E4AH），（AX）=1224H，（BX）=0024H，（CX）=5678H，（BP）=0024H，（SI）=0012H，（DI）=0032H，（09214H）=085BH，（09226H）=00F6H，（09228H）=1E40H，（1E4F6H）=091DH。试问下列指令或指令段执行后结果如何？

（1）MOV CL, [BX+20H]

（2）MOV [BP][DI], CX

（3）LEA BX, [BX+20H][SI]
　　MOV AX, [BX+2]

（4）LDS SI, [BX][DI]
　　MOV BX, [SI]

（5）XCHG CX, [BX+32H]
　　XCHG [BX+20H][SI], AX

6. 十六进制0～9，A～F对应的ASCII码为30H～39H，41H～46H，依次放在内存以TABLE开始的区域，将AL中某一位十六进制数×H转换为对应的ASCII码，请编写程序段。

7. 将AX寄存器清零有4种方法，试写出这4条指令。

8. 使用一条逻辑运算指令实现下列要求：

（1）使AL高4位不变，低4位为0。

（2）使AL最高位置1，后7位不变。

（3）使AL中的bit3、bit4变反，其余位不变。

（4）测试判断CL中的bit2、bit5、bit7是否都为1。

9. 试分析下面的程序段完成什么功能。

```
MOV CL, 4
SHL AX, CL
SHL BL, CL
MOV AL, BL
```

```
SHR DH, CL
OR AL, DH
```

10. 若要将源串 100 个字节数据传送到目标串单元中去，设源串首址的偏移地址为 2500H，目标串首址的偏移地址为 1400H，请编写程序实现以下功能。

(1) 完成源串到目标串的搬移。

(2) 比较两串是否完全相同，若两串相同，则 BX 寄存器内容为 0；若两串不同，则 BX 指向源串中第一个不相同字节的地址，且该字节的内容保留在 AL 的寄存器中。

11. 下列指令段的功能是：从内存 2000H：0A00H 开始的 2KB 内存单元清零。请在下列空格中填入合适的指令，程序指令完成后 DI 的内容是多少？

```
CLD
MOV AX, 2000H
————
————
XOR AL, AL
————
————
HLT
```

第4章 汇编语言程序设计

4.1 汇编语言程序设计概述

4.1.1 汇编语言的特点

汇编语言是一种用符号表示的,面向 CPU 指令系统的程序设计语言。汇编语言对机器的依赖性很大,每种机器都有它专用的汇编语言,用户必须对机器的硬件及软件资源有足够的了解才能设计汇编语言的程序。总的来说,汇编语言是面向机器的低级语言,其编程要比高级语言困难,既然如此,为什么还要学习汇编语言呢?

(1)学习汇编语言可以从根本上了解、理解计算机的工作过程。汇编语言指令是"符号化"的机器指令,每一条汇编语言的指令与机器语言指令都是一一对应的,用汇编语言编写程序,可以清楚地"跟踪"计算机的工作过程,了解计算机是如何完成各种复杂工作的,同时也能充分利用机器硬件的全部功能,发挥机器的长处。

(2)在计算机系统中,某些功能仍然是由汇编语言程序来实现的,如机器自检、系统初始化和输入输出驱动程序等。

(3)用汇编语言编写的程序,其目标代码占用的内存少,执行速度快、效率高,实时性强。所以在需要节省内存空间和提高程序运行速度等情况下,如实时通信程序或实时控制程序等,常采用汇编语言来编写程序。

(4)汇编语言可以直接调用操作系统设置的中断处理程序,方便用户对微机系统资源的利用。

4.1.2 汇编语言的编译过程

用汇编语言编写的程序称为"源程序",文件的扩展名为".asm"。可以用各种文件编辑软件编写 ASM 文件,该文件为 ASCII 码文件。

用汇编语言编写的源程序在交付计算机执行之前,需要翻译成机器可直接识别和运行的二进制代码形式,这个翻译过程称为汇编,完成汇编任务的程序称为汇编程序。常用的汇编程序为 MASM.EXE,此文件的作用是将 ASCII 码的源程序转换成用二进制代码表示的目标程序,也称为 OBJ 文件,如图 4.1 所示。在这个转换过程中,如果源程序中有语法错误,汇编程序将指出源程序中错误的位置及种类,提示用户修改源程序,直到源程序中没有语法错误,才能生成 OBJ 文件。

CPU 仍然不能运行由汇编程序汇编后生成的目标程序 OBJ 文件,必须经过连接程序 (LINK. EXE)连接后,才能形成可执行程序(. EXE)。因为目标程序文件中的有些指令的地址还未完全确定,另外可能需要将多个目标程序组合成一个功能更强的程序,或要和某些高级语言的目标程序进行连接,这些都需要由连接程序连接后才能形成可执行程序。

图 4.1　汇编语言程序的编译过程

4.1.3　汇编语言语句分类

语句是汇编语言程序的基本组成单位。在 8086 宏汇编 MASM 中使用的语句有 3 种类型:指令语句、伪指令语句和宏指令语句。

1.指令语句

指令就是本书第 3 章学习的 8086/8088 指令系统中的各条指令。在汇编源程序中,每条指令都对应着相应的机器语言目标代码,也即对应着 CPU 的一种操作。

2.伪指令语句

伪指令语句不产生机器语言目标代码,而是指示、引导汇编程序在汇编过程中做一些操作,例如界定段的起始位置,为数据分配合适的存储单元等。伪指令是在汇编程序运行时执行,在汇编阶段已经全部完成。在目标程序中,不存在伪指令语句。

3.宏指令语句

宏指令是用户按照一定的规则自己设计的指令,是若干指令的集合,也就是用一条宏指令语句代替若干条指令语句,使用宏指令语句的目的主要是为了简化源程序。在汇编程序汇编时,还是将宏指令语句还原回指令语句的形式,转换成一条条机器目标代码形式。

支持宏指令语句的汇编程序称为"宏汇编程序",MASM. EXE 就是宏汇编程序。

4.2　汇编语言程序的结构

4.2.1　汇编语言程序生成的可执行文件的结构

汇编语言源程序(ASM 文件)经过汇编和连接后,通常生成 EXE 结构的可执行程序(扩展名为 EXE 的文件),该文件应由操作系统装入内存后才能运行。EXE 文件可以包含多个段,如代码段、数据段和堆栈段等,还可以有多个逻辑代码段和数据段。其在内存的具体结构如图 4.2 所示。

由图 4.2 可见,用户程序区占用内存的一部分,各个逻辑段的基地址一般是由系统指定的,可重装定位。

EXE 程序由文件头和程序本身的二进制代码两部分组成。文件头也称为程序段前缀(Program Segment Prefix,PSP),占用 256 个字节,其中的信息是 DOS 装载可执行文件时自动生成的。DOS 通过 PSP 向用户程序传递参数,为用户程序提供程序正常结束和异常结束时返回 DOS 的途径……,总之,DOS 是通过 PSP 管理用户程序的。当程序结束返回 DOS 后,用户程序和它的程序段前缀所占用的空间均被释放,交还 DOS 另行分配。

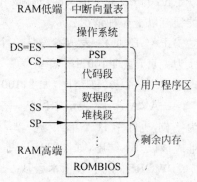

图 4.2 装入 EXE 程序后内存的结构

DOS 自动给 DS,ES,SS 和 CS 赋值,使得 DS＝ES＝存放 PSP 的基址,CS:IP＝用户程序的启动地址,SS:SP 指向堆栈的栈顶,在这以后,DOS 才把控制权交给用户程序。

4.2.2 汇编语言源程序的结构

8086/8088 汇编语言源程序采用分段结构,一个完整的源程序可以包含多个逻辑段,如数据段、堆栈段和代码段等。

1. 段定义伪指令

汇编语言程序是按段来组织程序和使用存储器的。段定义伪指令的作用就是在汇编语言程序中定义逻辑段,指明段的名称、范围、属性等相关信息。

完整逻辑段的定义如下:

```
段名  SEGMENT  <定位类型>  <组合类型>  <类别>
     …
     段体
     …
段名  ENDS
```

其中,SEGMENT 表示逻辑段的开始,ENDS 则表示逻辑段的结束,两者必须成对出现,且段名一致。

(1) 段名

段名是用户为逻辑段所起的名字,是必须符合汇编语言规则的合法的标识符。

汇编语言的标识符的规则如下:

① 由字母、数字和"?"、"@"、"_"、"."等字符组成;

② 数字不能作为第一个字符;

③ 单独的问号"?"不能作为名字;

④ 最大有效字符不能超过 31 个;

⑤ 不能使用属于系统专用的保留字。保留字主要有 CPU 中各寄存器名(如 AX,SI 等),伪指令(如 SEGMENT,DB 等),指令助记符(如 ADD,MOV 等),表达式中的运算符

（如 GE,LT 等）和属性操作符（如 PTR,OFFSET 等）。

（2）定位类型

定位类型表示所定义的段存放在内存空间时，段起始边界地址对内存空间的要求。定位类型有以下 4 种情况：

① PAGE（页）：表示本段从一个页的边界开始。存储器从第 0 号单元开始，每 256 个单元为一页，也即 100H 个单元为一页，如果一个段的定位类型为 PAGE，那么该段的起始物理地址应该以 00H 结尾，如 21100H,56700H 等。

② PARA（节）：表示本段从一个节的边界开始。存储器从第 0 号单元开始，每 16 个单元为一节，也即 10H 个单元为一节，如果一个段的定位类型为 PARA，那么该段的起始物理地址应该以 0H 结尾，如 2A110H 等。若用户未指明定位类型，则默认为 PARA。

③ WORD（字）：表示本段从一个偶地址单元开始，即该段的起始物理地址单元应是偶数，如 23458H,2ACDEH 等。

④ BYTE（字节）：表示本段的起始物理地址对内存不做要求，即在前一个段结束后，可以接着设置下一个逻辑段。

（3）组合类型

组合类型用来指示段和段之间是怎样连接和定位的。连接程序为了提高内存的使用效率，可以把不同模块中的同名段以指定的方式组合起来。组合的方法有以下 6 种：

① PUBLIC 方式：在满足定位类型的前提下，本段与其他有相同段名，且也用 PUBLIC 说明的段在存储单元分配时邻接在一起，形成一个新的逻辑段，共用一个段基址。所有存储单元的偏移地址都调整为相对于新逻辑段的起始地址。

② COMMON 方式：表示产生一个覆盖段。连接时，把本段与其他也用 COMMON 说明的同名段置成相同的起始地址，重叠在一起，共享相同的存储区，其段长度由最长的段确定。

③ STACK 方式：自动产生一个堆栈段。将本段与其他也用 STACK 说明的同名段连接成一个连续的大的 STACK 段。系统自动把堆栈段寄存器 SS 初始化为该逻辑段的起始地址，并同时初始化堆栈指针 SP。通常，用户程序中至少有一个段是用 STACK 说明的，否则需要在程序中对 SS 和 SP 进行初始化。

④ MEMORY 方式：表示本段在存储器定位时应占据最高地址，如有多个说明为 MEMORY 类型的同名段，则把遇到的第一个当作 MEMORY 处理，其余按 PUBLIC 处理。

⑤ AT＜表达式＞：表示本段从表达式指定的地址处开始装入，这样，在程序中用户就可以直接定义段地址，这种方式不适用于代码段。如有"AT 2400H"，表明该段的起始地址为 2400H。

⑥ NONE 方式：表示本段与其他段不发生任何关系，有自己的基地址，是默认的组合关系。

（4）类别

是用单引号括起来的字符串，连接程序把类别相同的段放在连续的存储区中（可以不同名）。类别名是用户选定的，但一般为"CODE","STACK","DATA"等，表明该段的类型。

2. 段寻址伪指令 ASSUME

段寻址伪指令是说明将哪个逻辑段的段起始地址装入段寄存器，即将哪个逻辑段设置为当前段。

其格式如下：

```
ASSUME 段寄存器名：段名   <,……,段寄存器名：段名>
```

其中，段寄存器名是段寄存器 CS、DS、ES、SS 中的一个，段名是用 SEGMENT/ENDS 伪指令语句定义的段名。

注意：ASSUME 伪指令只能使汇编程序知道程序中段名和段寄存器的对应关系，指定了某逻辑段应通过哪一个段寄存器去寻址，但 ASSUME 伪指令并不会给段寄存器赋值。

欲将段基址装入相应的段寄存器，必须通过指令实现。在 4 个段寄存器中，CS 是特殊的，不需要用户专门处理，是由系统或在执行转移指令时自动完成对 CS 的赋值；SS 有两种赋值方式：一种是系统自动赋值，即在堆栈段定义语句中选择组合类型的参数为"STACK"，则汇编时该段的段基址自动装入 SS 中，同时堆栈指针 SP 也自动赋值；另一种是用户用 MOV 语句编程赋值，同时也要对堆栈指针 SP 编程赋值。DS 和 ES 只能由用户用 MOV 语句编程赋值。

3. 过程定义伪指令 PROC/ENDP

在汇编语言程序设计中，常常把具有一定功能的程序段设计成一个过程，也称为子程序。可以将一些常用的操作或计算定义为过程，供主程序（主过程）调用，这样，可以避免重复编程，同时使程序结构清晰，便于阅读、修改。

过程定义的伪指令格式如下：

```
过程名    PROC   <类型>
    …
    过程体语句
    …
    RET
过程名    ENDP
```

其中，过程名是用户为过程所起的名字，必须是合法的标识符，且过程的开始（PROC）和结束（ENDP）应使用同一个过程名，同时，过程名也是过程入口的符号地址。

过程的类型有两种：NEAR 和 FAR。NEAR 型的过程仅供段内调用，是过程类型的默认值；FAR 型的过程可供段间调用。

在一个过程中，至少要有一条过程返回指令 RET，RET 指令可以在过程的任何位置，但一个过程执行的最后一条指令一定是 RET 指令。

4. 汇编结束伪指令 END

任何一个汇编源程序都必须用结束伪指令 END 作为源程序的最后一条语句。

其格式为：

```
END   地址表达式
```

其中，地址表达式通常是一个已定义的语句标号，表示程序执行时的启动地址。

例如：

```
END   START   ;表明该程序的启动地址为 START
```

5. 返回 DOS 系统的方式

汇编语言源程序经汇编和连接后成为可执行程序,即可在 DOS 环境下运行。

当应用连接程序对目标程序进行连接和定位时,操作系统为每一个用户程序建立一个程序段前缀(PSP),在程序段前缀的开始处(偏移地址 0000H)安排了一条 INT 20H 的中断指令,其中断服务程序的功能就是将计算机的控制权交还给 DOS。

当用户要运行程序时,DOS 建立了一个程序段前缀 PSP 后,将当前要执行的程序从外存调入内存,在定位程序时,将代码段置于 PSP 的下方,其后放置数据段,最后放置堆栈段。内存分配好后,将 DS 和 ES 的值指向 PSP 的开始处(见图 4.2),即 INT 20H 的存放地址,同时将 CS 设置为 PSP 后面代码段的基址,IP 设置为代码段执行的第 1 条指令处的偏移地址,将 SS 设置为堆栈段的段基址,SP 指向堆栈段的栈底,然后系统开始执行用户程序。

用户程序执行完返回 DOS 的方法有两种:

(1) 标准程序段前缀

首先将主程序定义成一个 FAR 过程,最后一条指令为 RET。然后在主过程一开始执行时首先执行以下指令:

```
PUSH  DS
XOR  AX, AX
PUSH  AX
```

将 PSP 开始处的 INT 20H 指令的段基址(DS)及偏移地址 0000H 压入堆栈。

这样,当程序运行完,执行到 RET 指令时,就将程序最早存放在堆栈中的 PSP 的段基址和偏移地址弹出赋值给 CS 和 IP,实际上将程序转移到 PSP 的开始处,此时计算机执行 INT 20H 指令,这样就将计算机的控制权交还给 DOS。

(2) 用 DOS 系统功能调用 4CH

在用户程序结束后插入以下两条语句:

```
MOV AH, 4CH
INT 21H
```

这是最常用的一种方法,尤其是主程序不用过程的形式编写时,通常采用这种方法。

6. 汇编语言源程序结构

综上所述,一个完整的汇编语言源程序的结构如下:

```
DAT  SEGMENT              ;数据段开始
  X  DB  6                ;定义数据变量 X 和 Y
  Y  DB  8
DAT  ENDS                 ;数据段结束
STA  SEGMENT  STACK  'STACK';堆栈段开始,其中组合类型 STACK 一定要有
  DB  100  DUP(?)         ;定义堆栈段大小为 100 个字节
STA  ENDS                 ;堆栈段结束
CODE1  SEGMENT            ;代码段开始
   ASSUME  CS: CODE1, DS:DAT, SS:STACK  ;段寻址
BEGIN  PROC  FAR          ;BEGIN 主过程开始
      PUSH  DS            ;将 PSP 首址压栈,以便程序执行完后返回 DOS
```

```
        XOR  AX, AX
        PUSH AX
        MOV  AX, DAT           ;将数据段的首址赋给数据段寄存器 DS
        MOV  DS, AX
        …                       ;具体程序
        RET                    ;BEGIN 过程结束前的最后一条指令,程序运行 INT 20H 返回 DOS
BEGIN  ENDP                     ;BEGIN 过程结束
CODE1 ENDS                      ;代码段结束
END    BEGIN                    ;源程序结束 BEGIN 是程序第一条指令的地址
```

4.3 汇编语言程序格式

4.3.1 汇编语言数据的定义

在程序中用到的所有数据必须指定其类型,数据分为常量和变量。

1. 常量

汇编源程序中具有固定值的数称为常量。常量可以以多种数制及字符形式出现。汇编程序中常使用以下两种类型的常量:

(1) 数字常量

① 二进制数:以字母 B 结尾的由一串 0 和 1 组成的数字序列,如 10100001B。

② 八进制数:以字母 O 或 Q 结尾的由 0～7 组成的数字序列,如 76Q,335O。

③ 十进制数:由 0～9 组成的数字序列,也可以由字母 D 结尾,在程序中没有字母结尾的数字序列默认为十进制常数,如 98,4330。

④ 十六进制数:由字母 H 结尾,由 0～9、A～F 组成的数字序列,如 876AH,0FE65H。特别要注意的是,如果常数是以 A～F 打头,则前面必须添加数字 0,以便和标识符进行区别。

(2) 字符串常量

字符串常量表示为包含在两个单引号之间的字符,如'AB','123'等,程序经编译后,单引号内的每个字符实际上是其 ASCII 码的形式,例如,'AB',可以看成是 4142H。

2. 变量的定义

变量是用户为存放数据的内存单元所起的名字,变量名实际上是内存单元的符号地址,通常这些内存单元被分配在数据段、附加数据段或堆栈段,这些单元的数据在程序的运行期间可以随时修改。

在汇编程序中用数据定义伪指令为变量分配内存单元,同时可以将这些内存单元预置初值。

(1) 字节定义语句 DB

定义字节存储单元,其后的每个操作数占有一个字节单元,可以连续存放。其定义格式为:

[变量名]　DB　操作数　[,…, 操作数]

【例 4.1】 定义单个字节数据。

```
X   DB   10                    ;为变量 X 分配一个字节,初值是 10
Y   DB   ?                     ;为变量 Y 分配一个字节,不设置初值,初值是随机值
```

其中,"?"表示是任意的数值,用这种方法分配变量,表示只为变量预留存储空间。

【例 4.2】 定义多个字节数据。

```
  BUFFER  DB 3,4, - 5, - 2
;从地址 BUFFER 开始,连续分配 4 个字节,其内容分别是 03H, 04H, 0FBH, 0FEH
```

其中,负数是以补码的形式存放在计算机中的。

【例 4.3】 定义字符串。

```
  STRING  DB  'ABCD'
;从地址 STRING 开始,连续分配 4 个字节,其内容分别是 41H, 42H, 43H, 44H
```

【例 4.4】 定义重复数据。

```
  BUF  DB  100 DUP(0)
;从地址 BUF 开始,连续分配 100 个字节,并将其全部赋值为 0
```

复制操作符 DUP 用来复制某个或某些连续的存储空间,并且可以嵌套使用。

【例 4.5】 STR DB 3 DUP(0, 2 DUP(5), −1)

从地址 STR 开始,将 0, 5H, 5H, 0FFH 字节重复 3 次,共分配 12 字节的存储空间。

(2) 字定义语句 DW

定义字存储单元,其后的每个操作数占有两个字节,低位字节在低地址,高位字节在高地址,可以连续存放。

字定义单元的定义格式与操作数的形式与字节定义语句 DB 类似。

【例 4.6】 定义字单元。

```
  BUF  DW  1, 2, - 2
;从地址 BUF 开始,分配 3 个字单元,存储单元内的数据如图 4.3 所示。
```

【例 4.7】 指出下述数据定义语句的区别。

```
ADDR1  DB  'AB'
ADDR2  DW  'AB'
```

ADDR1 开始的存储单元是以字节为单位的,相当于"ADDR1 DB 'A', 'B'"。

而 ADDR2 开始的存储单元是以字数据为单位的,相当于"ADDR2 DW 4142H",故整个存储单元内的数据如图 4.4 所示。

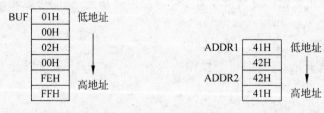

图 4.3　存储单元示意　　　　图 4.4　存储单元示意

注意：如果 DW 后的操作数是地址(变量名)，则存入对应字单元的是地址(变量名)的偏移地址部分。

【例 4.8】 以下是某汇编源程序数据段的定义。

```
DAT   SEGMENT
  X       DB   3, 4
  Y       DW   -2
  ADDR    DW   Y
DAT ENDS
```

其中，ADDR 字单元内存储的是变量 Y 的偏移地址 0002H，数据段的内存分配情况如图 4.5 所示。

(3) 其他数据定义语句 DD、DQ、DT 等

① DD 定义双字存储单元，其后的每个操作数占有 4 个字节，低位字在低地址，高位字在高地址。

【例 4.9】 定义双字类型的数据。

```
VAL   DD   100, 123H
;从地址 VAL 开始，共分配 8 个字节的存储单元，存储单元内的数据如图 4.6 所示
```

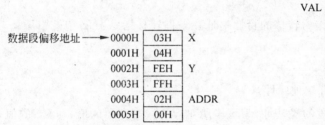

图 4.5 存储单元示意

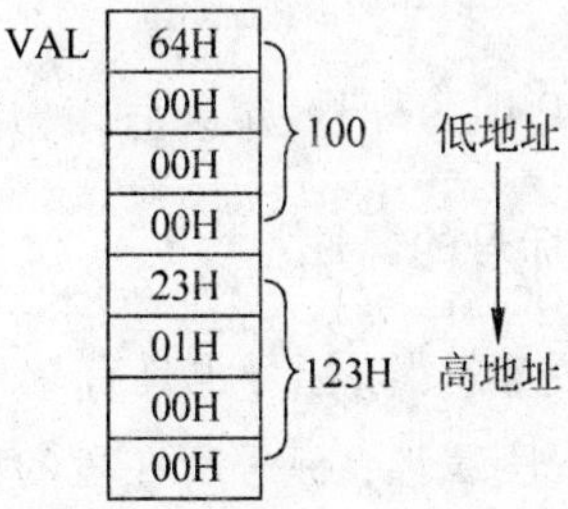

图 4.6 存储单元示意

当 DD 后的操作数是地址(变量名)时，表示存入对应双字单元的是地址(变量名)的段地址和偏移地址，其中，低字单元存放的是地址(变量名)的偏移地址，高字单元存放的是地址(变量名)的段基地址。

【例 4.10】 以下是某汇编源程序数据段的定义。

```
DAT   SEGMENT
  X       DB   3, 4
  Y       DW   -2
  ADDR    DD   Y
DAT ENDS
```

假设(DS)＝3200H，则数据段的内存分配情况如图 4.7 所示。

② DQ 定义的每个数据单元占 8 个字节。

③ DT 定义的每个数据单元占 10 个字节。

这些定义语句的用法与 DB 类似，仅是分配单元的字节数不同，这里就不再赘述。

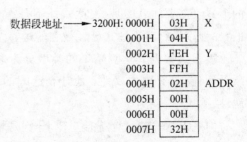

图 4.7 存储单元示意

3. 变量的属性

由于存储器是分段使用的,所以对源程序中定义的变量都有以下 3 种属性:

(1) 段属性:变量所在段的段基址,为该段所对应的段寄存器的值;

(2) 偏移属性:变量距段起始地址的字节数,为 16 位二进制无符号数;

(3) 类型属性:变量在存储单元所占的字节长度,为整数数值,主要有 BYTE(1),WORD(2),DWORD(4),DQ(8),DT(10)等。

4.3.2 汇编语言的标号

1. 标号的概念

标号是用户为程序中某条指令所起的名字,实质上是代码段中该指令所对应的目标代码在存储器内的存放地址。标号经常在转移、调用指令中引用,作为程序转移的目标地址。

例如下述程序段:

```
LOP: MOVSB
     DEC CX
     JNZ LOP
```

LOP 即为标号,定义后作为转移的目标地址在条件转移指令 JNZ 中被引用。

2. 标号的属性

与变量一样,标号也具有 3 种属性:

(1) 段属性:标号所在段的段基址,为该段所对应的段寄存器的值,即 CS 的值;

(2) 偏移属性:标号所代表的指令相对于代码段首址的字节数,为 16 位二进制无符号数;

(3) 类型属性:若标号所代表的指令与引用标号的指令在同一代码段内,则为 NEAR 类型,用 0FFFFH(−1)表示;否则为 FAR 类型,用 0FFFEH(−2)表示。

可见,变量代表的是数据存储单元的地址,而标号代表的是指令存储单元的地址。

4.3.3 汇编语言的运算符和表达式

汇编语言的数据或操作数除了表示为常量,变量和标号的形式外,还可以表示成表达式的形式。需要注意的是,表达式并不是指令,其计算或操作都是在汇编时由汇编程序完成的,在程序运行时表达式已经被它的运算结果取代了。

表达式根据其运算结果的类型分为数值表达式和地址表达式。数值表达式的运算结果是数值,没有别的属性;地址表达式的运算结果是地址,具有段属性、偏移属性和类型属性。

构成表达式的运算符有 5 种,分别是算术运算符、逻辑运算符、关系运算符、分析运算符和合成运算符,如表 4.1 所示,各种运算符的优先级别如表 4.2 所示。

表 4.1 汇编语言的各种运算符

算术运算符	逻辑运算符	关系运算符	分析运算符	合成运算符
加＋	与 AND	相等 EQ	取段基址 SEG	PTR
减－	或 OR	不等 NE	取偏移量 OFFSET	THIS
乘 *	非 NOT	大于 GT	取类型 TYPE	SHORT
除/	异或 XOR	小于 LT	取字节个数 SIZE	
取余 MOD		不小于 GE	取元素个数 LENGTH	
左移 SHL		不大于 LE	取高字节 HIGH	
右移 SHR			取低字节 LOW	

表 4.2 汇编语言运算符的优先级

优 先 级	运 算 符	优 先 级	运 算 符
1(最高)	LENGTH, SIZE	6	EQ, NE, LT, LE, GT, GE
2	PTR, OFFSET, SEG, TYPE, THIS	7	NOT
3	HIGH, LOW	8	AND
4	* , /, MOD, SHL, SHR	9	OR, XOR
5	＋, －	10(最低)	SHORT

1. 算术运算符

算术运算符包括：加(＋)、减(－)、乘(*)、除(/)、取余(MOD)、左移(SHL)、右移(SHR)共 7 种。

需要说明的是：

(1) 参加运算的数值和运算结果均是整数；

(2) "/"运算的结果取两个运算数商的整数部分，"MOD"是取两个运算数商的余数部分；

(3) SHL、SHR 表示的是在汇编阶段对一个具体的数值进行左移、右移运算。

【例 4.11】 分析以下指令段：

```
MOV  AX, 6 * 10 + 8        ;汇编后指令为: MOV AX, 68
MOV  BH, 9 MOD 6          ;汇编后指令为: MOV BH, 3
MOV  BL, 34H SHL 2        ;汇编后指令为: MOV BL, 0D0H
```

注意：

左移运算符 SHL 与逻辑左移指令 SHL 是完全不同的两种操作，左移运算符是在汇编程序时完成的操作，如上例所示；逻辑左移指令是在程序运行时进行的操作，如下列指令：

```
SHL BL, 1                  ;执行到该指令时,寄存器 BL 的内容左移一位
```

算术运算符都可以用于数值表达式，其中的"＋"、"－"还可以用于地址表达式，有以下 3 种使用形式：

(1) 地址表达式＋常数

运算结果为偏移地址，与地址表达式的类型和段基址相同，但偏移地址是地址表达式的偏移地址加上常数个字节。

【例 4.12】　A　DW　3, 7
　　　　　　　B　DW　21H
　　　　　　　…
　　　　　　　MOV　AX, A + 2

地址 A 和 B 处的存储单元情况如图 4.8 所示。

A+2 实际上进行的是地址运算,结果是字数据 7 所在单元的偏移地址。在汇编时,A+2 已经被具体的偏移地址取代,表示将(A+2)中的字数据存放到 AX 中,该指令运行后(AX)=7。

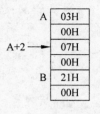

图 4.8　存储单元示意

（2）地址表达式－常数

与第 1 种情况类似,运算结果为偏移地址,与地址表达式的类型和段基址相同,但偏移地址是地址表达式的偏移地址减去常数个字节。

如将例 4.12 中的指令改为:

MOV　AX,　B - 4

(B-4)表示的是字数据 3 所在单元的偏移地址,指令运行后(AX)=3。

（3）地址表达式 1－地址表达式 2

其结果是一个数值,表示两偏移地址间相距的字节数。需要注意的是,地址表达式 1 和地址表达式 2 必须在同一个逻辑段中,即这两个地址必须有同一个段基址。

【例 4.13】　BUFFER　DW 1, 2, 3, 4, 5, 6, 7, 8
　　　　　　　BEND　DW　?
　　　　　　　…
　　　　　　　MOV　CX, (BUFFER - BEND)/2

BUFFER－BEND 的结果是两偏移地址间相距的字节数 16,故汇编后原指令为:

MOV　CX, 8　　　　　　　　　　　;将 BUFFER 数组中的元素个数 8 存放到 CX 中去

2. 逻辑运算符

逻辑运算符包括与(AND)、或(OR)、非(NOT)、异或(XOR)4 种。

逻辑运算符所处理的操作数均是数值型整数,在两个整数之间按位进行二进制运算,结果也是整数。

【例 4.14】　MOV　AX,　NOT 0F0H　　　;汇编后指令为 MOV AX, 0FF0FH
　　　　　　　MOV　AH, NOT 0F0H　　　　;汇编后指令为 MOV AH, 0FH
　　　　　　　MOV　BL, 0F0H AND 0CDH　;汇编后指令为 MOV　BL, 0C0H
　　　　　　　MOV　CL, 0FH　XOR 0CDH　;汇编后指令为　MOV　CL, 0C2H

3. 关系运算符

关系运算符包括等于(EQ)、不等于(NE)、小于(LT)、小于等于(LE)、大于(GT)、大于等于(GE)6 种。

关系运算符用于比较两个表达式,这两个表达式可以是常数表达式或同一段内的地址(变量)表达式。若为常数表达式,按照无符号数的规则进行比较;若为同一段内的地址(变量)表达式,则比较它们的偏移地址。

关系运算符的结果有两种,若关系成立,结果为逻辑真值,用 0FFFFH 表示;否则,为

逻辑假值,用 0 表示。

【例 4.15】　　DAT1　DB　3 LE 8　　　　　;汇编后相当于 DAT1 DB 0FFH
　　　　　　　DAT2　DW　10　EQ　0AH　　;汇编后相当于 DAT2 DW 0FFFFH
　　　　　　　…
　　　　　　　MOV　AL, 10 NE 0AH　　　;汇编后相当于 MOV　AL, 0
　　　　　　　MOV　AH, DAT2 GE DAT1　;汇编后相当于 MOV　AH, 0FFH

4. 分析运算符

分析运算符用来分析一个操作数(变量或标号)的属性,即将其的不同属性(段地址、偏移地址、类型、字节总数、数据项总数)用数值表示出来。

(1) SEG 运算符

格式: **SEG** 变量或标号。

功能:返回变量或标号所在段的段基址,为 16 位二进制数。

(2) OFFSET 运算符

格式: **OFFSET** 变量或标号。

功能:返回变量或标号的段内偏移地址,为 16 位二进制数。

(3) TYPE 运算符

格式: **TYPE** 变量或标号。

功能:返回变量或标号的类型值。

对变量而言,类型返回值分别为 1(DB),2(DW),4(DD),8(DQ),10(DT)等;对于标号,类型返回值为 -1(NEAR)和 -2(FAR)。

【例 4.16】　数据段的定义如下:

```
DAT  SEGMENT
    BUF  DW  2 DUP(3), 01H, 02H
    A1  DB  ?
DAT  ENDS
```

若此时(DS)=2000H,则给出下述指令的执行结果。

```
MOV AX,  SEG A1
MOV BX,  OFFSET A1
MOV CL, TYPE BUF
MOV CH, TYPE A1
```

运算符变量 A1 所在的段基址为 2000H,故指令执行后 (AX)=2000H;

变量 A1 所在的段内偏移量为 0008H,故指令执行后 (BX)=0008H;

变量 BUF 的类型为 DW,故指令执行后 (CL)=2;

变量 A1 的类型为 DB,故指令执行后 (CH)=1。

(4) LENGTH 运算符

格式: **LENGTH** 变量。

功能:返回所占存储单元内变量的个数。

注意:LENGTH 操作符只与定义变量的伪指令后的第一个参数有关,若第一个参数的形式为"n DUP(表达式)",则 LENGTH 运算的结果为 n,否则为 1。

(5) SIZE 运算符

格式：**SIZE** 变量。

功能：返回所占存储单元内变量的总字节数，即：SIZE＝LENGTH×TYPE。

【例 4.17】 数据段的定义如下：

```
DAT  SEGMENT
     BUF  DW  2 DUP(3), 01H, 02H
     A1   DB  ?
DAT  ENDS
```

下述指令的执行结果是：

```
MOV  AX, LENGTH BUF          ;汇编后相当于  MOV  AX, 2
MOV  BX, SIZE BUF            ;汇编后相当于  MOV  BX, 4
MOV  CL, LENGTH A1           ;汇编后相当于  MOV  CL, 1
MOV  CH, SIZE A1             ;汇编后相当于  MOV  CH, 1
```

(6) HIGH 和 LOW 运算符

格式：**HIGH** 表达式

　　　LOW 表达式。

功能：分离运算符，取字操作数的高位字节和低位字节。

注意：表达式必须具有常量值，如常数，地址表达式的偏移量等。HIGH 和 LOW 运算符不能对存储器或寄存器操作数进行分离。

【例 4.18】 数据段的定义如下：

```
DAT  SEGMENT
     COUNT EQU 0ABCDH
     BUF  DW  2 DUP(3), 01H, 02H
     A1   DB  ?
DAT  ENDS
```

若此时(DS)＝2000H，则给出下述指令的执行结果。

```
MOV  AH, HIGH COUNT          ;取常数 COUNT 的高字节,(AH) = 0ABH
MOV  BH, LOW COUNT           ;取常数 COUNT 的低字节,(BH) = 0CDH
MOV  AL, HIGH (SEG BUF)      ;取 BUF 所在段基址的高位字节,(AL) = 20H
MOV  BL, LOW (OFFSET A1)     ;取 A1 偏移地址的低位字节,(BL) = 08H
```

5. 合成运算符

(1) PTR 运算符

格式：新类型　**PTR**　变量或标号。

功能：将原有变量或标号的类型改变成新类型，这种改变是临时性的，仅在有此操作符的语句内有效。

【例 4.19】 写出以下指令的运行结果。

```
DAT  DD  12345678H           ;定义 DAT 为双字类型的变量
     ...
```

```
MOV   AX, WORD PTR DAT              ;从 DAT 中取一个字放至 AX,(AX) = 5678H
MOV   CL, BYTE PTR DAT              ;从 DAT 中取一个字节放至 CL,(CL) = 78H
```

【例 4.20】　分析以下指令：

```
MOV   [BX], 10H
```

将 10H 存放到用寄存器 BX 寻址的存储单元中。此时,汇编程序既可以将 10H 放入字单元"[BX+1],[BX]",也可以将其放入字节单元[BX],因此该指令在执行中会产生二义性。所以需要在程序中指明[BX]的类型属性。

```
MOV   WORD PTR [BX], 10H            ;字操作
MOV   BYTE PTR [BX], 10H            ;字节操作
```

（2）THIS 运算符

格式：变量或标号　**EQU　THIS**　类型。

功能：定义变量或标号的类型为指定的类型。如果指定的是变量,该变量的段地址和偏移地址与下一个定义的存储单元相同；如果指定的是标号,则标号表示的是下一条指令的地址。

【例 4.21】　要求数据段的数组 ARRAY 即可以按字节单元存取,又可以按字数据单元存取,则应做如下定义：

```
ARR   EQU THIS WORD
ARRAY  DB   100 DUP(?)
```

此时,ARR 与 ARRAY 实际上表示同一段数据区,共有 100 个字节,50 个字单元,ARRAY 是字节属性,ARR 是字单元属性。如果按字节存取,则指令中出现的是 ARRAY,如："MOV　AL, ARRAY"；如果按字单元存取,则用 ARR,如："MOV　AX, ARR"。

【例 4.22】　THIS 定义码段指令地址的标号属性。

```
NEXT1 EQU THIS FAR                 ;标号 NEXT1 被定义成 FAR 类型,地址与 NEXT 相同
NEXT: XOR  AX, AX                   ;标号 NEXT 默认为 NEAR 类型
...
JMP NEXT                            ;段内转移
...
JMP   NEXT1                         ;段间转移
```

"NEXT1　EQU THIS FAR"是伪指令,不占用内存空间,故 NEXT1 与 NEXT 表示的是码段的同一个物理地址,这个物理地址既可以是 FAR 类型,又可以是 NEAR 类型。

（3）SHORT 运算符

格式：**SHORT**　标号。

功能：说明其后的标号在距当前指令一个字节的范围内（−128～127）,常用于转移指令,限制转移的目标地址的范围。

```
NEXT: XOR AX, AX
...
JMP   SHORT NEXT                    ;转移的目标地址距离当前地址在(−128～127)之间
```

4.3.4 汇编语言的其他常用伪指令

1. 符号定义语句

如果汇编程序多次使用某个表达式、常数或指令,就可以把它定义成一个易于记忆的符号,凡是在后面程序中用到这些表达式、常数或指令的地方都用这个符号来代替。这样,既便于修改,又提高了程序的可读性,汇编后这个符号是代表确定的内容。这样的符号定义语句有以下两种。

(1) 等值伪指令 EQU

格式:符号   EQU   表达式

功能:将表达式或表达式的值赋给符号,在后续程序中用符号代替表达式或表达式的值。表达式可以是常数、数值表达式、地址表达式、变量名、标号、寄存器或指令助记符等。

【例 4.23】 用 EQU 伪指令定义表达式。

```
COUNT   EQU   10                    ;符号 COUNT 代表常量 10
VALUE   EQU   78 + 5 * 6            ;符号 VALUE 代表表达式的值
ADR     EQU   [BX][SI]             ;符号 ADR 代表地址表达式[BX][SI]
NUM     EQU   VAL                  ;为变量 VAL 另定义一个别名 NUM
LOD     EQU   MOV                  ;用 LOD 代表指令助记符 MOV
```

注意:在同一个程序中不能用 EQU 对同一个符号名重复定义。如:

```
NUM   EQU   10                      ;符号 NUM 已经代表了常数 10
...
NUM   EQU   20                      ;错误,不能在同一程序中对 NUM 重复定义
```

(2) 等号伪指令 =

格式:符号 = 表达式。

功能:与 EQU 伪指令相同,但是等号伪指令可以多次重复定义同一符号。

例如:

```
NUM = 10                            ;符号 NUM 代表常数 10
...
NUM = 20                            ;在该伪指令后,NUM 代表常数 20
```

2. 类型定义语句 LABEL

格式:名字   **LABEL**   类型

功能:与 THIS 运算符类似,定义变量或标号的类型为指定的类型。如果指定的是变量,该变量的段地址和偏移地址与下一个定义的存储单元相同;如果指定的是标号,则标号表示的是下一条指令的地址。

【例 4.24】 指定标号类型。

```
LOP1   LABEL  FAR                   ;定义 LOP1 的标号类型为 FAR 属性,其地址与 LOP 相同
LOP:   CMP  AL, FFH                 ;标号 LOP 默认的类型为 NEAR 属性
```

如果这条指令的地址在本段内调用,引用标号 LOP;如果这条指令的地址在其他逻辑段内被调用,应引用标号 LOP1。

【例4.25】　指定变量类型。

```
BUFB  LABEL  BYTE
BUFW  DW 1, 2, 3, 4
...
MOV  AL,  BUFB + 3              ;取一个字节,(AL) = 00H
MOV  AX,  BUFW + 3              ;取一个字单元,(AX) = 0300H
```

3. 定位伪指令 ORG

格式：**ORG** 常数表达式

功能：指定下一个可用内存单元的偏移地址为常数表达式。可用于数据段或代码段。

【例4.26】　数据段的定义如下：

```
DATA SEGMENT
    ORG  0100H
BUF DB  20 DUP('A')
    ORG  0200H
BUF1  DW  10  DUP(?)
DATA  ENDS
```

由于用 ORG 伪指令定位,因此变量 BUF 的偏移地址为 0100H,变量 BUF1 的偏移地址为 0200H。

如果没有 ORG 伪指令,则数据段的数据从偏移地址 0000H 开始依次存放。

【例4.27】　ORG 常用来定义代码段的起始偏移地址。

```
CODE  SEGMENT
      ASSUME  CS:CODE, SS:STACK, DS:DATA
      ORG  1000H
BEGIN:  PUSH  DS
        ...
        RET
CODE  ENDS
END  BEGIN
```

以上程序的第一条指令存放在代码段偏移地址 1000H 处。

4. 地址计数器 $

汇编程序在对源程序汇编时,为每个逻辑段设置一个地址计数器,用来记录正在汇编的数据或指令的目标代码在当前段内的偏移量。在程序中,地址计数器的值用"$"表示。也就是说,地址计数器"$"表示下一个可用单元的偏移地址。

【例4.28】　某数据段的定义如下,分析数据的存储情况。

```
DATA SEGMENT
  ORG  1000H
  BUF  DW 1 , 2, $ + 3, $ - 4, 1234H
  COUNT  EQU  ( $ - BUF)/2
  NUM  DW 0AABBH, $ - BUF
DATA ENDS
```

汇编后数据段的数据存储情况如图 4.9 所示。

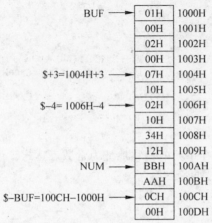

图 4.9　存储单元示意

　　"$"为地址计数器的当前值。"$+3"与"$-4"的"$"值并不相同,因为"$"的值在不断地变化。COUNT 是常量 5,并没有在数据段分配存储空间,用这种方法可表示 BUF 数组中的元素个数。

4.4　汇编语言程序设计基本方法

4.4.1　顺序结构程序设计

　　顺序结构的程序一般是简单程序,无分支,无循环,从第一条指令起开始,按其自然顺序,一条指令一条指令地执行,一直执行到最后一条指令为止。

　　【例 4.29】　变量 X 和 Y 分别为两个压缩的 BCD 码的字单元,计算它们的和,并存放在 SUM 单元中。

　　分析:两个 4 位十进制数相加,结果可能有进位。如:4321+7856=12177,故结果应存放在两个字单元内。

　　首先对 X 和 Y 变量的低位字节进行 BCD 码加法,然后再对高位字节做带进位 BCD 码加法,最后在 SUM 单元中保存结果。程序流程图如图 4.10 所示。

　　具体程序如下:

```
DATA   SEGMENT
   X  DW  4321H
   Y  DW  7856H
   SUM  DW  ?,?
DATA  ENDS
STACK SEGMENT STACK
   DB 100 DUP('S')
```

图 4.10　程序流程图

```
STACK   ENDS
CODE    SEGMENT
   ASSUME   CS:CODE, DS:DATA, SS:STACK
BEGIN:   MOV   AX, DATA            ;为 DS 赋值
         MOV   DS, AX
         MOV   AX, X               ;将变量 X 存入 AX
         MOV   BX, Y               ;将变量 Y 存入 BX
         ADD   AL, BL              ;低位字节做二进制加法
         DAA                       ;对加法结果做压缩 BCD 码调整
         MOV   CL, AL              ;低位字节相加结果存入 CL
         MOV   AL, AH
         ADC   AL, BH              ;高位字节做二进制带进位加法
         DAA                       ;对加法结果做压缩 BCD 码调整
         MOV   CH, AL              ;高位字节相加结果存入 CH
         MOV   AX, 0
         ADC   AL, 0               ;取得相加结果的进位
         MOV   SUM, CX             ;加法结果存入 SUM 单元
         MOV   SUM + 2, AX         ;加法进位存入 SUM + 2 单元
         MOV   AH, 4CH             ;返回 DOS
         INT   21H
CODE    ENDS
         END   BEGIN
```

4.4.2 分支结构程序设计

在实际应用中,常常需要计算机根据程序运行过程中的不同情况进行判断,根据判断的结果控制程序选择不同的程序段执行,这种问题可以使用分支结构的程序来实现。

【例 4.30】 编程实现下列函数的功能,其中 X,Y 为带符号的字变量。

$$Y = \begin{cases} 1 & X>0 \\ 0 & X=0 \\ -1 & X<0 \end{cases}$$

实现上述函数的程序流程图如图 4.11 所示。

具体程序如下:

```
DATA SEGMENT
   X  DW  0AB23H
   Y  DW  ?
DATA ENDS
STACK  SEGMENT STACK
   DB 100 DUP('S')
STACK ENDS
CODE  SEGMENT
   ASSUME  CS:CODE, DS:DATA, SS:STACK
BEGIN:  MOV  AX, DATA
        MOV  DS, AX
        MOV  AX, X               ;将变量 X 放入 AX
        CMP  AX, 0               ;AX 与 0 比较,结果影响标志位
```

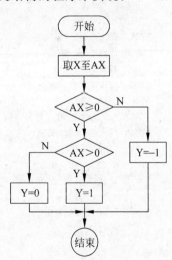

图 4.11 程序流程图

```
        JGE   BIGE            ;若 AX≥0,转 BIGE
        MOV   Y, -1           ;AX<0,则 Y = -1
        JMP   EXIT            ;转向 EXIT
  BIGE: JNZ   BIG             ;AX≠0,转向 BIG
        MOV   Y, 0            ;AX = 0,则 Y = 0
        JMP   EXIT            ;转向 EXIT
  BIG:  MOV   Y, 1            ;AX>0,则 Y = 1
  EXIT: MOV   AH, 4CH         ;程序结束,返回 DOS
        INT 21H
CODE ENDS
      END BEGIN
```

4.4.3　循环结构程序设计

在程序设计中,经常会碰到某一段程序需要反复执行若干次的情况,通常用循环方法来实现。循环结构是重复执行某段程序,直至满足某个条件才结束循环操作。

【例 4.31】 已知从 BUF 单元开始存放一个字节型的数组,编写程序统计其中正数和负数的个数。

实现上述功能的程序流程图如图 4.12 所示。

具体程序如下:

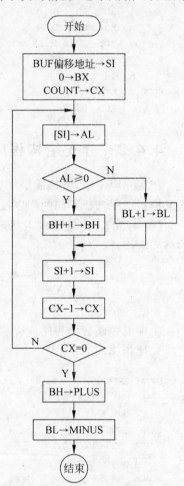

图 4.12　程序流程图

```
DATA  SEGMENT
  BUF  DB  -1 , 3, 56, -46, 7, -5, 49, -37, 6
                          ;字节型数组
  COUNT  EQU  $ - BUF      ;数组元素个数
  PLUS  DB  ?             ;存放正数个数
  MINUS  DB  ?            ;存放负数个数
DATA ENDS
STACK  SEGMENT STACK
  DB  100 DUP('S')
STACK  ENDS
CODE  SEGMENT
  ASSUME  CS:CODE, DS:DATA, SS:STACK
BEGIN: MOV  AX, DATA
       MOV  DS, AX
       LEA  SI, BUF       ;BUF 的偏移地址赋给 SI
       MOV  CX, COUNT     ;设置计数个数
       XOR  BX, BX        ;存放正负数的寄存器清零
LOP:   MOV  AL, [SI]      ;取一个数进行判断
       CMP  AL, 0
       JGE  BIG           ;若 AX≥0,转向 BIG
       INC  BL            ;若 AX<0,负数,BL 内容加 1
       JMP  NEXT          ;转向 NEXT
BIG:   INC  BH            ;正数,BH 内容加 1
NEXT:  INC  SI            ;偏移地址加 1
       DEC  CX            ;计数个数减 1
       JNZ  LOP           ;是否判断完所有元素,若没有,继续循环判断
       MOV  PLUS, BH      ;判断完所有元素,正数个数放入 PLUS 单元
```

```
        MOV   MINUS, BL        ;负数个数放入 MINUS 单元
        MOV   AH, 4CH          ;返回 DOS
        INT   21H
CODE    ENDS
        END   BEGIN
```

4.4.4 子程序设计方法

1. 概述

在程序设计过程中,若一段指令语句在一个程序中多次使用,或在多个程序中使用,可以把这些程序段独立出来,按一定的格式编写,成为可以被其他程序多次调用的程序,这样的程序段称为子程序或子过程。需要执行这段程序时,就进行过程调用,执行完毕后,再返回原来调用它的程序。采用子程序结构编程,可以实现程序结构模块化,使程序结构清晰并便于调试。

2. 子程序的定义和说明

子程序的定义是由过程定义伪指令 PROC/ENDP 来实现的,具体内容见第 4.2.2 节。

为了正确和方便地使用子程序,常常在编写出子程序后要给出子程序的说明清单,一般包括以下几个方面的内容:

(1) 子程序名称。

(2) 子程序的功能说明。

(3) 子程序的入口参数:说明子程序运行时需要的参数及存放的位置。

(4) 子程序的出口参数:说明子程序运行结束后的结果存放的位置。

(5) 子程序示例,包括输入输出的数据类型和说明。

【例 4.32】 有一个子程序说明文件如下:

```
;**************************************************
;子程序名:BCX
;功能:将一个 16 进制数转换成对应的 ASCII 码
;入口参数:AL 低 4 位中存放将要转换的 16 进制数
;出口参数:AL 中存放转换后的 ASCII 码
;示例:输入(AL) = 00001010(代表 16 进制 A)
      输出(AL) = 0100 0001(代表字符 A 的 ASCII 码)
;**************************************************
```

子程序的定义如下:

```
BCX  PROC  NEAR
     CMP   AL, 9
     JBE   L1
     ADD   AL,  'A' - 10 - '0'
L1:  ADD   AL, '0'
     RET
BCX  ENDP
```

由于主程序和子程序具有相互独立性,而 CPU 中的寄存器是公用的,所以它们在使用寄存器时会发生冲突,即如果某个寄存器主程序和子程序都在使用,那么子程序使用结束返回主程序后,这个寄存器的内容存放的是子程序的信息,造成原来主程序中该寄存器数据的丢失。

为了避免出现这种情况,在子程序的开始要保护有冲突的寄存器的原有内容,将这些寄存器的内容入栈保护,当子程序返回前再从堆栈恢复被保护的寄存器。一般在子程序中使用到的寄存器都要在程序的开始入栈保护,这个步骤称为"保护现场"。

【例 4.33】 设计一个延时子程序。

```
;******************************
;子程序名：DELAY
;子程序功能：延时 100ms
;入口参数：无
;出口参数：无
;******************************
DELAY   PROC   NEAR
        PUSH   BX              ;保护现场
        PUSH   CX
        MOV    BX, 10
LOPA:   MOV    CX, 2800H
LOPB:   DEC    CX
        JNZ    LOPB
        DEC    BX
        JNZ    LOPA
        POP    CX              ;延时结束,恢复现场
        POP    BX
        RET
DELAY   ENDP
```

3. 子程序的参数传递

在主程序调用子程序时,经常需要向子程序传递一些参数,而子程序在执行完后也需要向主程序返回一些结果。这种主程序和子程序之间的数据传递称为参数传递。常用的参数传递方法有 3 种：通过寄存器传递参数、通过存储器数据区传递参数和通过堆栈传递参数。如果主程序和子程序之间要传的参数较少且精度要求较低,一般用寄存器传递参数；如果参数比较多或要求的精度高,因受寄存器数量的限制,可通过数据段的数据区传递参数；当参数比较多且子程序嵌套调用或递归调用时,通常用堆栈区传递参数。

【例 4.34】 将数据段 BUF 地址处开始的 10 个 16 进制的字节数据转换成相应的 ASCII 码,存储在 BUFF 地址处 10 个字单元中。如 16 进制数 1AH 经变换后转换成其对应的 ASCII 码 3141H。

解：一个 16 进制字节数据要转换成 ASCII 码需要两个步骤,首先将字节单元中的两个 16 进制数分离,然后再分别将它们转换成 ASCII 码。为此在程序中设计了两个子程序,用 CHANGE 子程序完成两个 16 进制数据的分离,用例 4.32 的子程序 BCX 完成 ASCII 码的转换,两个子程序均采用寄存器传递参数的方式。

```
DATA  SEGMENT
    BUF  DB  4AH, 56H, 98H, 2CH, 0F7H, 0E4H, 0DCH, 9EH, 32H, 7CH
    COUNT  EQU  $ - BUF
    BUFF  DW  10 DUP (?)
DATA  ENDS
STACK  SEGMENT  STACK
    DB 100 DUP('S')
STACK  ENDS
CODE  SEGMENT
    ASSUME  CS:CODE, DS:DATA, SS:STACK
START PROC  FAR
        PUSH  DS                ;标准程序前奏
        XOR  AX,  AX
        PUSH  AX
        MOV  AX,  DATA
        MOV  DS,  AX
        LEA  SI, BUF            ;SI 指向 BUF 的偏移地址
        LEA  DI, BUFF           ;DI 执行 BUFF 的偏移地址
        MOV  CX, COUNT          ;CX 是数据个数
NEXT:  MOV  AL,  [SI]          ;取一个数据
        CALL  CHANGE            ;进行转换
        MOV  [DI],  BX          ;存储转换结果
        INC  SI                 ;SI 指向下一个待转换的字节
        INC  DI                 ;DI 指向下一个存放转换结果的字单元
        INC  DI
        DEC  CX                 ;转换个数减 1
        JNZ  NEXT               ;转换未全部完成,继续循环
        RET
START ENDP
; ********************************************************
;子程序名: CHANGE
;功能: 将一个 16 进制的字节数据转换成对应的 ASCII 码
;入口参数: AL 中为一个 16 进制字节数据
;出口参数: BX 中为转换后的两字节的 ASCII 码
; ********************************************************
CHANGE  PROC  NEAR
        PUSH  CX                ;保护现场
        MOV  BH, AL
        AND  AL, 0FH            ;取 16 进制的低 4 位
        CALL  BCX               ;进行 ASCII 码转换
        MOV  BL, AL             ;存放转换结果
        MOV  AL, BH
        MOV  CL, 4
        SHR  AL, CL             ;16 进制的高 4 位右移到低 4 位
        CALL  BCX               ;进行 ASCII 码转换
        MOV  BH, AL             ;存放转换结果
        POP  CX                 ;恢复现场
        RET
CHANGE  ENDP
; ********************************************************
;子程序名: BCX
```

```
      ;功能：将一个 16 进制数转换成对应的 ASCII 码
      ;入口参数：AL 低 4 位中存放将要转换的 16 进制数
      ;出口参数：AL 中存放转换后的 ASCII 码
      ;*************************************************
BCX   PROC  NEAR
      CMP  AL, 9              ;16 进制数是否是数字 0~9
      JBE  L1                 ;是数字,转向 L1
      ADD  AL,  'A' - 10 - '0'  ;不是数字,转换成 A~F 的 ASCII 码
L1:   ADD  AL, 30H            ;是数字,转换成 0~9 的 ASCII 码
      RET
BCX   ENDP
CODE  ENDS
END   START
```

4.5　宏指令

在汇编源程序中,有些语句段在整个程序中会出现多次,每次出现时完全相同,或仅修改其中某些字段,为了简化书写,该程序段可以用一条特殊的指令来代替,这个特殊的指令就是宏指令。宏指令的使用过程包括 3 个步骤：宏定义、宏调用和宏展开。

宏定义是指使用一个标识符(宏名)来代替一组指令序列,这组指令序列构成的语句段可在源程序中反复出现。

宏调用是指在源程序中如果出现宏定义的语句段,可以直接用宏名来代替。

宏展开是指当编译系统生成目标代码时,在宏调用处仍会产生原来语句段应生成的代码。使用宏指令后,仅仅是简化了书写,缩短了源程序的长度,并未简化目标代码。

宏指令的功能与子程序的功能类似,都可以简化编程。宏指令与子程序的不同之处在于：在汇编时宏展开后,宏调用处均用原来的语句段替代,因此使用宏指令不能缩短目标代码的长度；而子程序的目标代码仅有一份,如果被多次调用,则可以大大减少目标代码的长度,但子程序的调用前后需要保护断点、保护现场和恢复现场,要求有更多的运行时间。因此宏指令有较快的运行速度,而子程序有较短的目标代码。

一般在语句段较短或传递参数较多的情况下使用宏指令。

4.5.1　宏定义语句 MACRO/ENDM

1. 不带参数的宏定义语句

不带参数的宏定义语句的格式为：

```
宏名  MACRO
    …(语句段)
    ENDM
```

MACRO 必须与 ENDM 成对出现,且宏名只出现一次,凡程序中出现宏名处,就视为宏调用,实际上是执行语句段。

例如,将 AL 寄存器的内容左移 1 位的宏定义语句如下：

```
SHIFT  MACRO                    ;宏指令
       MOV  CL,  1
       SAL  AL,  CL
ENDM
```

在程序中,如果需要将 AL 中的数据左移一次,直接使用 SHIFT。
如程序中有以下语句:

```
MOV  AL, [SI]
SHIFT
MOV  [DI], AL
```

汇编时,宏展开后相当于:

```
    MOV  AL,  [SI]
+   MOV  CL,  1
+   SAL  AL,  CL
    MOV  [DI], AL
```

表示将存储器中源操作数[SI]中的内容左移一次后存入目的操作数[DI]。
"+"表示该指令是宏展开指令。

2. 带参数的宏定义语句

宏定义语句也可以带有参数,其格式为:

宏名 MACRO 参数 1[,参数 2, …]
 …(语句段)
 ENDM

在宏定义中使用的参数称为形式参数,简称形参;在宏调用时,这些形式参数需要用实际的操作数或数据取代,在调用时代入的参数称为实际参数,简称实参。
例如对操作数 X 左移 N 次的宏定义为:

```
SHIFT  MACRO  X,  N          ;宏指令,X 和 N 为形参
       MOV  CL,  N
       SAL  X,  CL
ENDM
```

在程序中,如果需要将 AX 左移 3 次,可以使用:

```
SHIFT  AX, 3                  ;AX 和 3 为实参,分别代替宏定义中的形参 X 和 N
```

汇编时,宏展开后相当于:

```
+   MOV  CL,  3
+   SAL  AX,  CL
```

调用时,实参、形参应一一对应。
宏定义的形参不仅可以是操作数,也可以是操作码。
例如,将操作数 X 的内容移位(左移或右移)N 次的宏定义为:

```
SHIFT  MACRO  X,  N  , PLAY    ;宏指令,最后一个形参表示操作码
       MOV CL, N
       PLAY X, CL
ENDM
```

在程序中,如果需要将 AX 左移 3 次,可以使用:

```
SHIFT  AX, 3, SHL            ;AX,3 和 SHL 为实参,代替形参 X,N 和 PLAY
```

汇编时,宏展开后相当于:

```
+  MOV CL, 3
+  SHL AX, CL
```

如果需要将 BX 循环右移 4 次,可以使用:

```
SHIFT  BX, 4, ROR           ;BX,4 和 ROR 为实参,代替形参 X,N 和 PLAY
```

汇编时,宏展开后相当于:

```
+  MOV CL, 4
+  ROR BX, CL
```

宏定义中的形参也可以表示操作码的一部分,此时,语句段中表示部分操作码的参数前需要加"&"以示区别。

例如,将操作数 X 的内容移位(左移或右移)N 次的宏定义为:

```
SHIFT  MACRO  X,  N  , D      ;宏指令,最后一个形参表示操作码
       MOV CL, N
       SH&D X, CL
ENDM
```

在程序中,如果需要将 AX 左移 3 次,可以使用:

```
SHIFT  AX, 3 , L             ;AX,3 和 L 为实参,代替形参 X,N 和 D
```

汇编时,宏展开后相当于:

```
+  MOV CL, 3
+  SHL AX, CL
```

如果需要将 DX 右移 2 次,可以使用:

```
SHIFT  DX, 2 , R            ;DX,2 和 R 为实参,代替形参 X,N 和 D
```

汇编时,宏展开后相当于:

```
+  MOV CL, 2
+  SHR DX, CL
```

3. 取消宏名伪指令 PURGE

一个宏定义名可以用伪指令 PURGE 来取消,其格式为:

PURGE 宏名 1 [,宏名 2,…]

4.5.2 宏标号定义语句 LOCAL

宏定义中如果包含语句标号,且在同一源程序中被多次调用,则在宏展开时,就要产生多个相同的语句标号。而语句标号代表了该语句所在的内存地址,是不能重复的,这样就会使得程序出错。为了避免这类错误,可在宏定义中使用 LOCAL 伪指令,其格式如下:

LOCAL 标号 1 [,标号 2,…]

LOCAL 伪指令仅在宏定义中使用,且必须是宏体中的第一条语句。实际上 LOCAL 伪指令是将标号变为形式参数,在宏展开时用实际参数"??0000,??0001,??0002…"等进行替换,这样就避免了标号的重复。

例如,将两个 16 位的寄存器 X,Y 左移 N 位的宏定义为:

```
SHIFTDW  MACRO  X, Y, n
        LOCAL  L1              ;说明标号 L1
        MOV  CX,  n
  L1: SAL  X, 1
        RCL  Y,  1
        DEC  CX
        JNZ  L1
ENDM
```

若是在代码段中,有两次宏调用:

```
        SHIFTDW  AX, DX, 3
        …
        SHIFTDW  BX, DX, 4
```

汇编时,宏展开后相当于:

```
        …
+        MOV  CX, 3
+??0000: SAL  AX, 1          ;标号 L1 首次出现
+        RCL  DX,  1
+        DEC  CX
+        JNZ  ??0000
        …
+        MOV  CX, 4
+??0001: SAL  BX, 1          ;标号 L2 第 2 次出现
+        RCL  DX,  1
+        DEC  CX
+        JNZ  ??0001
        …
```

【例 4.35】 定义一个宏指令的功能是求两个字变量 X1 和 X2 的差的绝对值,并将结果存放在字变量 X3 中,同时编程调用宏名完成|120−376|的计算。

```
ABC  MACRO  X1, X2, X3      ;宏定义
    LOCAL  CONT             ;定义标号
```

```
         PUSH  AX                ;保护现场
         MOV   AX, X1            ;取变量 X1
         SUB   AX, X2            ;求 X1 与 X2 的差
         CMP   AX, 0
         JGE   CONT              ;若 X1－X2 大于等于 0,转向 CONT
         NEG   AX                ;若 X1－X2 小于 0,将其转换成正数
   CONT: MOV   X3, AX            ;差的绝对值存放在 X3
         POP   AX                ;恢复现场
   ENDM
   DATA SEGMENT
     X DW 120
     Y DW 376
     Z DW ?
   DATA ENDS
   STACK SEGMENT STACK
      DB 100 DUP('S')
   STACK ENDS
   CODE SEGMENT
         ASSUME CS: CODE,  DS:DATA, SS:STACK
   BEGIN: MOV  AX,  DATA
          MOV  DS,  AX
          ABC  X, Y, Z           ;宏调用
          MOV  AH,  4CH
          INT  21H
   CODE   ENDS
   END    BEGIN
```

4.6 DOS 系统功能调用

4.6.1 DOS 系统功能调用概述

操作系统管理计算机,为用户提供与 CPU 对话的接口,也就是提供使用键盘和显示器的通道。操作系统同时管理设备、文件,这样,用户不需要具体掌握这些 I/O 接口的地址及有关的数据类型等,直接执行操作系统提供的命令就可以了。比如 DOS 中的命令 DIR, TYPE,COPY 等。这是用户在操作系统层面上的调用。

在运行用户程序时,DOS 将操作权交给了用户程序,用户就无法再去执行 DOS 的操作命令了,这时,用户程序应该怎样使用键盘、显示器等系统资源?

在 DOS 系统中有两层内部子程序可供用户调用,它们是与硬件相关的基本输入输出子程序 ROM BIOS 和与硬件无关的 DOS 层功能模块(又称为 DOS 系统功能)。这些程序是 DOS 操作系统的一部分,随着 DOS 系统驻留内存,使用汇编程序可直接调用这些子程序。

这些完成不同功能的子程序是以中断服务程序的方式提供的,即其入口地址放置在中断向量表中,占用不同的中断类型号,用户在程序中以发送软中断命令的方式调用这些功能。

在多任务和多用户的环境下,与硬件有关的 ROM BIOS 资源只允许操作系统调用,一般用户只可以使用 INT 21H 功能调用,也就是中断类型号为 21H 的中断服务程序。这个中断服务程序包括许多子程序,每个子程序都被编上号,固定完成某一种功能。例如 2 号子程序的功能是在屏幕上显示一个字符,称为 DOS 的 2 号功能调用;9 号子程序的功能是在屏幕上显示一串字符,称为 DOS 的 9 号功能调用……。子程序的编号又称为 DOS 的功能调用号。

使用 DOS 的系统功能调用类似于调用子程序,首先要设置好所需功能调用的入口参数,然后将功能调用号赋给 AH 寄存器,最后发送软中断命令:INT 21H。此时,计算机会自动执行相应的系统功能程序,并将执行结果返回到出口参数中。

4.6.2 常用 DOS 系统功能调用

1. DOS 的 2 号功能调用——显示单个字符

功能:在屏幕的光标处显示单个字符。

入口参数:要显示字符的 ASCII 码放在 DL 中。

出口参数:无。

示例:

```
MOV   DL, 'A'              ;将待显示字符的 ASCII 码放在寄存器 DL 中
MOV   AH, 2                ;设置功能调用号
INT   21H                  ;执行 2 号功能调用,运行后,在屏幕的当前光标处显示字符 A
```

2. DOS 的 9 号功能调用——在屏幕上显示字符串

功能:在屏幕上当前光标处输出存储在内存数据段的一串字符串,该字符串以' $ '结束。

入口参数:DS:DX 指向欲显示字符串的首址。

出口参数:无。

示例:

```
DATA  SEGMENT
   STRING  DB  'I am a student. $ '
DATA ENDS
…
MOV   DX, OFFSET  STRING    ;入口参数 DX 指向字符串首址
MOV   AH, 9                 ;设置功能调用号
INT   21H                   ;执行 9 号功能调用
```

运行后,在屏幕的当前光标处显示字符串"I am a student. "。

3. DOS 的 1 号功能调用——接收键盘输入的一个字符并回显

功能:等待键盘输入,直到按下一个键。

入口参数:无。

出口参数:从键盘输入的字符的 ASCII 码放在 AL 中,并在屏幕上显示该字符。

示例：

```
MOV  AH, 01H                ;设置功能调用号
INT  21H                    ;程序暂停运行,等待用户从键盘输入一个字符后继续向下运行
MOV [SI], AL                ;AL 存放着输入字符的 ASCII 码,同时输入的字符在屏幕上显示
```

4. DOS 的 7 号功能调用——接收键盘输入的一个字符不回显

功能：等待键盘输入，直到按下一个键。

入口参数：无。

出口参数：从键盘输入的字符的 ASCII 码放在 AL 中，但在屏幕上没有显示，常用于输入密码。

示例：

```
MOV  AH, 07H                ;设置功能调用号
INT  21H                    ;程序暂停运行,等待用户从键盘输入一个字符后继续向下运行
MOV [SI], AL                ;AL 存放着输入字符的 ASCII 码,屏幕上没有显示
```

5. DOS 的 10 号功能调用——接收键盘输入的字符串

功能：将从键盘输入的以回车结束的一串字符存放到数据段的指定存储区。

入口参数：DS：DX 指向接收字符串的存储区的首址，该地址的第一个字节是由用户设置的可输入字符串的最大字符数（含回车）。

出口参数：将实际输入的字符数（不含回车）存放到存储区的第二个字节处，实际输入的字符串从该存储区的第三个字节处开始存放。

示例：

```
DATA  SEGMENT
    BUF  DB  10             ;最大输入字符数
         DB  ?              ;保留一个字节返回实际输入的字符数
         DB  10 DUP(?)      ;预留最大字符数的空间
DATA ENDS
 …
LEA  DX,  BUF               ;设置入口参数
MOV  AH,  0AH               ;设置功能调用号
INT  21H
;程序暂停运行,等待用户从键盘输入一串字符并按回车键后继续向下运行
```

假如此时用户输入的是"ABCD<CR>"（<CR>表示回车），则 BUF 存储区的内容如图 4.13 所示。

6. DOS 的 4CH 号功能调用——结束用户程序返回 DOS

功能：将计算机控制权移交 DOS。

入口参数：无。

出口参数：无。

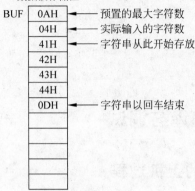

图 4.13 BUF 存储区的内容

示例：

```
MOV  AH, 4CH
INT  21H
```

该功能用于用户程序的非过程返回。

【例 4.36】 编写程序,在屏幕上显示"What's your name?",用户输入自己的名字＃＃
＃后显示：Welcome ＃＃＃。

```
DATA    SEGMENT
  MEG   DB   'What's your name ?', 10,13,'$'
  MEG1  DB   'Welcome $'
  BUF   DB 30, ?, 30 DUP(0)
DATA  ENDS
STACK  SEGMENT STACK
  DB   100 DUP('S')
STACK  ENDS
CODE  SEGMENT
     ASSUME  CS: CODE,  DS:DATA,  SS:STACK
MAIN  PROC  FAR
START:  MOV AX, DATA
     MOV  DS,  AX
     LEA  DX,  MEG          ;显示提示信息 What's your name ?同时光标移向下一行
     MOV  AH, 9
     INT 21H
     LEA  DX,  BUF          ;接收用户输入的名字,以回车结束
     MOV  AH, 10
     INT  21H
     LEA  DX,  MEG1         ;显示'Welcome'
     MOV AH, 9
     INT  21H
     XOR  BH, BH
     MOV  BL,  BUF + 1      ;将实际输入的字符个数送至 BL
     MOV  [BX + BUF + 2], '$'  ;用户名字最后以字符'$'结束,以便用 9 号功能显示
     LEA   DX, BUF + 2      ;从实际输入的字符串首址处开始显示
     MOV  AH,  9
```

```
        INT   21H
        MOV   AH,  4CH              ;返回 DOS
        INT   21H
MAIN  ENDP
CODE  ENDS
        END    START
```

4.7   汇编语言的编译与调试

4.7.1   汇编语言的上机过程

1. 编辑源程序

在计算机上利用文字编辑软件输入源程序。源程序是不带格式的 ASCII 码文本文件，可以用"记事本"、"EDIT.EXE"等字处理软件编写。

注意：

所编辑的源程序必须以.ASM 作为扩展名。例如源文件"add.asm"等。

【**例 4.37**】   编辑编译调试一个加法程序 add.asm。

```
DATA   SEGMENT
  X  DB  5
  Y  DB  3
  SUM DB ?
DATA  ENDS
STACK   SEGMENT STACK
  DB   100 DUP('S')
STACK  ENDS
CODE  SEGMENT
    ASSUME  CS:CODE, DS:DATA, SS:STACK
BEGIN:  MOV  AX, DATA
        MOV  DS, AX
        MOV  AL, X
        ADD  AL, Y
        MOV SUM, AL
        MOV  AH, 4CH
        INT  21H
CODE   ENDS
        END  BEGIN
```

2. 汇编源程序

对于已编辑好的源文件∗.ASM,要调用 DOS 下的宏汇编程序 MASM.EXE 进行汇编,以生成目标代码文件∗.OBJ。

由于 MASM.EXE 文件是 DOS 下的外部命令,需要在命令行的环境中运行,可以单击"开始"→"运行",在出现的对话框中输入"cmd",如图 4.14 所示,从而启动 DOS 命令行环境,如图 4.15 所示。

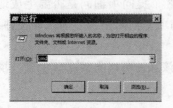

图 4.14 在 Windows 环境下
启动命令行环境

图 4.15 命令行环境

如果已编辑好的源程序 ADD.ASM 与宏汇编程序 MASM.EXE 均在 D 盘的 MASM 目录中,在命令行环境界面进入该目录下,则宏汇编程序的运行方式如下:

D:\MASM>MASM ↙

执行该命令后,显示器显示:

Microsoft (R) Macro Assembler Version 5.00
Copyright (C) Microsoft Corp 1981 – 1985, 1987. All rights reserved.

Source filename [.ASM]:ADD ↙
Object filename [ADD.OBJ]:↙
Source listing   [NUL.LST]: ADD ↙
Cross – reference [NUL.CRF]: ADD ↙

这样,如果源文件中没有语法错误,在 D 盘的 MASM 目录下生成了 3 个文件,分别是目标文件 ADD.OBJ、汇编列表文件 ADD.LST 和交叉引用文件 ADD.CRF。如果不需要产生后两个文件,则在对应的提问项后直接按回车↙即可。

3. 连接程序

连接程序 LINK.EXE 将目标文件 * .OBJ 生成可执行文件 * .EXE。LINK.EXE 也是 DOS 环境下的外部命令,需要与宏汇编程序 MASM.EXE 放置在相同的目录中。连接程序的运行方式如下:

D:\MASM>LINK ↙

执行该命令后,显示器显示:

Microsoft (R) Overlay Linker   Version 3.60
Copyright (C) Microsoft Corp 1983 – 1987. All rights reserved.

Object Modules [.OBJ]:ADD ↙
Run File [ADD.EXE]:↙

```
List File [NUL.MAP]:ADD ↙
Libraries [.LIB]:↙
```

其中,第 1 个提问项是询问要连接的目标文件名;第 2 个提问项是询问生成的可执行文件名,此时,直接按回车生成默认的文件 ADD.EXE;第 3 个提问项询问是否要生成地址分配文件,如果不需要该文件可以直接按回车;第 4 个提问项是询问是否要加入库文件,直接按回车即可。

此时,在当前目录下就生成了可执行文件 ADD.EXE,该文件可以直接在命令行环境中运行。

4.7.2 汇编程序的调试

DEBUG.COM 是一个交互式机器语言的调试程序,也是 DOS 系统的内部命令,常驻内存。DEBUG.COM 的功能是可以单步运行机器语言程序,能实时查看寄存器和存储器数据的当前状态,还可以设置断点,修改寄存器或存储单元的内容……,通过这些操作,可以对程序的运行情况进行跟踪,以便查找出错误所在。

由于 DEBUG 是 DOS 系统的内部命令,常驻内存,故在需调试的可执行程序的目录下直接输入“DEBUG 文件名.扩展名↙”即可启动。启动后出现提示符“-”,表示可以接受 DEBUG 程序的各项命令。以下是 DEBUG 程序的常用命令。

1. 单步运行命令 T

命令格式: T [=指令地址]。

命令功能:该命令执行一条指定地址处的指令就停下来,显示目前 CPU 所有寄存器的内容和全部标志位的状态以及下一条指令的地址和内容。

将例 4.37 的源文件经编译连接后,生成 ADD.EXE 文件,在当前目录下输入“DEBUG ADD.EXE ↙”就进入 DEBUG 调试界面,如图 4.16 所示。

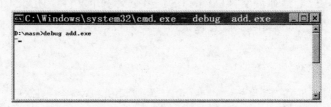

图 4.16 DEBUG 调试界面

此时,在 DEBUG 调试程序的提示符“-”后输入“T↙”,程序就运行了第一条指令:

```
MOV  AX, DATA
```

这时屏幕上显示本条指令运行后各寄存器的状态和下一条待运行的指令:

```
MOV  DS, AX
```

如图 4.17 所示。

标志寄存器的状态符号及说明如表 4.3 所示。

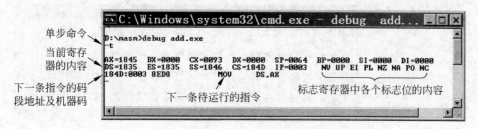

图 4.17 单步命令 T 运行后的显示内容

表 4.3 标志寄存器的状态表示及说明

标 志 名	置位(=1)	复位(=0)
溢出 OF(是/否)	OV	NV
方向 DF(减量/增量)	DN	UP
中断(允许/屏蔽)	EI	DI
符号 SF(负/正)	NG	PL
零 ZF(是/否)	ZR	NZ
辅助进位 AF(是/否)	AC	NA
奇偶 PF(偶/奇)	PE	PO
进位 CF(是/否)	CY	NC

2. 运行命令 G

命令格式：G [=起始地址] [终止地址]。

命令功能：执行从起始地址开始，到终止地址结束的程序。如果省略起始地址，则起始地址从当前 CS:IP 开始。运行该命令后，显示当前所有寄存器的内容和标志位的状态。

例如输入"G 000F ↙"，则上述 ADD. EXE 程序运行到 000FH 停止，如图 4.18 所示。

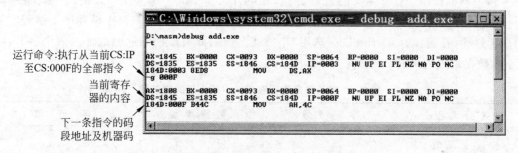

图 4.18 执行 DEBUG 的运行命令 G

3. 显示存储单元内容的命令 D

命令格式：D [地址] 或 D [范围]。

命令功能：显示所指示的地址或地址范围的内存单元的内容。

例如："D DS:0000 ↙"表示显示数据段内偏移地址 0000H 处开始共 128 个(80H)字节的存储单元的内容，如图 4.19 所示。

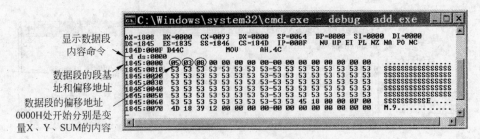

图 4.19 显示数据段存储单元的内容

又如："D DS:0000 0020H↙"表示显示数据段内偏移地址 0000H 处开始至 0020H 结束的共 32 个(20H)字节的存储单元的内容。

DEBUG.COM 的命令还有很多,具体命令及功能表见附录"DEBUG 常用命令"。

4.7.3 汇编语言与高级语言的接口

由于编写和调试汇编语言程序比高级语言复杂,所以在实际软件开发中,高级语言比汇编语言的使用更为广泛。但是用汇编语言编写的程序具有占用内存空间少,执行速度快,硬件控制能力强等优点。为了充分发挥汇编语言和高级语言的特长,常常需要混合编程。也就是说大部分程序用高级语言编写,而对执行速度要求高,执行次数多或直接访问 I/O 设备的程序部分用汇编语言编写。下面以 C 语言为例,对在 C 语言中调用汇编语言的过程进行说明。

1. 参数传递

C 语言利用堆栈向汇编语言传递参数。参数的类型不同,其在堆栈中所占的字节数也不同。表 4.4 是常用数据类型在堆栈所占用的字节数。参数的压栈顺序是自右至左的。即参数表中最右边的参数第一个压栈。

如果汇编程序子过程定义的是远过程,在编译时 Turbo C 应选用"大模式"选项,此时压栈的返回地址占 4 个字节,第 1 个参数在堆栈的[BP+6]单元;如果汇编程序子过程定义的是近过程,在编译时 Turbo C 应选用"小模式"选项,此时压栈的返回地址占两个字节,第 1 个参数在堆栈的[BP+4]单元。

表 4.4 常用数据类型在堆栈中所占用的字节数

数 据 类 型	字 节 数	数 据 类 型	字 节 数
char	2	double	8
int	2	pointer(near)	2
long int	4	pointer(far)	4
float	4		

2. 子过程返回值

汇编程序子过程的返回值是通过寄存器返回至主调函数的。表 4.5 列出了不同类型返回值所使用的寄存器。

表 4.5 子过程不同类型的返回值所使用的寄存器

子过程类型	存放返回值的寄存器	子过程类型	存放返回值的寄存器
char	AL	float，double	AX（表示数据指针）
int	AX	pointer（near）	AX
long int	DX/AX	pointer（far）	DX/AX

【例 4.38】 在 C 程序中调用汇编输出两个整数之中的大者。

若实现 C 语言与汇编语言的混合编程，有以下步骤：

（1）在 Turbo C 的环境下输入下列源程序，并将程序命名为 max1.c。

```
#include<stdio.h>
int MAXINT(int, int);            /*用汇编编写该函数的实现*/
void main()
{ int  a, b, max;
  printf("Input 2 numbers:\n ");
  scanf("%d%d",&a, &b);
  max = MAXINT(a,b);             /*调用汇编程序*/
  printf("max = %d\n",max);
}
```

用 Turbo C 编译此程序，生成目标文件 max1.obj。

（2）输入下列汇编源程序，命名为 max2.asm：

```
_TEXT SEGMENT  BYTE  PUBLIC  'CODE'
ASSUME CS:_TEXT
PUBLIC  _MAXINT             ;子过程要说明为 PUBLIC
_MAXINT PROC               ;过程定义为近过程
  PUSH BP                  ;保护现场
  MOV BP,SP
  MOV AX, [BP+4]           ;取参数 b
  CMP AX, [BP+6]           ;取参数 a
  JGE  L1                  ;若 a≥b,最大值在 AX 中,程序返回
  MOV AX, [BP+6]           ;若 b>a,将 b 存放在 AX 中,程序返回
L1: POP  BP                ;恢复现场
  RET                      ;程序返回,返回值为整数,存放在 AX 中
_MAXINT ENDP
_TEXT  ENDS
   END
```

在命令行的环境中，用 MASM.EXE 程序编译源程序，生成目标文件 MAX2.OBJ。

（3）用记事本或 Turbo C 新建 ASCII 码文本文件 MAX.PRJ，内容如下：

```
max1.obj
max2.obj
```

（4）返回 Turbo C 环境，选择 Project 菜单项，在 Project name 选项中输入 MAX.PRJ，如图 4.20 所示。

选择菜单 Option→Compile→Model→Small，然后选择菜单 Compile→Build all，即生成 MAX.EXE 文件。

图 4.20　编译工程文件 max.prj

（5）在命令行的环境中，输入"MAX✓"，屏幕上显示的信息如下：

Input 2 numbers:
<u>23　　78✓</u>
max = 78

程序的运行结果如图 4.21 所示。

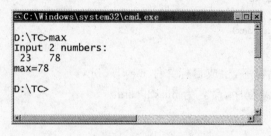

图 4.21　在命令行环境中运行文件 MAX.EXE

习题 4

一、选择题

1. 下列描述正确的是_____。

   A. 汇编语言源程序可直接运行

   B. 汇编语言属于低级语言

   C. 汇编程序是用汇编语言编写的程序，运行速度高，阅读方便，属于面向用户的程序语言

   D. 汇编语言可以移植

2. 分析下面的程序，变量 VAR2 的偏移地址是_____。

```
DATA  SEGMENT
      ORG 2
VAR1  DB  2,3,4
      ORG $ +3
VAR2  DW 1234H
DATA  ENDS
```

   A. 02H　　　　　B. 04H　　　　　C. 05H　　　　　D. 08H

3. 为了使 MOV AX，VAR 指令执行后，AX 寄存器中的内容为 4142H，下面_____数据定义会产生不正确的结果。

    A. VAR DW 4142H   B. VAR DW 16706

    C. VAR DB 42H，41H   D. VAR DW 'AB'

4. 下列伪指令中_____是正确的。

    A. ERR1：DW 99   B. ERR2 DB 25 * 60

    C. COUNT EQU 20   D. ONE DB ONE

5. 执行下列指令后，寄存器 CL 的值是_____。

```
STR1    DW      'AB'
STR2    DB      16 DUP(?)
CNT         EQU     $ - STR1
        MOV     CX,CNT
        MOV     AX,STR1
        HLT
```

    A. 10H   B. 12H   C. 0EH   D. 0FH

二、填空题

1. 汇编语言的调试过程如下：建立以_____为扩展名的源文件；生成以_____为扩展名的目标文件；生成以_____为扩展名的可执行文件；使用 DEBUG 调试程序，调试可执行目标程序。

2. 执行下列指令后，(AX)＝_____，(BL)＝_____。

```
A       DW      'EF'
B       DB      'ABCDEF'
MOV     AX,     A
MOV     BL,     B[3]
HLT
```

3. 执行下面程序段后，AL 中的内容是____   。

```
BUF     DW      1234H, 5678H, 0001H
MOV     BX,     OFFSET  BUF
MOV     AL,     2
XLAT
```

4. 若符号定义语句如下，则 L＝_____。

```
BUF1    DB 1, 2,'12'
BUF2    DB 0
L       EQU     BUF2 - BUF1
```

5. 执行下列程序段后，BX 寄存器间址单元的内容是_____。

```
ORG     1FFFH
DB 4FH, 50H, 51H
MOV     BX, 1FFFH
INC     [BX]
```

```
INC     BX
DEC     [BX]
```

6. 对于下面的数据定义，各条 MOV 指令单独执行后，请填充有关寄存器的内容：

```
TABLE1      DB      ?
TABLE2      DW      20 DUP(?)
TABLE3      DB      'ABCD'
...
    MOV     AX,     TYPE  TABLE1;          (AX) = _____
    MOV     BX,     TYPE  TABLE2;          (BX) = _____
    MOV     CX,     LENGTH  TABLE2;        (CX) = _____
    MOV     DX,     SIZE  TABLE2  ;        (DX) = _____
    MOV     SI,     LENGTH  TABLE3;        (SI) = _____
```

7. 下面是多字节加法程序，第一个数是 8A0BH，第二个数是 D705H。请填写出正确结果。

```
DATA    SEGNEBT
FIRST   DB _____, _____, 0H
SECOND      DB _____, _____
DATA    ENDS
CODE    SEGMENT
        ASSUME    CS:CODE, DS: DATA
START:  MOV    AX, DATA
        MOV    DS, AX
        MOV    CX, _____
        MOV    SI, 0
        _____
NEXT:   MOV    AL, SECOND[SI]
        ADC    FIRST[SI], AL
        INC    SI
        LOOP   NEXT
        MOV    AL, 0
        ADC    AL, _____
        MOV    FIRST[SI],    AL
        MOV    AH, 4CH
        INT    21H
CODE    ENDS
        END    START
```

8. 下面程序的功能是求有符号数中绝对值最小的数，并将最小绝对值存放在 DAT2 字节中，填空使程序正确实现此功能。程序执行后，DAT2 单元中的内容是_____。

```
DATA  SEGMENT
DAT1  DB 65H, 88H, 20H, 0F6H
N     EQU  $ - DAT1
DAT2  DB  ?
DATA  ENDS
CODE  SEGMENT
      _____
START:  MOV AX, DATA
      _____
```

```
        LEA  SI, DAT1
        MOV  CX, N－1
        MOV  AL, [SI]
        TEST AL, 80H
        JZ   LP0
        NEG  AL
LP0:    MOV  DAT2, AL
LP1:    _____
        MOV  BL, [SI]
        TEST BL, 80H
        JZ   LP2
        NEG  BL
LP2:    _____
        JB   LP3
        MOV  DAT2, BL
        MOV  AL, BL
LP3:    _____
        MOV  AH, 4CH
        INT  21H
CODE    ENDS
        END  START
```

9. 填空说明在下列程序段执行过程中相应寄存器中的值。假设程序执行前 DS＝3000H，SS＝2000H，SP＝3000H，AX＝4567H，BX＝1234H，CX＝6789H。

```
AND  BX, 00FFH
CALL MYSUB
NOP        ;SP = _____
           ;AX = _____
           ;BX = _____
HLT
MYSUB PROC
        PUSH AX
        PUSH BX
        PUSH CX
        SUB  AX, BX     ;SP = _____
        POP  CX
        POP  AX
        POP  BX
        NOP             ;SP = _____
        RET
MYSUB ENDP
```

10. 完善程序。BUFFER 单元开始放置一个数据块，BUFFER 单元存放预计数据块的长度为 20H，BUFFER＋1 单元存放的是实际从键盘输入的字符串的长度，从 BUFFER＋2 开始存放的是从键盘接收的字符，请将这些从键盘接收的字符再在屏幕上显示出来。

```
MOV DX, OFFSET BUFFER
MOV AH, _____
INT 21H              ;读入字符串
LEA DX, _____
```

```
MOV   AL, _____        ;实际读入的字符串的字符个数
MOV   AH, 0
ADD   BX, AX
MOV   AL, _____
MOV   [BX + 1], AL
MOV   AH, _____
INC   DX                  ;确定显示字符串的首址
INT   21H
MOV   AH, _____        ;系统返回 DOS
INT   21H
```

三、问答题

1. 变量和标号有哪些属性？它们的区别是什么？

2. 指出下列伪指令语句中的错误：

（1）DATA　DB 395

（2）PRGM　SEG

　　　…

　　　PRGM　ENDS

（3）ALPHA EQU BETA

（4）COUNT EQU 100

　　　COUNT EQU 65

（5）GOON DW　10　DUP(?)

　　　…

　　　　　JMP GOON

3. 一数据段如下：

```
DATA SEGMENT PARA 'DATA' AT 46H
QA EQU 255
QA1 = QA   GT 3000
QA2 = 0FFFH
QA3 EQU QA2 XOR 255
QA4 = 88 MOD 5
QA5 = 88H SHR 2
QA6 EQU QA3/16 + 15
   ORG 1060H
G1   DB 32, QA, 98/2, NOT 25
G2   DW 0FF6H, OFFSET G2
G3   DW   3  DUP(5)
G4   DW   SEG G1
SA   EQU   LENGTH   G3
SB   EQU   SIZE   G3
SC = TYPE G3
   ORG   1200H
F1   EQU   THIS WORD
F2   DB   11H, 22H, 33H, 44H
FF   DD   12345H
DATA   ENDS
```

（1）写出每个符号所对应的值。

（2）画出内存分配图。

（3）执行下列指令后，对应的寄存器的值为多少？

```
MOV   AX, WORE  PTR  FF
AND   AX, OFFH
MOV   BX, WORD  PTR  G1
MOV   BX, 255 AND  OFH
ADD   AX, OFFSET  F2
MOV   BX, F1
```

4. 以下程序的执行结果是_____。

```
A    DB '1234'
B    DW 5 DUP(2,3 DUP(0))
C    DW 'AB','C','D'
L1:  MOV    AL,TYPE B
     MOV    BL,LENGTH B
     MOV    AH,SIZE A
     MOV    BH,SIZE C
     MOV    CL,TYPE  L1
     MOV    CH,SIZE  B
```

5. 有下列数据段，写出数据段中 MAX、VAL1、VAL2、LEND 符号所对应的值。

```
DATA  SEGMENT
MAX   EQU OFFFH
VAL1  EQU MAX  MOD  10H
VAL2  EQU VAL1 * 2
BUFF  DB 1,2,3,'123'
EBUFF DB ?
LEND  EQU  EBUFF - BUFF
DATA  ENDS
```

6. 现有程序如下：

```
DATA SEGMENT
A DB  23
B DB  0F0H
C DB  0
DATA  ENDS
CODE  SEGMENT
    ASSUME  CS:CODE, DS: DATA
START: MOV  AX, DATA
       MOV  DS, AX
       MOV  AL, A
       CMP  AL, B
       JZ  L
       JG  M
       MOV C,  - 1
       JMP EXIT
L:     MOV C, 0
```

```
                JMP  EXIT
M:      MOV  C, 1
EXIT:   MOV  AH, 4CH
        INT 21H
CODE    ENDS
        END  START
```

请回答：(1)该程序完成什么功能？(2)程序运行完后，C 中的内容是什么？

7. 设有无符号数 X, Y, 编写求 Z=|X-Y| 的程序。已知 X 为 1234H, Y 为 5678H, X、Y、Z 均为存放于数据段的字变量。

8. 阅读下列程序，回答下列问题：

(1) 程序执行后，RESULT 单元的内容为多少？

(2) 程序完成的功能是什么？

(3) 该程序所占的数据区为多少个字节？

```
DATA  SEGMENT
FEN  DB  85, -90, 64, -120, 95, 77, 88, 120, 60, 83
COUNT  EQU  $ - FEN
RESULT DB ?
DATA  ENDS
STACK SEGMENT PARA STACK
  DB 100 DUP(?)
STACK ENDS
CODE  SEGMENT
        ASSUME  CS:CODE, DATA:DATA, SS:STACK
START: MOV AX,DATA
        MOV  DS, AX
        MOV  SI, OFFSET FEN
        MOV  CX, COUNT
        DEC  CX
        MOV  AL, [SI]
        MOV  RESULT  ,AL
        TEST  AL, 80H
        JZ  LOP
        NEG  AL
LOP:    INC  SI
        MOV  BL, [SI]
        TEST  BL, 80H
        JZ  NEXT
        NEG BL
NEXT:   CMP  AL, BL
        JAE  NEXT1
        MOV AL, BL
        MOV  BL, [SI]
        MOV RESULT , BL
NEXT1: LOOP LOP
        NOP
```

```
        MOV  AH, 4CH
        INT  21H
CODE  ENDS
        END  START
```

9. 定理：从 1 开始的连续 n 个奇数之和等于 n^2，如 $1+3+5=3^2=9$。设：在数据区有字节变量 N（$0 \leqslant N \leqslant 255$）。试按此定理编写程序求 N^2 并将结果存放于字变量 RESULT 中。

第5章

存储器系统

5.1　概述

存储器是构成计算机的重要组成部分,是计算机中实现程序存储思想的重要保证。当用户将程序和数据输入到计算机后,所有输入的信息都存放在存储器内。程序执行过程中,存储器还存放程序执行时的中间数据和最终结果等。存储器的各种性能如容量、速度等是衡量计算机性能的重要指标,直接影响着计算机处理能力的大小和处理速度的快慢。

5.1.1　存储器的分类

随着计算机系统结构和器件发展,存储器种类不断增多。从理论上讲,只要有两个明显稳定的物理状态的器件和介质都能用来存储二进制信息。这样,存储器的分类方法也多种多样,常用的分类方法有以下几种。

1. 按构成存储器的器件和存储介质分类

主要分为半导体存储器、磁性材料存储器、光盘存储器等,如图 5.1 所示。

（1）半导体存储器

半导体存储器是用超大规模集成电路芯片作为存储媒体,能对数字信息进行随机存储的存储设备。按照制造工艺的不同又可分为双极性存储器和 MOS 存储器两大类,前者读/写速度快,但功耗大、价格贵,适用于作高速缓存、队列等;后者速度稍慢,但集成度高、功耗小、价格便宜,适用于大容量的内存。

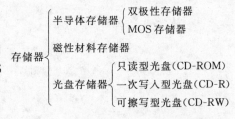

图 5.1　按存储介质对存储器分类

（2）磁性材料存储器

磁性材料存储器采用矩磁材料的磁膜,构成连续的磁记录载体。在磁头产生的磁场作用下,使磁记录介质的各个局部区域产生相应的磁化状态,利用这些状态来记录信息"0"或"1"。磁性材料存储器具有容量大、价格低、可长期保存的优点,但由于读取时需要移动磁头,包括了机械运动,故其工作速度远低于半导体存储器。

（3）光盘存储器

光盘存储器是利用光进行信息存取的存储装置,其基本原理是利用激光束对记录膜进行扫描,使介质材料发生相应的光效应或热效应,使得反射部分的光反射率发生变化,用以表示信息"0"或"1"。根据记录膜材质的不同,分为只读型光盘(CD-ROM)、一次写入型光盘(CD-R)和可擦写型光盘(CD-RW)。

2. 按存储器的用途分类

按存储器在计算机中的用途可分为主存(内存),辅存(外存)和缓冲存储器等。主存速度快,容量小,位价格较高;辅存速度慢,容量大,位价格低;缓冲存储器用在两个不同工作速度的部件之间,在交换信息过程中起缓冲作用。

3. 按存储器的存取方式分类

按照存取方式的不同,可将存储器分为随机存储器(Random Access Memory,RAM)和只读存储器(Read-Only Memory,ROM)两种类型。

(1) 随机存储器

随机存储器也称读、写存储器,通过指令可以随机地、个别地对各个存储单元进行访问。访问所需时间基本固定,与存储单元地址无关。计算机的内存主要采用随机存储器。按集成电路内部结构不同,随机存储器又分为静态随机存储器和动态随机存储器。

① 静态 RAM(Static RAM)

静态 RAM 存储器简写为 SRAM,其特点是存取速度很快,在不掉电的情况下,SRAM 中的数据保持稳定。SRAM 采用多管的 MOS 器件构成,其集成度较低,功耗较大。SRAM 一般用作高速缓存。

② 动态 RAM(Dynamic RAM)

动态 RAM 存储器简称 DRAM,基本存储电路由一个晶体管和一个电容组成,利用电容的电荷存储效应来存储信息。由于电容存在漏电现象,所以在使用时,需要定时进行刷新操作,否则,存储单元的信息经 2~8ms 后会自动消失。其集成度较大,功耗小,成本低,一般 PC 机的内存多采用 DRAM。

(2) 只读存储器

只读存储器的特点是只能读取,不能写入,关闭电源后 ROM 中的信息不会丢失,是非易失性存储器件,常用来存放不需要改变的信息,如系统程序(BIOS)或用户固化的应用程序。ROM 按集成电路内部结构不同可分为以下几种:

① 掩膜只读存储器 MROM(Mask ROM)

是由生产厂家在制造芯片时用掩膜技术写入信息,正常运行时只能从存储器芯片中读入信息,不能写入。制作成本低,适合于批量生产。

② 可编程只读存储器 PROM(Programmable ROM)

存储器中的信息是由用户自行写入的,一经写入就无法更改,是一种一次性写入的 ROM。

③ 光擦除可编程存储器 EPROM(Erasable PROM)

可以对存入的信息进行多次改写,改写时先用紫外光照射 5~15min,将其内容擦除,然后可重新写入新的信息。

④ 电擦除可编程存储器 EEPROM(Electrically Erasable PROM,E²PROM)

E²PROM 是一种可用电信号清除和重写的存储器,使用方便,但其价格高,集成度和速度不及 EPROM。

⑤ 闪速存储器(Flash Memory)

简称闪存,可在不加电的情况下长期保存数据,又能在线进行快速擦除和重写,集成度高,功耗很小,目前正在被广泛使用。

5.1.2　存储器性能指标

1. 存储容量

存储器所能记忆信息的多少称为存储容量。微型计算机通常按字节(Byte)进行编址,以字节数表示容量。一个字节又由 8 个二进制位(bit)组成。

常用的存储容量的表示单位有：$1KB=2^{10}B,1MB=2^{10}KB,1GB=2^{10}MB,1TB=2^{10}GB$。

2. 存取时间

存取时间是指从 CPU 发出存取请求到存储器完成存取操作的这部分时间,包括存储器的寻址时间和传送数据的时间,是存储器的一项重要的参数。在一般情况下,存取时间越短,计算机的运行速度越快。

3. 功耗

功耗反映了存储器的功率消耗,功耗越大,存储器工作时产生的温度就越高。

4. 可靠性

存储器的可靠性是用平均故障间隔时间(MTBF)来衡量的,其含义是两次故障之间的平均时间间隔,显然 MTBF 越长,其可靠性越高。

5.1.3　存储器系统的层次结构

为了提高速度、增加容量和降低成本,目前计算机中广泛采用多层次存储器结构,如图 5.2 所示。采用 SRAM 组成高速缓存(Cache)存放最常用的数据；采用 DRAM 组成主存存放常用的较大量数据,而将暂时不用的大量数据存放在外存(辅助存储器)中。高速缓存、主存和辅存这 3 个层次的存储器存储容量逐级增大、速度逐级降低、成本逐级减少。从整体看,三级存储器速度接近高速缓存的速度,其容量接近辅助存储器的容量,而位成本接近廉价慢速辅存的平均价格,较好地解决了速度和成本之间的矛盾。

图 5.2　多层次存储结构

5.1.4　半导体存储器的基本组成

半导体存储器的组成框图如图 5.3 所示。它一般由存储体、地址选择电路、控制电路和输入输出电路组成。

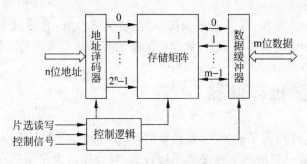

图 5.3　半导体存储器的组成框图

1. 存储体

存储体是存储芯片的主体,由大量的存储单元组成。存储单元是存储器中最小的可寻址的单位,CPU 对存储器的访问就是对存储单元进行读/写操作。为了区分多个存储单元,将这些存储单元按顺序编号,该编号称为地址,地址与存储单元一一对应,是存储单元的唯一标志。表示地址的二进制位数决定了存储单元的多少,如 n 位地址最多可寻址 2^n 个存储单元,如果每个存储单元所存放的二进制位数为 m,则该存储体的存储容量为 $2^n \times m$(b)。

2. 地址译码器

地址译码器的作用是用来接受 CPU 送来的地址信号并对它们进行译码,选择与地址码相对应的存储单元,以便对该单元进行读/写访问。

地址译码的方式有两种:

(1) 单译码

适用于小容量存储器,存储器线性排列,译码器的输出作为字选择线来选择某个字的所有位。特点是译码输出线较多。如当地址码有 10 位时,有 $2^{10}=1024$ 根输出线,分别控制1024 条字选择线,如图 5.3 所示。

(2) 双译码

存储器以矩阵的形式排列,将地址线分成两部分,对应的地址译码器也是两部分,即行译码器和列译码器。行译码器输出行地址选择信号,列译码器输出列地址选择信号,行列选择线交叉处即为选中的内存单元,如图 5.4所示。其特点是译码输出线较少,适合于较大的存储器系统。

例如,将 n 根地址线分成 M+N,相应的存储单元为 $2^M \times 2^N$,地址选择线共有 2^M+2^N条,大大小于 2^n 条。

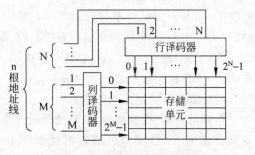

图 5.4　双译码电路示意图

3．片选与读写电路

大多数芯片都有片选信号，片选信号用以实现芯片的选择。对于一个芯片来说，只有片选信号有效，才能对其进行读写操作。片选信号一般由地址译码器的输出及一些控制信号通过一定的组合来形成。

读写电路由读出放大器、写入电路和读/写控制电路组成，它通过数据线与 CPU 内相连，并在存储体与 CPU 之间传递信息，数据线的条数与存储单元内的二进制位数相等。

5.2   半导体随机存储器

随机存储器 RAM 用来存放程序、数据和运算结果等，是直接与 CPU 交换信息的场所，CPU 可以随机地对存储器的各个存储单元进行读/写操作。按存储信息方式的不同 RAM 又分为静态 RAM(SRAM)和动态 RAM(DRAM)。

5.2.1   静态随机存储器

1．基本存储单元电路

图 5.5 所示为组成基本存储单元的 SRAM 的六管静态存储电路，它由 6 个 MOS 管组成。其中，T1、T2 构成双稳态触发器，两个稳态分别存储信息"0"或"1"；T3、T4 是负载管；T5、T6 是门控管，控制该存储单元是否被选中。这六管构成了基本的存储单元，存储一位二进制数据。当行选择线 X(字线)为高电平时，T5、T6 导通，使 A、B 两点分别与位线 D、$\overline{D}$ 相连。T7、T8 是同一列的所有基本存储单元所共用的，可以通过列选择线 Y 控制位数据线 D、$\overline{D}$ 与外部数据线 I/O 和$\overline{\text{I/O}}$的接通。

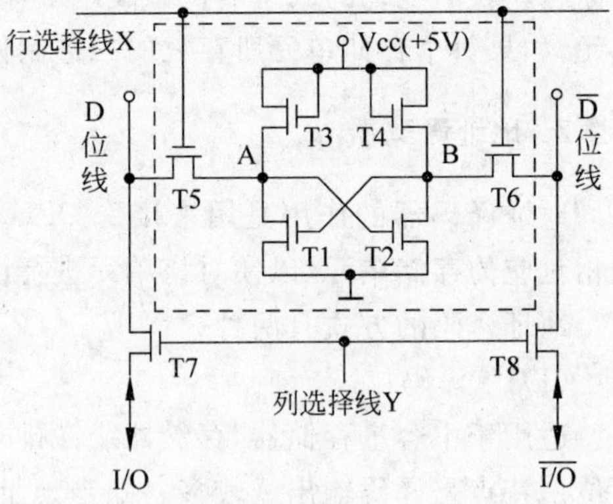

图 5.5   六管静态 RAM 的基本存储单元

2．工作原理

（1）存储状态

T1 与 T2 是交叉耦合的。当 T1 截止时，A 点为高电平，使得 T2 管导通，于是 B 点为低电平，而 B 点的低电平又保证了 T1 管的截止，因此 A＝1，B＝0 为一个稳定的状态；同样，如果 T1 导通，A 点为低电平，使得 T2 管截止，于是 B 点为高电平，而 B 点的高电平又保证了 T1 管的导通，因此 A＝0，B＝1 为另一个稳定的状态。显然，该电路有两个稳定的状态，是一个双稳态触发器。

（2）读出存储单元的位数据

在读出时，行选择线 X 和列选择线 Y 均为高电平，T5~T8 管均导通，A 点与 D 接通，B 点与 $\overline{D}$ 接通，D、$\overline{D}$ 又与外部数据线 I/O、$\overline{\text{I/O}}$接通。若存储单元此时的状态为 1，即 A＝1，B＝0，则 D＝1，$\overline{D}$＝0，两者分别通过 T7、T8 管输出到外部数据线，此时 I/O＝1，$\overline{\text{I/O}}$＝0，即

读出位数据"1"；反之，当存储单元的状态为 0 时，同样原理可以读出位数据"0"。读出信息时，双稳态触发器的状态不变，为非破坏性读出。

（3）将位数据写入存储单元

在写入时，首先要将写入的数据送入外部数据总线 I/O 和 $\overline{I/O}$ 上。若该存储单元被选中，则行选择线 X 和列选择线 Y 均为高电平，T5～T8 管均导通，I/O 通过 T7、T5 管送至触发器的 A 点，$\overline{I/O}$ 通过 T8、T6 管送至触发器的 B 点，从而控制 T1 和 T2 的导通或截止，使之成为新的稳态。

如果要写入的数据为 1，则 I/O=1、$\overline{I/O}$=0，进而使得 A=1，B=0，则 T1 截止，T2 导通，由此进一步保证 A=1，B=0，写入结束，状态稳定；如果要写入的数据为 0，则 I/O=0、$\overline{I/O}$=1，进而使得 A=0，B=1，则 T1 导通，T2 截止，由此进一步保证 A=0，B=1，写入结束，状态稳定。当电源掉电又恢复供电后，双稳态触发器发生状态竞争，状态稳定后进入一个事先不能确定的状态，即掉电前写入的信息不复存在，因此 SRAM 为易失性存储器。

3. SRAM 芯片 Intel2114

Intel2114 是一种 1K×4 的静态存储芯片，其最基本的存储单元是六管存储电路。具有 10 位地址线，4 位数据线。其引脚图如图 5.6 所示。

其中，A_0～A_9 为 10 根地址线，可寻址 2^{10}=1024(1K)个存储单元；I/O_0～I/O_3 为 4 根双向数据线，即每选中一个地址，可同时输入输出 4 位二进制数据；$\overline{CS}$ 为芯片片选信号，当 $\overline{CS}$ 为 0 时，芯片被选中；$\overline{WR}$ 为写允许控制信号线，$\overline{WR}$ 为 0 时，数据可以写入存储器，$\overline{WR}$ 为 1 时，数据从存储器中读出。

Intel2114 有 1024 个 4b 的存储单元。共有 4096 个基本存储电路，排列形式为 64×64，其中 6 根地址线用于行译码，4 根用于列译码，存储单元的排列形式是 64 行×16 列。每个存储单元中有 4 个基本存储电路，存放 4 位二进制数据，分接不同的 I/O 线，结构方框图如图 5.7 所示。

图 5.6 Intel2114 的引脚图

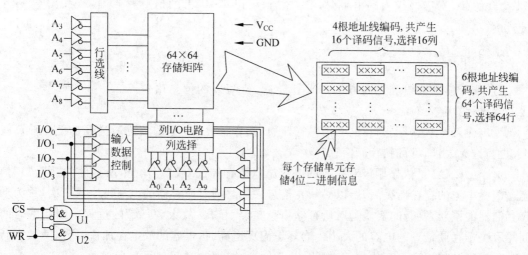

图 5.7 Intel2114 结构方框图

Intel2114 的读写过程如图 5.8 所示。当 $\overline{\text{CS}}=0$，$\overline{\text{WR}}=0$ 时，或非门 U1 输出高电平，打开输入控制三态门，使得 4 位数据从外部数据线 I/O_0～I/O_3 写入存储单元；当 $\overline{\text{CS}}=0$，$\overline{\text{WR}}=1$ 时，或非门 U2 输出高电平，打开输出控制三态门，使得 4 位数据从存储单元送至外部数据线 I/O_0～I/O_3 上。

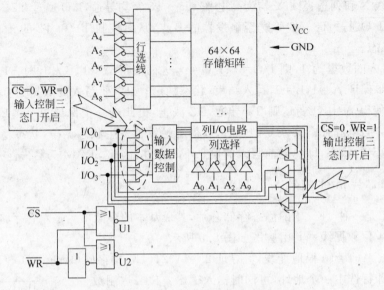

图 5.8　Intel2114 的读写控制

5.2.2　动态随机存储器

1. 单管动态基本存储电路

单管动态 RAM 基本存储电路只有一个 MOS 管和一个电容器，如图 5.9 所示。

数据信息存储在电容 Cs 上，Cs 是 MOS 栅极及衬底之间的分布电容。Cs 上存有电荷，表示存储信息"1"，否则是存储信息"0"。T1 为开关管，当字选线为高电平时，T1 导通，可以对 Cs 上的信息进行读写。

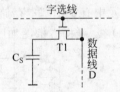

2. 工作原理

写入时，使字选线上为高电平，T1 管导通，待写入的信息由位线 D(数据线)存入 Cs。

图 5.9　单管动态基本存储电路

读出时，使字选线上为高电平，T1 管导通，则存储在 Cs 上的信息通过 T1 管送到 D 线上，再通过放大，即可得到存储信息。

由于 DRAM 是依靠栅极对衬底的电容充电荷存储"0"或"1"信息，所存储的"0"、"1"信息会因漏电流的存在而丢失，所以必须在信息丢失之前对所存储的电荷再生成一次，称为动态存储器的刷新，刷新的实质是对所存储信息重复"读出、放大、写入"的过程。刷新的时间间隔取决于存储信息的电容的大小。当环境温度增高时，电容的放电会加快，所以两次刷新的时间间隔是随温度而变化的，一般为 1～100ms，典型的刷新时间为 2ms。

3. DRAM 存储芯片 Intel2164A

（1）DRAM2164 的引脚特性

Intel2164A 是一种 $64K \times 1$ 的动态存储芯片，其最基本的存储单元是单管存储电路。具有 8 位地址线，1 位数据线。其引脚图如图 5.10 所示。

① 地址线 $A_0 \sim A_7$

由于 2164 的存储单元为 64×1024 个，应该有 16 根地址线选择唯一的存储单元。但是该芯片只有 8 根地址线引脚，所以 16 位地址信息分两次采用分时复用的方式进行接收，相应的分别有行选通和列选通引脚加以协调。在芯片内部，还有 8 位地址锁存器对一次输入的 8 位地址进行保存。

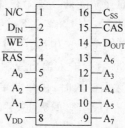

图 5.10　2164DRAM 的引脚图

② 数据线 D_{IN} 和 D_{OUT}

2164 存储器每个存储单元仅存储 1 位二进制信息，且存取数据时所用的数据线不同。存入时，数据由数据线 D_{IN} 写入存储器，读出时，数据经由 D_{OUT} 从 2164 读出，D_{IN} 和 D_{OUT} 均为单向数据线。

③ 控制线 $\overline{WE}$、$\overline{CAS}$、$\overline{RAS}$

$\overline{WE}$：输入，读/写控制线，低电平时执行写操作；高电平时执行读操作。

$\overline{RAS}$：输入，行地址选通，低电平有效，有效时表明芯片当前接收的是行地址。

$\overline{CAS}$：输入，列地址选通，低电平有效，有效时表明芯片当前接收的是列地址。此时，$\overline{RAS}$ 应保持为低电平。

（2）DRAM2164 的内部结构及工作原理

图 5.11 为 2164DRAM 的内部结构图。

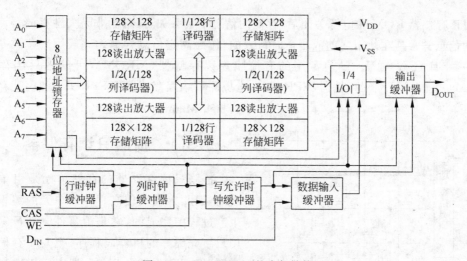

图 5.11　2164DRAM 的内部结构图

① 地址锁存器

Intel2164 采用双译码，故其 16 位地址信息要分两次输入。由于封装的限制，这 16 位信息必须通过同一组引脚分两次接收，因此芯片内部有个能保存 8 位地址信息的地址锁存器。首先在行地址选通控制线 $\overline{RAS}$ 的控制下传送高 8 位地址信息，然后再在列地址选通控制线$\overline{CAS}$的控制下传送低 8 位地址信息。其中,行、列时钟缓冲器用以协调行、列地址的选通信号。

②　存储体

由于有 8 位行地址选择线,8 位列地址选择线,所以存储体为 256×256,分成 4 个 128×128 的存储阵列。每个存储阵列内用 1/128 行、列译码器分别用来接收 7 位的行、列地址,经译码后,从 128×128 个存储单元中选择出一个确定的存储单元,以便进行读写操作。4 个存储单元选中后,经过 1 位行列地址译码,通过 I/O 门选择 1 位输入输出。

③　数据输入输出控制

数据输入时,在存储单元选择好后,当$\overline{WE}=0$时,写允许时钟缓冲器控制数据输入缓冲器存储 D_{IN} 引脚的数据,并写入到选中的存储单元中。

数据输出时,在存储单元选择好后,当$\overline{WE}=1$时,存储单元中的数据通过输出缓冲器送至 D_{OUT} 引脚。

④　刷新控制

由于存储单元中存储信息的电容上的电荷会泄漏,所以要在一定的时间内,对存储单元进行刷新操作,补充电荷。芯片内部有 4 个 128 单元的读放大器,在进行刷新操作时,芯片只接收从地址总线上发来的低 7 位的行地址,1 次从 4 个 128×128 的存储矩阵中各选中一行,共 4×128 个单元,分别将其所保存的信息输出到 4 个 128 单元的读放大器中,经放大后,再写回原存储单元,这样就实现了刷新操作。在刷新操作中,只有行选通起作用,即芯片只读取行地址,由于列选通控制输出缓冲器,所以在刷新时,数据不会送到输出数据线 D_{OUT} 上。

5.3　半导体只读存储器

只读存储器 ROM 在电源关闭后,存储的信息不会丢失,又称为非易失性存储器。存储器中的信息常常是在使用之前或制造时写入的,作为固定信息存储。一般用来存放一些固定程序、字库或数表等。目前常用的有掩膜只读存储器(MROM),可编程只读存储器(PROM),光擦除可编程存储器(EPROM),电擦除可编程存储器(EEPROM)和闪速存储器(Flash Memory)等。

5.3.1　掩膜只读存储器

掩膜只读存储器的存储单元是由单管构成的,因此集成度较高。存储单元的编程是在生产过程中完成的,它是由器件制造厂家根据用户事先编好的机器码程序,把 0、1 存储在掩膜图形中而制成的 ROM 芯片。芯片制作好后,里面的信息只能读出,不能更改。图 5.12 为一个 4×4b 的掩膜电路结构。

图中,连接有 MOS 管的数据位为"0",没有连接 MOS 管的数据位为"1"。若地址信号

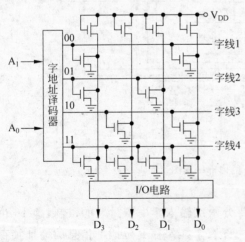

图 5.12　4×4b 掩膜电路图

为 00,选中第一条字线,则字线 1 的输出为 1,若有 MOS 管与其相连,该 MOS 管导通,对应的位线就输出为 0,若没有与其相连,输出为 1。因此,选中字线 00 后,位线 D_3 至 D_0 输出为 0110,也就是说,地址 00 的单元内容为 0110。同理,地址 01 的单元内容为 0101,地址 10 的单元内容为 1010,地址 11 的单元内容为 0000。

5.3.2 可编程只读存储器 PROM

PROM 存储器的原始信息全部是 0(或 1),用户可根据自己的需要进行一次性编程。图 5.13 为熔丝式 PROM 的 1b 的存储电路图,将熔丝串联在 ROM 单元电路中,编程写入时,若写入 0,则使其通过一个大的电流,让熔丝熔断开路;而写入 1 时,不通过电流,使单元保持不变,这样,就完成了 PROM 的编程。注意的是,编程由专门的电路进行,一旦写入,只能读出使用,不能再修改。这个写入的过程称为固化过程。

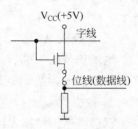

图 5.13 熔丝式 PROM 存储单元

5.3.3 光擦除可编程存储器 EPROM

1. 存储单元工作原理

EPROM 的存储单元采用浮置栅 MOS 管组成,结构如图 5.14 所示,相应的等效电路结构如图 5.15 所示。D 极为漏极,S 极为源极,G 为 MOS 管的栅极,是浮空的,它被绝缘物 SiO_2(二氧化硅)所包围。在原始状态,因为栅极上没有电荷,MOS 管没有形成导通沟道,漏极 D 和源极 S 不导通,因此浮栅 MOS 管截止,当选中字线时,读出存储单元的位信息为 "1";若使存储单元的位信息为 "0",需在漏极 D 和源极 S 之间加上 25V 脉冲高电压,使得 D、S 之间瞬时击穿,发生雪崩效应,在雪崩效应期间能量大的电子注入浮空栅。当高电压去除后,因浮空栅被绝缘层所包围,注入的电子无法泄露出去,这些负电子在硅表面感应出一个连接源和漏极的反型层,源、漏极被导通,当选中字线时,读出存储单元的位信息为 "0"。一般情况下,浮动栅上的电荷不会泄露,在微机系统的正常运行过程中,其信息只能读出而不能改写。

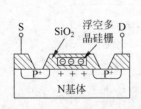

图 5.14 浮栅 EPROM 存储单元结构

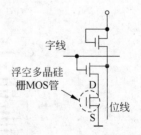

图 5.15 浮栅 EPROM 存储单元等效电路

消除浮栅内电荷的办法是用一定波长的紫外光照射浮动栅,负电荷可以获得足够的能量摆脱 SiO_2 的包围,以光电流的形式释放掉,这样,原来存储的信息也就不存在了。由这种存储单元所构成的 ROM 存储芯片,在其上方有一个石英玻璃的窗口,紫外线正是通过这个窗口来照射其内部电路而擦除信息的,一般需用紫外线照射 15~20 分钟。

2. EPROM 芯片 Intel2716

(1) Intel2716 的引脚特性

Intel2716 是 2K×8b 的 EPROM,有 24 条引脚,其中有 11 条地址线,8 条数据线,地址信号采用双译码的方式来寻址存储单元。其引脚如图 5.16 所示。

① 地址线 $A_0 \sim A_{10}$

地址信号输入端口,可寻址 $2^{11} = 2048(2K)$ 个存储单元,每个存储单元内包括 8 个 1b 基本存储单元。

② 数据线 $O_0 \sim O_7$

双向数据信号输入输出端口,在常规电压(5V)下只能用作输出,在编程电压(25V)和满足一定的编程条件时可作为程序代码的输入端。

③ 片选信号 $\overline{CE}$

片选信号输入端口,低电平有效,只有片选端为低电平时,才能对相应的芯片进行操作。

④ 数据输出允许信号 $\overline{OE}$

输入端口,低电平有效,该信号有效时,开启输出数据缓冲器,允许数据信号 $O_0 \sim O_7$ 输出。

⑤ 工作电源 V_{CC}

输入端口,连接+5V 电源,用于在一般情况下的读(程序)操作。

⑥ 编程电源 V_{PP}

输入端口,连接+25V 电源,用于在专用的设备上执行写操作,即在大电压的作用下将数据(程序)输入到存储单元,这个操作也称为固化操作。

(2) Intel2716 的内部结构及工作原理

图 5.17 为 Intel2716 的内部结构图。

A_7 1	24	V_{CC}
A_6 2	23	A_8
A_5 3	22	A_9
A_4 4	21	V_{PP}
A_3 5	20	$\overline{OE}$
A_2 6	19	A_{10}
A_1 7	18	$\overline{CE}$
A_0 8	17	O_7
O_0 9	16	O_6
O_1 10	15	O_5
O_2 11	14	O_4
GND 12	13	O_3

图 5.16   Intel2716 引脚图

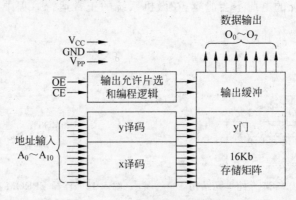

图 5.17   Intel2716 的内部结构图

① 地址译码器

Intel2716 对地址信号采用双译码方式,其中,x 译码器对 7 位行地址进行译码,共寻址

128 个单元；y 译码器对 4 位列地址进行译码，共寻址 16 个单元。

② 存储阵列

Intel2716 内部有 16Kb 的存储阵列，共排列着 128 行，16 列的存储单元，每个存储单元有 8 个基本位存储单元，各存储 1 位数据信息，因此存储阵列的结构为 128×128b。

③ 输出允许、片选和编程逻辑

用以实现片选和控制信息的读写。当$\overline{\text{CE}}$与$\overline{\text{OE}}$均为低电平时，译码选中的地址单元输出数据至 $O_0 \sim O_7$；当$\overline{\text{CE}}$为高时，数据输出线 $O_0 \sim O_7$ 呈高阻状态；当$\overline{\text{OE}}$为高，CE 为宽 50ms 左右的正脉冲且 V_{pp} 为 $+25V$ 时，数据线 $O_0 \sim O_7$ 上的数据进入译码选中的地址单元，即为存储芯片固化操作状态。

④ 数据输出缓冲器

用以实现对 8 位输出数据的缓冲，被选中地址的存储单元中的 8 位数据由此并行输出。

(3) Intel2716 工作方式

Intel2716 的主要工作方式有 6 种，具体对应的引脚信号见表 5.1。

表 5.1　Intel2716 的工作方式

	$\overline{\text{CS}}$	$\overline{\text{OE}}$	V_{pp}	$O_0 \sim O_7$
读	低	低	$+5V$	输出
编程	$45 \sim 55ms$ 的正脉冲	高	$+25V$	输入
校验	低	低	$+25V$	输出
禁止编程	低	高	$+25V$	高阻
未选中	×	高	$+5V$	高阻
备用(功率下降)	高	×	$+5V$	高阻

5.3.4　快擦除存储器(Flash Memory)

快擦除存储器(闪存)是一种电可擦/写、非易失性存储器。由于具有集成度高、存取速度快、价格低廉等特点，在各领域都得到了广泛的应用。"快擦除"一词指的是这种器件在一次擦除操作过程中可以被全片擦除(或者擦除一个大块或一个扇区)，而不是一次只能擦除一个字节，但它的写操作和读操作还是以随机字节或字为基础进行的。

用来改变快擦除存储器单元中的存储数据的两种主要技术是沟道热电子(Channel-Hot-Electron，CHE)注入和 Fowler-Nordheim(F-N)隧穿效应。其中，沟道热电子注入在 EPROM 的编程中已得到应用，但是，快擦除存储器的存储单元结构与 EPROM 不同，它是在浮置栅 MOS 管的浮栅附近再增加一个栅极(控制栅)，如图 5.18 所示。

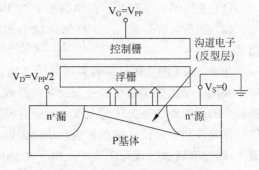

图 5.18　沟道热电子注入浮栅

1. 沟道热电子注入(CHEI)

在一个浮栅存储器件中，由于浮栅被绝缘层完全包围，因此绝缘层的宽禁带形成了一个势垒,阻止了电子流入或流出浮栅。当载流子被加速到获得一个足以克服势垒的高能量时,就会发生热载流子注入。有几种机制都可以加速载流子,但现在的浮栅存储器是使用沟道中的横向电场来加速电子。根据电极的配置,热电子可以在浮栅的漏端或源端产生。

一般采用漏源端编程方案,因为用一个非常简单的只有一个栅、一个漏、一个源的结构就可以执行编程操作。编程时,漏极和浮栅都要加相对较高的电压。漏极直接与一个电压源相连,而栅偏压则取决于电容耦合。由于从源区到漏区沿着沟道方向的电位逐渐升高,而栅电位保持不变,因此沟道上各点和栅极间的电位差不同,从源区到漏区,沟道和栅极间的电位差逐渐减小,因此,沟道从源区到漏区逐渐变窄。在漏区附近栅氧化层中的电场是排斥电子的,这大大降低了该点处的电子收集几率。源端附近的氧化层电场强烈地吸引电子,如图 5.18 所示。由于只有一小部分沟道对编程是有效的,因此编程效率相当低。

用于不易失性存储器进行编程的常规沟道热电子注入机制的一个主要缺点是注入效率低,从而造成功耗较高。这是由于在传统的 MOS 器件中,横向电场是栅电压的递减函数,而纵向电场则随栅电压的上升而上升。因此,为了产生大量热电子,需要加一个低的栅电压和一个高的漏电压。但是,为了在存储器的浮栅上注入并收集电子,需要加一个高的栅电压和低的漏电压。作为一种折中方案,实际上栅电压和漏电压都较高,导致了漏端电流大,因而功耗大。

2. Fowler-Nordheim 隧穿(F-N)

隧穿被定义为一种量子力学的过程,在这个过程中,一个粒子可以穿过一个被经典理论认为无法通过的区域。在这里,隧穿是指允许电子从一个硅区的导带穿过插入其间的 SiO_2 势垒到达另一个硅区的导带。当存在一个足够高的电场时,硅的导带中的一个电子将会有一个小但有限的几率发生量子力学的隧穿,它将穿过能量势垒并出现在 SiO_2 的导带中,Fowler-Nordheim 的电流将随所外加的电场而指数式的增加。

由于 F-N 隧穿效应直接把全部电荷都加到浮栅上,或从浮栅上移去全部电荷,使得编程/擦除周期中的电流很小,这实现了高效率和低功率的操作。由于 F-N 隧穿效应所需的电流小,因此可以用它来实现对多个字节和块同时进行编程/擦除。

3. NOR 结构的快擦除存储器

现在的快擦除存储器技术包括以下两大类:

(1) 应用于程序和数据存储的基于 NOR 的快擦除存储器件。

(2) 适于大容量存储应用(如存储卡和固态磁盘驱动器)的基于 NAND 的快擦除存储器。

基于 NOR 的快闪存储器件是并行结构。在一个 NOR 结构的阵列中,两个相邻的存储单元共用一个位线接触孔和一条公共的源线。因此在单位存储单元中,只占用了半个漏区接触孔的面积和半条源线的宽度。由于存储单元是直接连到位线上的,这使得读操作时可以对存储阵列中的任一字单元进行快速的随机存取。NOR 结构阵列可工作在较大的读电流下,因而有较快的读操作速度。相应地,NOR 结构的快擦除存储器常常用来存储程序代码,比如嵌入式的操作系统等。

在 NOR 结构的阵列中,采用 CHEI 作为电子注入的方案,采用 F-N 隧穿效应进行擦除。NOR 结构阵列的主要缺点是每单位单元的单元面积大。

（1）NOR 型快擦除存储器的写操作

快闪存储器和 EPROM 一样在写操作中均采用热电子注入把电荷放到浮栅上。在写操作过程中，控制栅上加一个编程电压（$V_{PP}=12V$），迫使 p 型衬底内形成了一个反型层。源极接地（0V），而漏极电压升到栅极电压的一半左右（6V），从而提高了源漏之间的电压降。随着反型区的形成，源漏之间的电流增大了。最后形成的从源到漏的电子流使电子的动能提高到足以克服氧化层势垒，并使电子聚集到浮栅上，如图 5.19 所示。

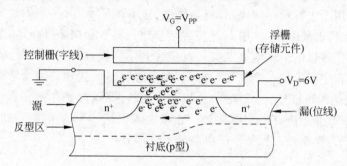

图 5.19　NOR 型快擦除存储器的写操作

写操作结束后，浮栅上的负电荷可抵消提供给控制栅的电压，相当于 MOS 管的阈值电压 Vth 增高，超过字线逻辑 1 的电平。这样，在读过程中，一个被写入单元的字线上升到逻辑 1 电平，该单元将不会导通。

（2）NOR 型快擦除存储器的擦除操作

快擦除存储器利用 F-N 隧穿效应把电荷从浮栅上移出，恢复其原始状态。快擦除存储器的擦除方法有 3 种，图 5.20 显示的是一个典型的采用高压源端擦除的操作。其中源极加一个高电压（$V_{PP}=12V$），控制栅接地（0V）且漏极浮空。与浮栅相比，源上有高的正电位，这吸引着带负电荷的电子从浮栅经过薄氧化层到达源区。由于漏极是浮空的，因此与采用热电子注入的写操作相比，擦除操作中每单元所用的电流要小得多。

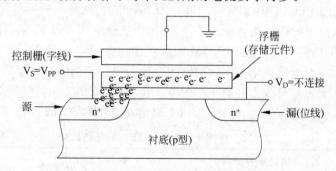

图 5.20　高压源端擦除的擦除操作

擦除操作结束后，浮栅上没有电荷，这使单元的阈值电压 Vth 降低到低于字线逻辑 1 电平。这样，在读过程中，一个被写入单元的字线上升到逻辑 1 电平，该单元将导通。

4. NAND 结构的快擦除存储器

基于 NAND 的快擦除存储器件是串行结构。NAND 通过把单元串联在一条位线和源线之间,减小了单元尺寸。NAND阵列是一个大容量存储的概念,它通过显著减少接触孔的总数量而实现了等比例缩小。一般地,从每两个单元一个接触孔,减少到每16个单元一个接触孔。一个典型的NAND阵列有一个由串联的16个基本单元组成的单元块。这些存储器的随机读数时间比并行结构的存储器要相对长一些,因为这些存储器必须首先顺序地检测一行中每个单元的数据并把它们传输到一个片内的缓冲器中。但接下来对缓冲器的读取速度跟并行结构的快擦除存储器一样快。由于随机读取的速度较慢,因此,基于NAND的体系结构更适用于大容量存储应用,例如优盘、移动硬盘等。

在NAND结构的阵列中,采用F-N隧穿效应进行写入和擦除操作,如图5.21所示。

写入(编程)是通过电子从沟道发生F-N隧穿到达浮栅,产生一个正的阈值电压Vth而实现的。编程时在字线上加一个高压(18～20V),并将衬底接地;擦除是通过电子从浮栅发生F-N隧穿到达沟道,产生一个负的Vth而实现的,擦除需要在衬底和栅极上偏置一个正的高压(约20V),并把所有的字线接地。在单电源电压(5V)供电的存储器中,这些电压是用电荷泵产生的,电荷泵占据了外围电路的重要部分。

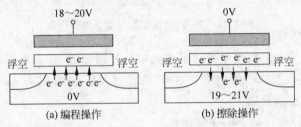

图 5.21   NAND快擦除存储器的编程及擦除操作

5.3.5   电擦除可编程存储器 EEPROM

快擦除存储器由于是电可擦除的,所以也可以叫做EEPROM,实际上,闪速存储器只能进行整个芯片或较大的、以块为单位的擦除。与此对应,一般都是以能否以1字节为单位进行读/写来区别EEPROM和快擦除存储器。EEPROM内部的存储器单元结构的构成与快擦除存储器相同,即写操作采用热载流子注入,擦除操作采用F-N隧穿,只是擦除可通过一个字节进行。在同等位密度下,EEPROM的面积比快擦除存储器要大得多,这是由于提供5V工作能力的电荷泵电路和用于字节擦除的电路占用了相当的芯片面积。

EEPROM从大方面可分为并行EEPROM和串行EEPROM,并且都得到了广泛的应用,表5.2比较了快擦除存储器、并行EEPROM和串行EEPROM的特点。

表 5.2   快擦除存储器和 EEPROM 的比较

	快擦除存储器	并行 EEPROM	串行 EEPROM
容量	大	中	小
封装	大～中	大～中	小
擦除单位	整个芯片或块	以1字为单位	以1字为单位
编程单位	1字(只有"1"→"0"方向)	以1字为单位	以1字为单位
编程方法	需要指令序列	只可以进行写存取操作	发出指令
读速度	快	快	慢
操作	异步	异步	时钟同步

5.4 存储器系统的设计

微机系统的规模、应用场合不同,对存储器的容量、类型的要求也会不同。通常,要根据系统的实际需求,选择合适类型和规格的存储芯片,通过适当的硬件连接,来构成存储器系统。

5.4.1 存储器接口中应考虑的问题

在微机系统中,CPU 对存储器进行操作,首先要由地址总线给出地址信号,选择要进行读/写操作的存储单元,然后通过控制总线发出相应的读/写控制信号,最后才能在数据总线上进行数据交换。因此,存储芯片与 CPU 的连接,实际上就是存储器与 CPU 的地址线、数据线、控制线的连接。

在连接的过程中,应该考虑以下问题。

1. CPU 总线的负载能力

任何系统总线的负载能力总是有限的。一般输出线的直流负载能力是一个 TTL 负载,故在小型系统中,CPU 可以直接与存储器相连,而在较大的系统中,一般需要连接缓冲器或驱动器,以提高总线的负载能力。

2. CPU 时序和存储器存取速度的配合问题

CPU 的取指令周期和对存储器的读/写周期都有固定的时序,CPU 根据这些固定的时序对存储器芯片提出要求。如果存储器芯片的速度不能满足 CPU 的读/写时间要求,需要设计专门的电路使 CPU 在 T_3 和 T_4 周期之间加上固定的等待周期 T_W。可见,存储器芯片的速度将影响 CPU 的运行速度。

3. 存储器的地址分配和片选问题

由于目前每一片存储芯片的容量是有限的,所以在一个大型的系统中,一个存储器总是由若干个存储芯片构成,要通过片选信号来合理设置每一片存储器芯片的地址范围,这就使得存储器的地址译码被分为片选控制译码和片内地址译码两部分。

片选控制译码:对高位地址译码后产生存储芯片的片选信号。

片内地址译码:对低位地址译码实现片内存储单元的寻址。

接口电路要完成片选控制译码和低位地址总线的连接。有关片选译码的方法及地址的分配将在 5.4.2 节详细介绍。

4. 控制信号的连接

不同的存储器芯片控制信号的定义各不相同,应根据 CPU 对控制线的要求来确定。一般有存储片选信号,存储器读、写控制信号等。

程序存储器 ROM 只有读操作而无写操作。因此一般将 8086 的高位地址线和 M/$\overline{\text{IO}}$参加片选译码,产生 ROM 的片选信号$\overline{CE}$,将 8086 系统总线的读取信号$\overline{RD}$连接 ROM 的$\overline{OE}$,只有$\overline{CE}$和$\overline{OE}$同时为低电平时,才能将选中单元的数据读取到数据总线上。

数据存储器 RAM 既有读操作也有写操作,故增加了写控制$\overline{WE}$。$\overline{CE}$和$\overline{OE}$的连接与 ROM 相同,RAM 的写控制端$\overline{WE}$连接到 8086 系统总线的写信号$\overline{WR}$上。当$\overline{CE}$和$\overline{OE}$同时为低电平时,将 RAM 选中单元的数据读取到数据总线上;当$\overline{CE}$和$\overline{WE}$同时为低电平时,将数据总线上的数据写入到 RAM 选中的单元中。

5.4.2 存储器芯片的片选控制方法

当存储器由多个存储芯片组成时,要对每个存储芯片的地址范围进行分配,使得每个存储芯片的地址范围都是唯一的。也就是说,对存储器而言,在某一时刻只有一片存储芯片被选中,即该存储芯片的片选端$\overline{CE}$有效,而其他的存储芯片的片选端处于无效状态。

由此可见,CPU 的全部地址线分为两个部分,即存储芯片的片内地址线和片选地址线。片内地址线的多少要根据存储芯片存储单元的数量确定。例如,EPROM 芯片 2716 有 2K(2048)个存储单元,需要有 11 根地址线($2^{11}=2048$)完成片内全部单元的寻址。这样,8086 的低 11 位地址($A_{10} \sim A_0$)需要与 2716 芯片的地址线($A_{10} \sim A_0$)连接,使得该芯片的片内地址连续;而 8086 的其余高位地址线就可以连接 2716 的片选信号,以确定具体的地址范围。

常用的片选控制译码方法有以下几种。

1. 线选法

当存储容量不大,所使用的存储芯片数量不多,而 CPU 的寻址空间远远大于存储器容量时,可用高位地址线直接作为存储芯片的片选信号,每一根地址线选通一块芯片。

【例 5.1】 假定某微机系统的 ROM 存储容量为 8KB,CPU 寻址空间为 64KB(即地址总线 16 位),使用 Intel2716 芯片作为存储芯片,利用线选法确定各个芯片的地址范围。

因为 2716 的存储容量为 2KB,故需要 4 片 2716 组成存储器系统;又由于 2716 的片内单元寻址需要 11 根地址线,故 CPU 的地址总线的低 11 位 $A_{10} \sim A_0$ 直接与 4 片 2716 的对应地址线连接,作为片内单元的寻址。地址总线剩余的高位地址线 $A_{15} \sim A_{11}$ 将作为 2716 的片选信号,如图 5.22 所示。为了方便理解,在图中只画出了地址线,而省略了数据线和控制线。

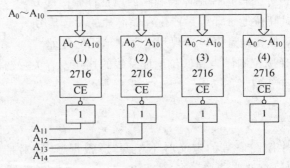

图 5.22 线选法地址示意图

每片芯片的地址范围如表5.3所示。

表 5.3　线选法存储器芯片地址分配表

芯片	片选地址					片内地址											地址范围	
	A_{15}	A_{14}	A_{13}	A_{12}	A_{11}	A_{10}	A_9	A_8	A_7	A_6	A_5	A_4	A_3	A_2	A_1	A_0		
(1)	×	0	0	0	1	0	0	0	0	0	0	0	0	0	0	0	首地址	0800H
						1	1	1	1	1	1	1	1	1	1	1	末地址	0FFFH
(2)	×	0	0	1	0	0	0	0	0	0	0	0	0	0	0	0	首地址	1000H
						1	1	1	1	1	1	1	1	1	1	1	末地址	17FFH
(3)	×	0	1	0	0	0	0	0	0	0	0	0	0	0	0	0	首地址	2000H
						1	1	1	1	1	1	1	1	1	1	1	末地址	27FFH
(4)	×	1	0	0	0	0	0	0	0	0	0	0	0	0	0	0	首地址	4000H
						1	1	1	1	1	1	1	1	1	1	1	末地址	47FFH

线选法特点分析：

(1) 每个存储芯片内的地址是连续的,即片内地址 $A_{10} \sim A_0$ 均是从 0000 0000 000B～1111 1111 111B。

(2) 各个存储芯片之间地址是不连续的,如芯片 2 的地址范围是 1000H～17FFH,而芯片 3 的地址范围是 2000H～27FFH,两芯片之间存在 1800H～1FFFH 共 2KB 的空白地址区。而芯片 3 与芯片 4 之间存在 2800H～3FFFH 共 6KB 的空白地址区。这些空白地址区对该存储系统而言均是非法地址,因为按照电路的连接方式,如果选择了这些空白地址区的地址,则存储芯片的片选端 $A_{14} \sim A_{11}$ 将有 2～3 根线同时为 1,也就是说,在某一时刻,将有 2～3 片存储芯片同时选通,即同时选通多个片内存储单元,造成了数据线上数据的不确定性,这显然是错误的。

(3) 存在着地址重叠区

由于地址线 A_{15} 未连接到存储系统中,所以 A_{15} 的值为“0”或“1”不影响存储单元的选择。也就是说,CPU 发出地址 0800H 或 8800H 均是选择芯片 1 的第 1 个存储单元,所以芯片 1 的地址重叠范围是 8800H～8FFFH,芯片 2 的地址重叠范围是 9000H～97FFH,依此类推……

因此,虽然线选法连线简单,但由于存在着地址不连续的现象,使得可寻址范围大大减少。

2. 全译码

除了将低位地址总线直接与各芯片的地址线相连接外,其余高位地址总线全部经译码后作为各芯片的片选信号。

【例5.2】　假定某微机系统的 ROM 存储容量为 64KB,CPU 寻址空间为 64KB(即地址总线 16 位),使用 Intel27128 芯片作为存储芯片,画出地址连接图并确定各个芯片的地址范围。

因为 27128 的存储容量为 16KB,故需要 4 片 27128 组成 64KB 的存储器系统;又由于 27128 的片内单元寻址需要 14 根地址线,故 CPU 的地址总线的低 14 位地址线 $A_{13} \sim A_0$ 直接与 4 片 27128 的对应地址线连接,作为片内存储单元的寻址。地址总线剩余的 2 根高位

地址线 A_{15}、A_{14} 作为 2-4 译码器的输入,译码器输出的 4 个信号 $\overline{Y_0}\sim\overline{Y_3}$ 作为各存储芯片的片选信号,如图 5.23 所示。为了方便理解,在图中只画出了地址线,而省略了数据线和控制线。

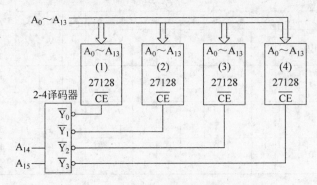

图 5.23   全译码片选法地址示意图

每个芯片的地址范围如表 5.4 所示。

表 5.4   全译码存储器芯片地址分配表

芯片	片选地址		片 内 地 址														地 址 范 围	
	A_{15}	A_{14}	A_{13}	A_{12}	A_{11}	A_{10}	A_9	A_8	A_7	A_6	A_5	A_4	A_3	A_2	A_1	A_0		
(1)	0	0	0	0	0	0	0	0	0	0	0	0	0	0	0	0	首地址	0000H
			1	1	1	1	1	1	1	1	1	1	1	1	1	1	末地址	3FFFH
(2)	0	1	0	0	0	0	0	0	0	0	0	0	0	0	0	0	首地址	4000H
			1	1	1	1	1	1	1	1	1	1	1	1	1	1	末地址	7FFFH
(3)	1	0	0	0	0	0	0	0	0	0	0	0	0	0	0	0	首地址	8000H
			1	1	1	1	1	1	1	1	1	1	1	1	1	1	末地址	BFFFH
(4)	1	1	0	0	0	0	0	0	0	0	0	0	0	0	0	0	首地址	C000H
			1	1	1	1	1	1	1	1	1	1	1	1	1	1	末地址	FFFFH

全译码特点分析:

(1) 存储芯片内部或各个存储芯片之间的地址均是连续的,无空白地址区或重叠地址;

(2) CPU 的寻址空间得到了充分地利用。

3. 部分译码法

虽然全译码方法可以充分利用 CPU 的所有寻址空间,但在大部分情况下,所要求的存储系统的容量远远低于 CPU 的可寻址空间,采用全译码电路增加了电路的复杂性。综合考虑各方面的因素,常常从地址总线中未参加片内译码的高位地址线中选取部分位进行译码,作为存储芯片的片选信号,这种片选方法称为部分译码法。

【例 5.3】   假定某微机系统的 ROM 存储容量为 8KB,CPU 寻址空间为 64KB(即地址总线 16 位),使用 Intel2716 芯片作为存储芯片,利用部分译码法确定各个芯片的地址范围。

因为 2716 的存储容量为 2KB,故需要 4 片 2716 组成存储器系统;又由于 2716 的片内单元寻址需要 11 根地址线,故 CPU 的地址总线的低 11 位 $A_{10}\sim A_0$ 直接与 4 片 2716 的对应地址线连接,作为片内单元的寻址。将地址总线剩余高位地址线中的 A_{12}、A_{11} 作为 2-4 译码器的输入,译码器输出的 4 个信号 $\overline{Y_0} \sim \overline{Y_3}$ 作为各存储芯片的片选信号,其余高位地址线空闲,如图 5.24 所示。为了方便理解,在图中只画出了地址线,而省略了数据线和控制线。

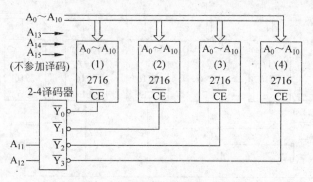

图 5.24　部分译码片选地址示意图

每个芯片的地址范围如表 5.5 所示。

表 5.5　部分译码存储器芯片地址分配表

芯片	片 选 地 址					片 内 地 址											地 址 范 围	
	A_{15}	A_{14}	A_{13}	A_{12}	A_{11}	A_{10}	A_9	A_8	A_7	A_6	A_5	A_4	A_3	A_2	A_1	A_0		
(1)	×	×	×	0	0	0	0	0	0	0	0	0	0	0	0	0	首地址	0000H
						1	1	1	1	1	1	1	1	1	1	1	末地址	07FFH
(2)	×	×	×	0	1	0	0	0	0	0	0	0	0	0	0	0	首地址	0800H
						1	1	1	1	1	1	1	1	1	1	1	末地址	0FFFH
(3)	×	×	×	1	0	0	0	0	0	0	0	0	0	0	0	0	首地址	1000H
						1	1	1	1	1	1	1	1	1	1	1	末地址	17FFH
(4)	×	×	×	1	1	0	0	0	0	0	0	0	0	0	0	0	首地址	1800H
						1	1	1	1	1	1	1	1	1	1	1	末地址	1FFFH

部分译码特点分析:

(1) 对比例 5.1 可见,如果正确选择参与片选译码的高位地址线,存储系统内各芯片间的地址是连续的,这样可对编程提供方便。

(2) 由于存在 3 根地址空闲线,所以每个存储芯片都有 $2^3 = 8$ 个地址重叠区,分别对应着 $A_{15} \sim A_{13}$ 的 000B～111B。

4. 混合译码法

将线选法与部分译码法相结合。

【例 5.4】　假定某微机系统的 ROM 存储容量为 12KB,CPU 寻址空间为 64KB(即地址总线 16 位),使用 Intel2716 芯片作为存储芯片,画出地址连接线并确定各个芯片的地址范围。

因为 2716 的存储容量为 2KB,故需要 6 片 2716 组成存储器系统;又由于 2716 的片内单元寻址需要 11 根地址线,故 CPU 的地址总线的低 11 位 $A_{10} \sim A_0$ 直接与 6 片 2716 的对应地址线连接,作为片内存储单元的寻址。将地址总线剩余的高位地址线中的 A_{12}、A_{11} 作为 2-4 译码器的输入,译码器输出的 4 个信号 $\overline{Y_0} \sim \overline{Y_3}$ 作为 4 片存储芯片的片选信号,A_{14}、

A_{13}将作为其余 2 片 2716 的片选信号，A_{15}空闲，如图 5.25 所示。为了方便理解，在图中只画出了地址线，而省略了数据线和控制线。

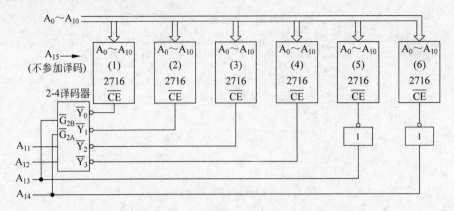

图 5.25　混合译码片选地址示意图

每个芯片的地址范围如表 5.6 所示。

表 5.6　混合译码存储器芯片地址分配表

芯片	片选地址					片内地址											地址范围	
	A_{15}	A_{14}	A_{13}	A_{12}	A_{11}	A_{10}	A_9	A_8	A_7	A_6	A_5	A_4	A_3	A_2	A_1	A_0		
(1)	×	0	0	0	0	0	0	0	0	0	0	0	0	0	0	0	首地址	0000H
						1	1	1	1	1	1	1	1	1	1	1	末地址	07FFH
(2)	×	0	0	0	1	0	0	0	0	0	0	0	0	0	0	0	首地址	0800H
						1	1	1	1	1	1	1	1	1	1	1	末地址	0FFFH
(3)	×	0	0	1	0	0	0	0	0	0	0	0	0	0	0	0	首地址	1000H
						1	1	1	1	1	1	1	1	1	1	1	末地址	17FFH
(4)	×	0	0	1	1	0	0	0	0	0	0	0	0	0	0	0	首地址	1800H
						1	1	1	1	1	1	1	1	1	1	1	末地址	1FFFH
(5)	×	0	1	0	0	0	0	0	0	0	0	0	0	0	0	0	首地址	2000H
						1	1	1	1	1	1	1	1	1	1	1	末地址	27FFH
(6)	×	1	0	0	0	0	0	0	0	0	0	0	0	0	0	0	首地址	4000H
						1	1	1	1	1	1	1	1	1	1	1	末地址	47FFH

混合译码特点分析：

(1) 由于有空闲地址线，所以存在着地址重叠。

(2) 因为将地址线直接作为片选信号，所以芯片间地址不连续且存在着空白地址区。

5.4.3　存储器容量扩展

在实际应用中，由于单片存储芯片的容量总是有限的，很难满足实际存储容量的要求，因此需要将若干存储芯片连在一起进行扩展。存储器的容量扩展通常有 3 种方式：位扩展、字扩展和位字同时扩展。

1. 位扩展（数据线扩展）

微机常常以一个字节作为一个存储单元，即一个地址内应存放 8 位二进制数据。但是某些存储芯片内存储单元的字长不足 8 位，如果用这样的存储芯片构成存储器系统，就必须进行位扩展，即使用多片存储芯片，各芯片的位数之和等于 8 位。

在位扩展连接时，各芯片的数据端各自独立地与数据总线相连，而对应地址线都连接到一起，直接连接到系统总线的对应的地址线上，片选端也连接到一起，连接到系统总线地址译码线上。

【例 5.5】 用 $1K \times 4$ 的 2114 芯片构成 $1K \times 8$ 的存储器系统。

需要用 2 片 $1K \times 4$ 的 2114 芯片构成 $1K \times 8$ 的存储器系统，连接时 2 片 2114 的片内地址线 $A_9 \sim A_0$、读写控制端 $\overline{WE}$ 均与 8086 的系统总线一一对应连接，由于 2 片 2114 的地址一样，因此它们的片选端 $\overline{CS}$ 也连接在一起，由地址线 A_{10} 线选连接。芯片 1 的数据线 $D_3 \sim D_0$ 作为低 4 位与系统数据总线 $D_3 \sim D_0$ 相连，芯片 2 的数据线 $D_3 \sim D_0$ 作为高 4 位与系统总线 $D_7 \sim D_4$ 相连，如图 5.26 所示，此时 $1K \times 8$ 的存储器的地址范围是 0000H～03FFH。

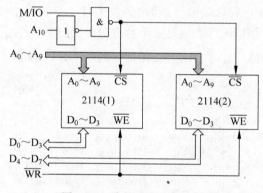

图 5.26 位扩展电路连接图

2. 字扩展

字扩展就是增加存储器存储单元的数量。也就是说，在构建存储器时，存储器芯片内每个存储单元的位数满足存储器数据线的要求，但每个芯片的容量不够，这时，也需要将多片存储芯片连接，合成一个大的存储系统，此时，要对每个存储芯片的地址范围进行分配，使得每个存储芯片的地址范围都是唯一的。

这种分配存储芯片地址的方法实际上就是在 5.4.2 节中叙述的存储器芯片的片选控制方法，在这里就不赘述。

【例 5.6】 一个存储器系统由 $8K \times 8$ 的 ROM 和 $4K \times 8$ 的 RAM 组成，存储器的地址空间分配为从 0000H 开始的 12KB 连续存储区域，ROM 位于低地址处，选用 2716($2K \times 8$) 芯片，RAM 选用 6116($2K \times 8$)芯片。已知 CPU 选用 8086，系统地址总线为 $A_{15} \sim A_0$，数据总线为 $D_7 \sim D_0$。

(1) 计算芯片数量和确定地址范围

8KB 的 ROM 需要 4 片 2716，片内寻址需要 11 根地址线；4KB 的 RAM 需要 2 片 6116，片内寻址需要 11 根地址线，每个存储芯片的地址范围如表 5.7 所示。

表 5.7　8KB ROM 与 4KB RAM 的地址范围

芯片	片选地址					片内地址											地址范围	
	A_{15}	A_{14}	A_{13}	A_{12}	A_{11}	A_{10}	A_9	A_8	A_7	A_6	A_5	A_4	A_3	A_2	A_1	A_0		
ROM(1)	0	0	0	0	0	0	0	0	0	0	0	0	0	0	0	0	首地址	0000H
						1	1	1	1	1	1	1	1	1	1	1	末地址	07FFH
ROM(2)	0	0	0	0	1	0	0	0	0	0	0	0	0	0	0	0	首地址	0800H
						1	1	1	1	1	1	1	1	1	1	1	末地址	0FFFH
ROM(3)	0	0	0	1	0	0	0	0	0	0	0	0	0	0	0	0	首地址	1000H
						1	1	1	1	1	1	1	1	1	1	1	末地址	17FFH
ROM(4)	0	0	0	1	1	0	0	0	0	0	0	0	0	0	0	0	首地址	1800H
						1	1	1	1	1	1	1	1	1	1	1	末地址	1FFFH
RAM(1)	0	0	1	0	0	0	0	0	0	0	0	0	0	0	0	0	首地址	2000H
						1	1	1	1	1	1	1	1	1	1	1	末地址	27FFH
RAM(2)	0	0	1	0	1	0	0	0	0	0	0	0	0	0	0	0	首地址	2800H
						1	1	1	1	1	1	1	1	1	1	1	末地址	2FFFH

（2）片选信号的产生

6 片存储芯片需要有 6 个片选信号，利用高位地址 $A_{15} \sim A_{11}$ 产生，由于芯片间地址连续，所以采用 3-8 译码器 74LS138 产生这 6 个片选信号，使用 A_{11}、A_{12}、A_{13} 作为译码器的 A、B、C 输入端，并且当译码器工作时，A_{14}、A_{15} 保持为低电平，M/$\overline{\text{IO}}$ 保持为高电平，具体片选电路如图 5.27 所示。

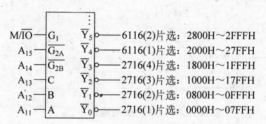

图 5.27　8KB ROM 与 4KB RAM 的片选信号

（3）存储器逻辑

存储器逻辑如图 5.28 所示。

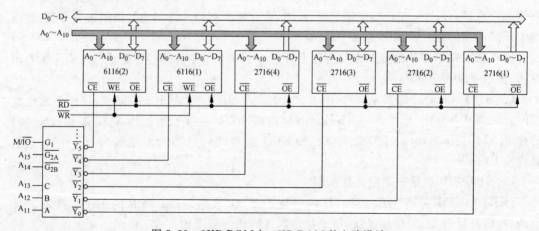

图 5.28　8KB ROM 与 4KB RAM 的电路设计

3. 位字同时扩展

位字同时扩展是位扩展和字扩展的组合。

【例 5.7】 一个存储器系统包括 4KB ROM 和 2KB RAM,分别用 $2K \times 8$ 的 2716 芯片和 $1K \times 4$ 的 2114 芯片组成,要求 ROM 的地址从 1000H 开始,RAM 的地址从 3000H 开始。已知 CPU 选用 8086,系统地址总线为 $A_{15} \sim A_0$,数据总线为 $D_7 \sim D_0$。

(1) 计算芯片数量和确定地址范围

4KB 的 ROM 需要 2 片 2716,片内寻址需要 11 根地址线;每 2 片 2114 组成 1 组 1KB 存储体,两组 1KB 的存储体组成 2KB 的 RAM,共需要 4 片 2114,片内寻址需要 10 根地址线,每个存储芯片的地址范围如表 5.8、表 5.9 所示。

表 5.8　4 KB ROM 的地址范围

芯片	片 选 地 址					片 内 地 址											地 址 范 围	
	A_{15}	A_{14}	A_{13}	A_{12}	A_{11}	A_{10}	A_9	A_8	A_7	A_6	A_5	A_4	A_3	A_2	A_1	A_0		
ROM(1)	0	0	0	1	0	0	0	0	0	0	0	0	0	0	0	0	首地址	1000H
						1	1	1	1	1	1	1	1	1	1	1	末地址	17FFH
ROM(2)	0	0	0	1	1	0	0	0	0	0	0	0	0	0	0	0	首地址	1800H
						1	1	1	1	1	1	1	1	1	1	1	末地址	1FFFH

表 5.9　2KB RAM 的地址范围

芯片	片 选 地 址						片 内 地 址										地 址 范 围	
	A_{15}	A_{14}	A_{13}	A_{12}	A_{11}	A_{10}	A_9	A_8	A_7	A_6	A_5	A_4	A_3	A_2	A_1	A_0		
RAM(1)	0	0	1	1	0	0	0	0	0	0	0	0	0	0	0	0	首地址	3000H
							1	1	1	1	1	1	1	1	1	1	末地址	33FFH
RAM(2)	0	0	1	1	0	1	0	0	0	0	0	0	0	0	0	0	首地址	3400H
							1	1	1	1	1	1	1	1	1	1	末地址	37FFH

(2) 片选信号的产生

4 个存储器组共需 4 个片选信号,根据各组存储器的起始地址,利用高位地址 $A_{15} \sim A_{11}$ 和 A_{10},采用 3-8 译码器 74LS138 产生。使用 A_{11}、A_{12}、A_{13} 作为译码器的 A、B、C 输入端,并且当译码器工作时,A_{14}、A_{15} 保持为低电平,$M/\overline{IO}$ 保持为高电平,具体片选电路和存储器逻辑电路如图 5.29 所示。

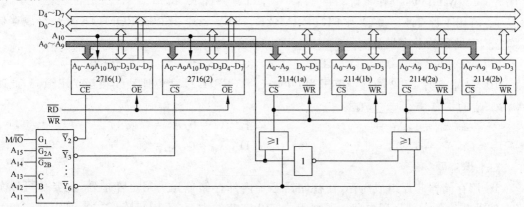

图 5.29　4KB ROM 与 2KB RAM 的电路设计

习题 5

一、选择题

1. 断电后所存储资料会丢失的存储器是_____。

    A. ROM　　　　　B. RAM　　　　　C. CD-ROM　　　　D. FLASH MEMORY

2. 需要定期刷新的存储器是_____。

    A. 静态存储器　　B. 动态存储器　　C. 只读存储器　　D. 易失性存储器

3. 下列关于存储器的描述,正确的是_____。

    A. 存储器的存取时间是由存储器的容量决定的

    B. 动态 RAM 是破坏性读出,因此需要刷新

    C. SRAM 比 DRAM 集成度低,功耗大

    D. ROM 中的任何一个单元不能随机访问

4. 下列叙述中,正确的是_____。

    A. 存储器容量越大,读写时间越长

    B. 动态存储器与静态存储器容量相同时,动态存储器功耗大

    C. 外存的信息存储、读取方式与内存相同

    D. 对同一静态 RAM 芯片进行读写操作时,数据总线上信息有效的时刻是不一样

5. 某一 SRAM 芯片其容量为 $2KB(2K \times 8)$,除电源和接地线之外,该芯片引出线的最小数目是_____。

    A. 24　　　　　　B. 26　　　　　　C. 20　　　　　　D. 22

6. 某计算机系统内存原有 512KB DRAM,为保证 DRAM 信息不丢失,要在 2ms 时间内对全部 DRAM 刷新一遍,现将内存扩充到 1MB,则内存全部刷新一遍所需要的时间为_____。

    A. 4ms　　　　　B. 3ms　　　　　C. 2ms　　　　　D. 1ms

7. 在 EPROM 芯片的玻璃窗口上,通常都要贴上不干胶纸,这是为了_____。

    A. 保持窗口清洁　B. 阻止光照　　　C. 技术保密　　　D. 书写型号

8. 基本的输入/输出系统 BIOS,存储在下列_____存储介质中。

    A. 系统 RAM　　　　　　　　　　　B. 硬盘

    C. Windows 操作系统　　　　　　　D. 系统 ROM

9. 若用 1 片 74LS138、1 片 6116RAM($2K \times 8$)及 2 片 2732EPROM($4K \times 8$)组成存储器电路,存储器的总容量是_____。

    A. 10KB　　　　　B. 6KB　　　　　C. 12KB　　　　　D. 8KB

10. 要求 2 片 2732 的地址范围为 0000H～1FFFH,设高位地址线接至 74LS138,此时 A_{15} 及 A_{12} 的状态是_____。

    A. $A_{15}=1, A_{12}=0$　　　　　　　　B. $A_{15}=0, A_{12}=0$ 或 1

    C. $A_{15}=0, A_{12}=1$　　　　　　　　D. $A_{15}=0, A_{12}=0$

二、填空题

1. 用存储器芯片组成内存,在存储器芯片内部存储单元采用矩阵排列,主要是可以节省存储器芯片的内部译码电路。若要组成 512 字节的内存,不用矩阵形式来组织这些单元

就需要_____条译码线,采用矩阵形式来排列,译码线就可以降低到_____条。

2. 某微机系统中内存的首地址是 3400H,末地址是 67FFH,其内存的容量是_____KB。

3. 某微机系统中 ROM 为 6KB,其末地址为 ABFFH,RAM 为 3KB,若其地址是连续的,且 ROM 在前,RAM 在后,其存储器的首地址是_____,末地址是_____。

4. 微机系统的内存 RAM 区由 $1K \times 4$ 的存储器芯片组成,若 RAM 总容量为 6KB,则需要_____片存储器芯片。若内存地址是连续排列的,则至少需要地址总线中的_____根地址线进行片选译码。

5. 一个半导体存储器的芯片的引脚有 $A_{13} \sim A_0$、$D_3 \sim D_0$、WE、CE、CS、Vcc、GND 等,该芯片的存储容量是_____,用该芯片组成一个 64KB 的存储器,需要_____个独立的片选信号。

6. 一个 SRAM 芯片,有 14 条地址线和 8 条数据线,问该芯片最多能储存 ASCII 字符的个数为_____。

三、问答题

1. 什么是 RAM? 动态 RAM 和静态 RAM 的区别是什么?

2. 已知图 5.30 给出了某 8 位微机系统两块内存的原理连线,问:

(1) 说明两块内存区域的地址范围。

(2) 编写一段汇编语言程序将内存 6264 首地址开始的 20 个字节清零。

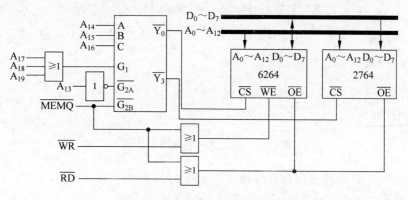

图 5.30 习题 5 问答题第 2 题图

3. 图 5.31 为 8086 存储器的部分电路连接图,请分析两片存储芯片 M1 和 M2 各自的寻址范围,它们的存储总量是多少?

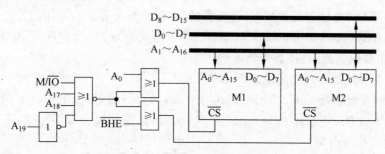

图 5.31 习题 5 问答题第 3 题图

4. 已知图 5.32 给出了某 16 位微机系统内存的原理连线,问:

(1) 说明内存区域的地址范围。

(2) 编写一段汇编语言程序将内存第 1 片 6116 首地址开始的 20 个字节清零,第二片 6116 首地址开始的 20 个字节赋"1"。

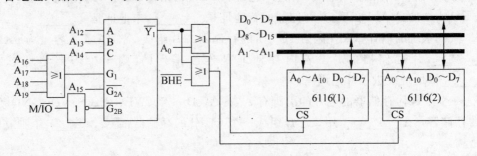

图 5.32　习题 5 问答题第 4 题图

5. 图 5.33 为 8088 CPU 某系统的存储器系统,请使用译码器 74LS138 和常用逻辑门电路将两片 16K×8b RAM 芯片的地址范围设计在 80000H~87FFFH 内,一片 8K×8b ROM 芯片的地址范围设计在 88000H~89FFFH 之间,并画出图中各个部分之间典型信号的连接图。

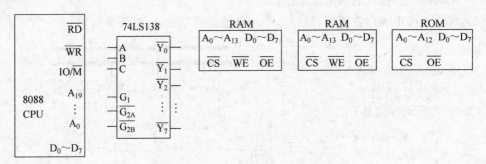

图 5.33　习题 5 问答题第 5 题图

6. 若 8086 CPU 与部分存储器连接示意如图 5.34 所示。

(1) 写出存储器的芯片容量;

(2) 完成图中的硬件连接;

(3) 写出芯片的地址范围,若有地址重叠,同时写出所有重叠的地址范围。

7. 若要用 4K×4 的静态 RAM 芯片扩展成一个 8K×8 的存储器阵列:

(1) 这种 RAM 芯片有几根数据线,几根地址线,共需要多少块这样的芯片?

(2) 若该 RAM 阵列要与 8086 CPU 相连,且其起始地址为 02000H,请用全地址译码法对其译码,画出译码电路图(注意奇偶地址)。

(3) 地址为偶地址芯片组的地址范围是什么?

8. 给 8086 系统扩展 16KB EPROM、16KB RAM 存储器系统,用 8K×8 的 EPROM 芯片 2764,8K×8 的 RAM 芯片 6264,译码器 74LS138,系统配置为最小模式,下面给出了所用系统信号及芯片的引脚。

系统信号:$D_0 \sim D_7$、$D_8 \sim D_{15}$、$A_0 \sim A_{19}$、$\overline{M/IO}$、$\overline{WR}$、$\overline{RD}$、$\overline{BHE}$;

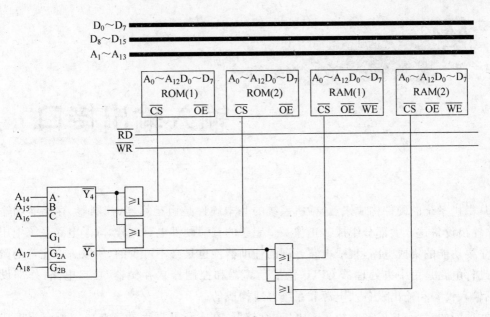

图 5.34 习题 5 问答题第 6 题图

74LS138 输入信号：A、B、C、G_1、$\overline{G_{2A}}$、$\overline{G_{2B}}$；输出信号：$\overline{Y_0} \sim \overline{Y_7}$；

EPROM 芯片引脚：$D_0 \sim D_7$、$A_0 \sim A_{12}$、$\overline{CS}$、$\overline{OE}$；

RAM 芯片引脚：$D_0 \sim D_7$、$A_0 \sim A_{12}$、$\overline{CS}$、$\overline{OE}$、$\overline{WE}$。

（1）根据所给信号画出存储器与 CPU 的连接图（未给出的信号不要连接），要求 EPROM 的首地址为 04000H，且 RAM 地址跟在 EPROM 地址之后。

（2）确定每个存储器芯片的地址范围。

第6章

输入输出接口

从微机系统的硬件构成来看,微机系统的基本硬件是由运算器、控制器、存储器和输入设备、输出设备这5大部分组成。正像一个完善的普通硬件电路一样,除了电路系统中用来完成主要功能的集成电路,集成电路外围的辅助器件也是必不可少的,所以一个完善的微机系统硬件电路是由中央处理器CPU(包括运算器和控制器)、存储器、接口电路、外部设备(包括输入设备和输出设备)、电源和系统总线构成的。

在前面的章节中,已经介绍了CPU和存储器,在本章及后面的章节中主要介绍接口电路,本章主要介绍接口电路的组成、工作原理和外部设备的硬件连接,后面的章节介绍具体的接口电路。

本章首先介绍微机接口的基本概念和基本结构,然后介绍I/O端口的编址方式、PC机的端口地址分配、地址译码电路,最后介绍CPU与外部设备之间的数据传送方式。

6.1 微机接口技术

在微机系统中,使用了大量的I/O设备,例如键盘、鼠标、显示器、磁盘存储器、光驱、扫描仪、打印机等,有些场合还用到了模/数转换器、数/模转换器等。由于这些外部设备的信息格式、工作原理和工作速度各不相同,不能与CPU直接相连,而接口电路就相当于一座桥梁,连接着CPU和外部设备,通过系统总线使CPU对整个微机系统进行控制。接口技术采用硬件和软件相结合的方法,使CPU与外部设备进行最佳匹配。常用的微机接口及对应的外部设备的连接如图6.1所示。

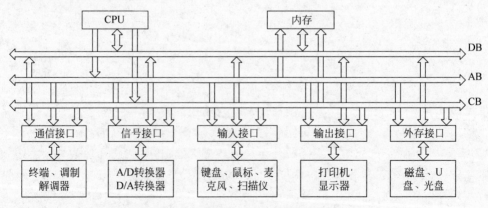

图6.1 微机接口及外设连接框图

6.1.1　采用 I/O 接口的必要性

CPU 与外部设备进行信息交换，是在控制信号的作用下通过数据总线来完成的。外部设备的种类不同，对信息传送的要求也不同，这就给计算机和外设之间的信息交换带来以下一些问题：

（1）速度不匹配：CPU 速度高，外设的速度低。不同的外设速度差异大，如硬盘速度高，每秒能传送兆位数量级，串行打印机每秒钟只能打印百位字符，而键盘的速度则更慢。

（2）信号不匹配：CPU 的信号为数字信号，数据采集输入的是模拟信号，需要对外部信号进行模/数转换，才能被计算机处理；同样，计算机输出的是数字信号，需要输出模拟信号时，必须要通过数/模转换。

（3）信号格式不匹配：计算机接收和处理的是并行数据，而有些外部设备的信号为串行数据，这就需要使用接口电路进行串行数据和并行数据转换。

（4）另外为了提高 CPU 的传输效率，需要利用接口电路对外设进行控制。

6.1.2　I/O 接口的功能

作为连接 CPU 和外设的接口电路，它具有以下功能：

1．数据的寄存和缓冲功能

为了解决 CPU 和外部设备速度不匹配的问题，接口电路内部设置有数据寄存器或具有 RAM 功能的数据缓冲区，使之成为 CPU 和外设进行数据交换的中转站。无论输入还是输出数据，传输的数据首先进入缓冲区，输入数据时等待 CPU 发出接收指令，输出数据时等待外设发出的输出信号。

2．信号转换功能

为了解决 CPU 和外设之间信号电平不一致的问题，可以通过设置电平转换接口电路来解决，如采用 MAX232 等芯片实现电平转换。

为了解决 CPU 和外设之间串并行数据不匹配的问题，CPU 输出数据时，设置并变串接口电路；CPU 输入数据时，设置串变并接口电路。

为了解决外设模拟量传输的问题，设置模/数转换（A/D）电路或数/模转换（D/A）电路。

3．端口选择功能

CPU 通过接口电路对外部设备进行控制，具体和哪一个外设进行数据交换，首先要选通相应的接口电路，而这一过程是通过地址选通来实现的，即接口电路有其独有的地址空间。不同的接口电路占用的地址是不同的，占有的地址个数也是不同的。有的占有两个地址，有的占有 4 个地址等，以对应不同的外设。一般来说，接口电路的片选信号由高位地址信号来产生，接口电路内部的选择由低位地址来决定。CPU 的地址信号是一组单向的信号线，它们总是由 CPU 发出，因此 CPU 发出不同的地址信号就选择了相应的接口电路，也就选通了相应的外部设备。

4．接收和执行 CPU 的指令

CPU 的地址信号发出后，被选通的接口电路，根据 CPU 的读、写等指令输入输出数据信号或输出控制信号。

5．中断管理功能

为了提高 CPU 的效率，使得外设工作时，不影响 CPU 的执行，需要利用中断控制芯片来连接多个外设。只有当外设需要 CPU 进行处理，才会通过中断控制器，给 CPU 发送中断请求信号，CPU 接到该信号后，在满足相应中断允许的条件下，停止执行当前程序，转而去执行中断服务程序，即处理外设事物。在这里接口电路就是中断控制器，用来管理这些需要 CPU 中断的外部设备。

当然，并不是所有接口电路都具备上述全部功能，CPU 所连接的外设不同，接口电路的功能也不一样。随着大规模和可编程集成电路技术的发展，出现了许多通用的可编程接口芯片，可以方便地构成接口电路。

6.1.3　I/O 接口的基本结构

一个简单 I/O 接口电路需要具有若干个端口、地址译码电路、数据缓冲器和数据锁存器。

1．端口

I/O 接口电路内部通常有若干个寄存器，用来存放 CPU 和外部设备之间传输的数据信息、状态信息和控制信息。状态信息和控制信息也可以被广义地看成是数据信息。状态信息从接口电路输入 CPU，可以看成是输入数据；控制信息从 CPU 输出至接口电路，可以看成是输出数据。因此数据信息、状态信息和控制信息都是以数据的形式通过数据总线来传输的。但是在接口电路中，这 3 类信息分别存放在不同的寄存器中，有的接口电路也共用一些寄存器。在接口电路中，把分配了地址的寄存器或缓冲电路称为端口。每个端口都有一个地址。

2．地址译码电路

CPU 在执行输入/输出指令时，首先要向地址总线发送端口地址，通常为 10 位地址信号。这些地址信号分为两部分，高位地址经过译码电路，用来选择不同的接口电路，而低位地址用来选择接口电路内部的不同端口。

随着电子技术的飞速发展，研发出很多性能完善的接口电路集成芯片，能够完成不同的接口电路功能。但是和存储器电路不同，地址译码电路通常不包含在集成芯片中，是集成接口芯片的外围电路。

3．数据缓冲器与锁存器

接口电路内部具有数据缓冲器和数据锁存器，一方面对 CPU 和外部设备之间速度的不匹配起协调作用；另一方面，使得数据传输端在不传输数据时呈高阻状态。

6.1.4　简单的 I/O 接口芯片

1. 数据缓冲器

数据缓冲器具有三态输出性能，在不传输数据时，使能信号无效，输出端呈现高阻状态。当使能信号有效时，控制内部的相应缓冲单元接通，数据被传输。缓冲器除了具有缓冲作用外，还能提高总线的驱动能力。

（1）单向数据缓冲器 74LS244

74LS244 集成芯片是 8 路的单向数据缓冲器，其逻辑功能和引脚如图 6.2 所示。

8 个三态缓冲单元被分成两组，每组 4 个单元，分别由使能信号 $\overline{1G}$ 和 $\overline{2G}$ 控制。当 $\overline{1G}$ 为低电平时，选通 $1A_1 \sim 1A_4$ 对应的单元，$1A_1 \sim 1A_4$ 输入信号传输到输出端 $1Y_1 \sim 1Y_4$。

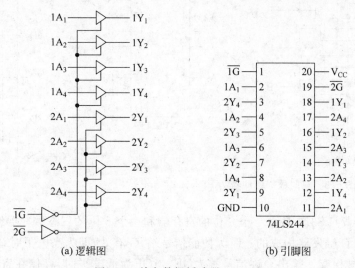

图 6.2　单向数据缓冲器 74LS244

当 $\overline{2G}$ 为低电平时，选通 $2A_1 \sim 2A_4$ 对应的单元，$2A_1 \sim 2A_4$ 输入信号传输到输出端 $2Y_1 \sim 2Y_4$。当 $\overline{1G}$ 和 $\overline{2G}$ 为高电平时，输出端呈高阻状态。当用于 8 位数据传送时，可将 $\overline{1G}$ 和 $\overline{2G}$ 连在一起，由地址译码器的输出信号进行控制。

当 74LS244 用作输入数据缓冲器时，输入端 A 与外部设备的数据线相连，输出端 Y 与 CPU 的数据总线相连。

（2）双向数据缓冲器 74LS245

74LS245 是 8 路双向数据缓冲器，其逻辑功能和引脚如图 6.3 所示。

74LS245 内部包含有 8 个双向三态缓冲单元，控制信号除了有使能端 $\overline{G}$，还有 1 个方向控制端 DIR。当方向控制端 DIR 为高电平、使能端信号 $\overline{G}$ 为低电平时，数据从 A 传输到 B；当使能端信号 $\overline{G}$ 为低电平、方向控制端 DIR 为低电平时，数据从 B 传输到 A。当使能信号 $\overline{G}$ 为高电平时，数据端 A 和 B 均为高阻状态。

2. 锁存器

锁存器具有暂存数据的能力，能将数据锁存。74LS373 是一种常用的 8 位锁存器，具有三态结构。74LS373 的逻辑图如图 6.4 所示。

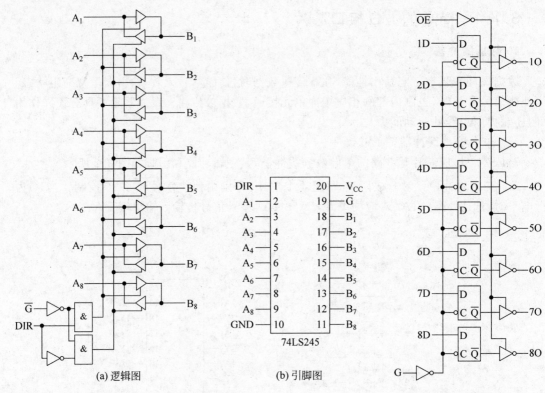

(a) 逻辑图　　　　　　(b) 引脚图

图 6.3　双向数据缓冲器 74LS245　　　　　图 6.4　锁存器 74LS373

从图中看出,74LS373 是由一个 8 位的寄存器和一个 8 位的三态缓冲器组成的,寄存器的每个单元是由 D 触发器构成的。G 为使能信号端,G 有效,即为高电平时,输入信号 D 进入 D 触发器,并被保存。输出允许信号端为$\overline{OE}$,当$\overline{OE}$为低电平时,存储在寄存器中的数据输出至输出端 O。

6.2　I/O 端口的编址方式及端口地址译码

I/O 端口是接口电路中能被 CPU 直接访问的寄存器。通过这些端口,CPU 可以对接口电路发送指令,可以读出当前接口电路的状态。一般来说,I/O 接口电路中有 3 种端口:数据端口、状态端口和控制端口。CPU 正是通过这些端口与外部设备进行通信。

(1) 数据端口:数据端口分为数据输入端口和数据输出端口。在输入时,保存外设发往 CPU 或内存的数据;在输出时,保存 CPU 或内存发往外设的数据。

(2) 状态端口:状态端口用来保存外部设备和接口电路本身的工作状态。CPU 通过读取状态端口,就可以了解当前外设和接口电路的状态。

(3) 控制端口:控制端口用来存放 CPU 发来的控制指令,初始化接口电路,确定接口电路的工作方式和功能。

CPU 对 I/O 端口的访问是通过选通端口地址进行的,下面就分别介绍 I/O 端口的编址方式和地址译码电路。

6.2.1 I/O端口的编址方式

就像对存储器进行访问一样，CPU首先要给出存储单元的地址，然后才能访问相应的存储单元。CPU对外设的访问，首先要给出所要访问的接口电路中端口的地址。通常端口所占的地址不止一个，不同的地址对应不同的功能。只有当地址选通后，CPU才能对接口电路，继而对外设进行控制。在微机系统中，每个接口电路占用的地址空间是不同的，这样CPU才能通过地址选通对相应的接口电路进行控制。接口电路的地址和存储单元的地址在编址时可以是相同的，也可以是不同的，不同的编址方式，决定了CPU对它们的不同访问方式。

当接口电路的地址和存储单元的地址相同时，称为独立编址，也称I/O映射方式；当接口电路的地址和存储单元的地址不同时，称为统一编址，也称存储器映射方式。

1．统一编址方式

这种编址方式为，将存储器空间的一部分地址分给接口电路使用，存储器和接口电路的地址是唯一的、不重合的。CPU对存储器的操作指令同样适用于接口电路。Motorola系列和Apple系列的微机就属于这种编址方式。图6.5为I/O端口与存储器统一编址示意图。

I/O端口与存储器统一编址的优点是可以用访问存储单元的方法访问I/O端口。由于访问内存的指令种类多、寻址方式丰富，因此该方式访问外设非常灵活，不需要专门的I/O指令。缺点是占用了存储器空间，造成存储器容量减小。

2．独立编址方式

在这种编址方式中，存储器单元的地址和接口电路的地址可以是重合的。如图6.6所示。为了区分CPU对存储器和接口电路的访问，对存储单元的操作指令和对接口电路的操作指令是不同的。另外还有控制信号来区分CPU对存储单元的读、写操作和对接口电路的读、写操作。Intel8086/8088 CPU就是属于这种编址方式。

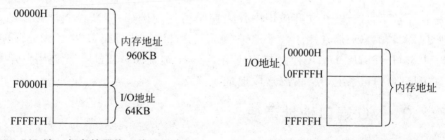

图6.5 I/O端口与存储器统一编址示意图　　图6.6 I/O端口与存储器独立编址示意图

在8086和8088汇编程序中，只有IN和OUT指令才是对接口电路的输入输出指令，也是专用的I/O指令。同时需要注意的是，8086 CPU和8088 CPU对区分存储单元和接口电路的控制信号的定义是不同的。8086的控制信号定义为$M/\overline{IO}$，I/O操作时该信号线输出信号"0"；8088的控制信号定义为$\overline{M}/IO$，I/O操作时该信号线输出信号"1"。

【例6.1】 当执行"IN AL，20H"指令时，是对端口的输入指令，则8086 CPU对应的输出控制信号为$M/\overline{IO}=0$，$\overline{RD}=0$，$\overline{WR}=1$。

【例 6.2】 当执行"MOV [0100H]，AX"指令时，是对存储单元的输出指令，则 8086 CPU 对应的输出控制信号为 $M/\overline{IO}=1, \overline{RD}=1, \overline{WR}=0$。

6.2.2 I/O 端口地址分配

对于 PC 微机系统来说，可使用的 I/O 端口地址线有 16 根，即 $A_{15} \sim A_0$，但在组成的 PC/XT 微机系统中，只使用了其中的 10 根地址线，即 $A_9 \sim A_0$。因此 I/O 端口地址范围是 0000H～03FFH，共有 1024 个端口地址。在这 1024 个端口地址中，前 256 个端口地址 (0000H～00FFH) 供系统板上的 I/O 接口芯片使用，后 768 个端口地址 (0100H～03FFH) 供扩展槽上的 I/O 接口控制卡使用，地址分配如表 6.1 所示。

表 6.1　I/O 端口地址分配表

I/O 芯片名称	端 口 地 址	I/O 接口名称	端 口 地 址
DMA 控制器 1	000～01FH	游戏控制卡	200～20FH
DMA 控制器 2	0C0～0DFH	并行口控制卡 1	370～37FH
DMA 页面寄存器	080～09FH	并行口控制卡 2	270～27FH
中断控制器 1	020～03FH	串行口控制卡 1	3F8～3FFH
中断控制器 2	0A0～0BFH	串行口控制卡 2	2F0～2FFH
定时器	040～05FH	原型插件板(用户可用)	300～31FH
并行接口芯片(键盘接口)	060～06FH	同步通信卡 1	3A0～3AFH
RT/CMOS RAM	070～07FH	同步通信卡 2	380～38FH
协处理器	0F0～0FFH	单显 MDA	3B0～3BFH
		彩显 CGA	3D0～3DFH
		彩显 EGA/VGA	3C0～3CFH
		硬驱控制卡	1F0～1FFH
		软驱控制卡	3F0～3F7H
		PC 网卡	360～36FH

表中所分配的地址，在实际应用中并未完全占用。例如，中断控制器 8259A，主片用了 2 个地址(20H，21H)，从片用了 2 个地址(A0H，A1H)。并行接口芯片 8255A 使用了 4 个端口地址 60H～63H。DMA 控制芯片使用了 16 个地址(0～0FH)。允许用户开发使用的地址为 300H～31FH，系统不会占用这段地址。

6.2.3 I/O 端口地址译码

PC 微机的 I/O 地址线有 16 根，即 $A_{15} \sim A_0$。而 IBM 公司只用了低 10 位地址线，即 $A_9 \sim A_0$，因此 I/O 接口地址范围是 0000H～03FFH，共 1024 个端口地址。而接口电路并没有 10 根地址线和 CPU 的 I/O 地址线一一对应，连接地址线的引脚只有一根或几根，因此 CPU 的一些地址线要经过一个地址译码电路，才能连接到接口电路。此译码电路的输入连接 CPU 的 I/O 地址信号线的高位，例如 $A_9 \sim A_2$，译码电路的输出往往接至接口芯片的片选端，低位地址直接连接接口电路芯片的地址端。构成译码电路的方法很多，和其他电路的设计一样，并不唯一，同样一种方法也可以有多种设计结果，只要兼顾电路体积和成本即可。下面介绍两种简单的地址译码电路。

1. 门电路译码

采用各种门电路,如与门、或门和非门等组合电路构成译码电路。

【例 6.3】　接口电路的地址线有 2 根,因此地址空间最多为 4 个,假设占用 4 个地址:40H、41H、42H、43H,试设计该接口电路的译码电路。

在电路设计时,将地址信号线的低位 A_1 和 A_0 连接至接口电路的地址线 A_1、A_0,地址信号线的高 $A_9 \sim A_2$ 连接至译码电路,译码后的输出信号接至接口电路的片选端$\overline{CS}$。表 6.2 为接口电路的地址分配。

表 6.2　接口电路的地址分配表

片 选 地 址								片 内 地 址		接口电路地址
A_9	A_8	A_7	A_6	A_5	A_4	A_3	A_2	A_1	A_0	
								0	0	40H
								0	1	41H
0	0	0	1	0	0	0	0	1	0	42H
								1	1	43H

则利用门电路组成的译码电路设计如图 6.7 所示。

2. 译码器译码

同样为例 6.3 中的接口电路,地址空间 40H～43H,即地址信号线的低位 A_1 和 A_0 连接至接口电路的地址,$A_9 \sim A_2$ 连接至译码电路,利用 3-8 译码器同样可以构成地址译码器。电路连接方式有多种,图 6.8 是其中一种电路设计。

采用 3-8 译码器 74LS138 构成译码电路。74LS138 有 3 个控制信号线,分别是 G_1、$\overline{G_{2A}}$、$\overline{G_{2B}}$,只有当 $G_1 = 1$,$\overline{G_{2A}} = 0$,$\overline{G_{2B}} = 0$ 同时满足时,译码器才能正常工作。

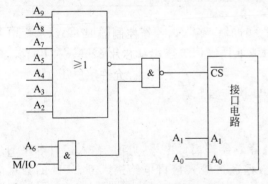

图 6.7　门电路组成的译码电路

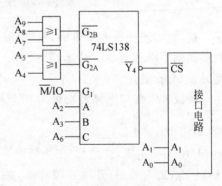

图 6.8　译码器构成的译码电路

6.3　CPU 与外设之间的数据传送方式

CPU 通过地址选通相应的接口电路后,就能通过接口对外设进行数据传送和控制,除了读、写等单个控制信号,其他复杂的控制信号依然是通过数据线传送的,因此 CPU 与外设之间的数据传送显得尤为重要。CPU 和外设之间的数据传送可以分为 3 种,分别是程序控制方式、中断控制方式和直接存储器存取方式(即 DMA 方式)。下面分别就这 3 种传送方式加以说明。

6.3.1 程序控制方式

程序控制方式是指 CPU 与外设之间的数据传送是在程序控制下进行的,这种传送方式根据外设的不同,又分为无条件传送方式和查询传送方式。

1. 无条件传送方式

无条件传送方式是最简单的传送方式,该方式应用于始终处于准备好状态的外设,即 CPU 输入或输出数据时不需要查询外设的工作状态,任何时候都可以输入输出。开关、发光二极管、继电器等都属于这种外设。连接这类外设的接口电路除了具有正常的读、写控制端口外,只需要包含有输入缓冲器和输出锁存器电路即可。在这里输入缓冲器和输出锁存器是为了解决 CPU 和外设速度不匹配而设置的。

无条件传送输入输出接口电路框图如图 6.9 所示。

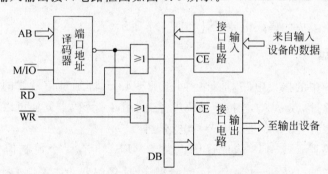

图 6.9 无条件传输输入输出电路框图

在图中,连接输入设备的接口电路为输入缓冲器,输入缓冲器跟 CPU 的连接端口有并行数据端 DB、片选端。片选端的输入信号由地址译码信号输出端、M/$\overline{\text{IO}}$(或 $\overline{\text{M}}$/IO)端、读信号$\overline{\text{RD}}$所确定。

假设输入接口电路的地址为 67H,当 CPU 执行如下输入指令:

```
IN AL, 67H
```

则 M/$\overline{\text{IO}}$为低电平,读信号$\overline{\text{RD}}$为低电平,地址译码器输出低电平,此时,输入接口电路的片选端$\overline{\text{CE}}$选通有效,打开输入缓冲器,外设的数据通过输入接口电路进入到 CPU 的数据总线 DB。

连接输出设备的接口电路为输出锁存器,输出锁存器跟 CPU 的连接端口有并行数据端 DB、片选端。片选端的输入信号由地址译码信号输出端、M/$\overline{\text{IO}}$、写信号$\overline{\text{WR}}$所确定。

假设输出接口电路的地址为 68H,当 CPU 执行如下输出指令:

```
OUT 68H, AL
```

则 M/$\overline{\text{IO}}$为低电平,写信号$\overline{\text{WR}}$为低电平,地址译码器输出低电平,此时,输出接口电路的片选端$\overline{CE}$选通有效,打开输出锁存器,CPU 数据总线 DB 中的数据通过输出接口电路写入到外设中。

2. 查询传送方式

查询传送方式在传送数据前,CPU 需要查询当前外设的状态,当查询到当前外设准备好,即处于空闲状态时,CPU 就可以通过数据线和外设进行输入输出的操作;当查询到外设当前的状态为忙时,则等待,并继续查询,直到外设准备好,再传送数据。

例如打印机这种外设,就需要 CPU 进行查询数据传送。在这种情况下,接口电路除了具有输入缓冲器和输出锁存器外,还应该有状态端口,以便和外设的状态线连接,以供 CPU 查询外设当前状态。

在查询传送方式下,接口电路至少需要两个地址,一个为状态端口地址,一个为数据端口地址。下面分别来看输入接口电路和输出接口电路的工作原理。

(1) 输入接口电路

如图 6.10 所示为输入接口电路。输入接口电路由 D 触发器、锁存器、2 个三态缓冲器,以及 2 个或门电路组成。

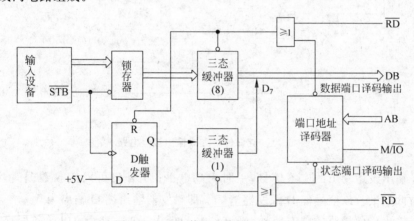

图 6.10 查询传送方式输入接口电路

$\overline{STB}$是输入设备发出的选通信号,当数据没有准备好时,为高电平。当数据准备好后,$\overline{STB}$选通信号变为低电平,该信号打开锁存器,将数据输入至锁存器中,并在 D 触发器的时钟端产生一个下降沿,该下降沿使得 D 触发器的输出端 Q=1。

具体的查询输入过程如下:

① CPU 首先发出输入 IN 指令,读状态端口数据,即选通了状态端口的地址,并使得读信号$\overline{RD}$变为低电平,从而使下面的或门的输出变为低电平,选通三态缓冲器(1),此时 D 触发器的 Q 端输出信号接至数据信号线的 D_7,则当数据准备好时,$\overline{STB}$为低电平,D_7 就为高电平,这时 CPU 读取数据信号线,通过判断 D_7 位的值,就可以查询到外设是否准备好输出数据。

② 当检测到 D_7 的值为 1 时,表明外设的输入数据已经准备好,CPU 发出 IN 指令,读数据端口的数据,即选通了数据端口的地址,并使得读信号$\overline{RD}$变为低电平,从而使上面的或门的输出变为低电平,选通三态缓冲器(8),数据输出至 CPU 的数据总线 DB,同时使 D 触

发器清"0",为下一个数据传送做好准备。

【例 6.4】 设输入接口电路状态口地址为 50H,数据口地址为 51H,则 CPU 读取外设的数据过程可以采用以下程序段。

```
P1:  IN   AL,  50H        ;读状态口
     TEST AL,  80H        ;检测 D₇ 是否为 1
     JZ   P1              ;不为 1 继续检测,为 1 往下执行
     IN   AL,  51H        ;读数据口,将数据输入至 CPU
```

(2) 输出接口电路

如图 6.11 所示为输出接口电路。输出接口电路由 D 触发器、锁存器、三态缓冲器,以及 2 个或门电路组成。

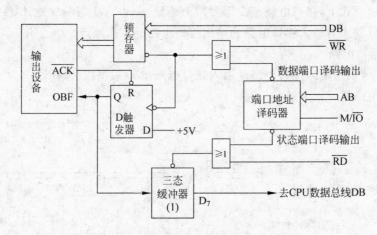

图 6.11　查询传送方式输出接口电路

$\overline{ACK}$ 是输出设备发出的应答信号,平时为高电平;当外设可以接收数据时,应答信号 $\overline{ACK}$ 输出为低电平。该信号使 D 触发器清"0",即触发器输出端 Q 输出为 0。

OBF 是输出设备接收的状态信号,当该信号为低电平时,表示输出设备所接收的数据未准备好;当该信号为高电平时,表示输出设备将要接收的数据已经准备好,可以立即接收。输出设备识别到此信号为高电平时,在接收数据的同时,使应答信号 $\overline{ACK}$ 输出高电平,以阻止下一个数据的输入,直至输出设备处理完当前数据后,再将应答信号 $\overline{ACK}$ 输出低电平,以启动下一次接收过程。

具体的查询输出过程如下:

① CPU 首先发出输入 IN 指令,读状态口数据,即选通了状态端口的地址,并使得读信号 $\overline{RD}$ 变为低电平,从而使下面的或门的输出变为低电平,选通三态缓冲器,D 触发器的 Q 值输出至数据总线的 D_7,如果 D_7 为低电平,表示外设已经准备好接收数据。这时 CPU 读取数据信号线,通过判断 D_7 位的值,就可以决定是否进行数据输出。

② 当检测到 D_7 的值为低电平时,表明外设已准备好接收数据,此时 CPU 利用 OUT 指令,从数据口输出数据,并将上面的或门的输出变为低电平。该低电平一方面选通锁存器,将数据输出至外设的数据端口,另一方面,此低电平在 D 触发器的时钟端产生一个下降沿,该下降沿使得 D 触发器的输出端 Q=1,表示输出的数据已经准备好,外设可以接收。

【例 6.5】 设输出接口电路状态口地址为 60H,数据口地址为 61H,则 CPU 输出数据至外设可以采用以下程序段。

```
P2: IN   AL,   60H          ;读状态口
    TEST AL,   80H          ;检测 D, 是否为 0
    JNZ  P2                 ;不为 0 继续检测,为 0 往下执行
    MOV  AL,[SI]            ;取要输出的数据
    OUT  61H,  AL           ;选通数据口,将数据输出至外设
```

6.3.2 中断传送方式

所谓中断就是 CPU 暂停当前操作,转去执行中断服务程序的过程。以上的数据传送方式,需要 CPU 不断地查询外设的状态,不利于提高 CPU 的使用效率。

中断传送方式适合于实时数据传送,CPU 的利用率较程序控制传送方式高。这种数据传送方式,不需要 CPU 对外设进行状态查询,外设准备好,并有输入输出需求时,就会向 CPU 发出中断请求信号。CPU 在允许中断的情况下,就会去执行中断服务程序,即和外设进行数据交换,完成操作后,CPU 又恢复原来状态,或执行程序,或空闲。

对于 8086/8088 CPU,它的硬件中断有两个,一个为不可屏蔽中断,一个为可屏蔽中断。当对外设进行中断控制时,外设的中断请求信号通过中断控制接口电路连接在 CPU 的可屏蔽中断管脚 INTR 上。如果这时 CPU 内的标志寄存器中的中断控制位 IF 为"1",即允许中断,CPU 在执行完当前指令后,转而执行设置好的中断服务程序,与外设进行数据传送。

一个中断控制接口电路芯片可以连接多个外设,这样 CPU 就可以通过中断控制电路对外设进行控制。

6.3.3 直接存储器存取(DMA)方式

利用中断方式进行数据传送可以大大提高 CPU 的利用率,但是对于高速数据的传送,利用中断方式显然不行,为了解决这一问题,可以采用 DMA(Direct Memory Access)传送方式,即直接存储器存取方式。

与程序控制方式及中断控制方式不同的是,DMA 传送方式完全脱离了 CPU 的管理。当需要使用 DMA 方式传送数据时,DMA 接口电路向 CPU 发出出让总线的请求信号,在满足条件的情况下,CPU 出让总线,DMA 接口电路控制总线,控制外设和存储器、存储器和存储器之间的数据传送,传送结束后,释放总线控制权,交还给 CPU。8237A 是一种典型的 DMA 接口芯片,在后面的章节中会对它的原理和使用作详细的说明。

习题 6

一、选择题

1. I/O 单独编址方式下,从端口读入数据可使用_____。

    A. MOV   B. OUT   C. IN   D. XCHG

2. 可用作简单输入接口电路的是_____。

    A. 译码器   B. 锁存器   C. 方向器   D. 三态缓冲器

3. CPU 与 I/O 设备之间传送的信号有_____。

　　A. 控制信息　　　　B. 状态信息　　　　C. 数据信息　　　　D. 以上三种都有

4. 从硬件角度而言,采用硬件最少的数据传送方式是_____。

　　A. DMA 控制　　　B. 无条件传送　　　C. 查询传送　　　　D. 中断传送

5. 从输入设备向内存输入数据时,若数据不需经过 CPU,其 I/O 数据传送方式是_____。

　　A. 程序查询方式　B. 中断方式　　　　C. DMA 方式　　　D. 直接传送方式

6. 主机与外设信息传送的方式分别为查询方式、中断方式、DMA 方式。相比之下,中断方式的主要优点是_____。

　　A. 接口电路简单、经济,只需少量的硬件

　　B. 数据传输的速度最快

　　C. CPU 的时间利用率高

　　D. 能实时响应 I/O 设备的输入输出请求

7. 在微机系统中,为了提高 CPU 系统数据总线的驱动能力,可采用_____。

　　A. 译码器　　　　　B. 多路转换器　　　C. 双向三态缓冲器 D. 采样保持器

8. 执行"IN AL, DX"指令后,进入 AL 寄存器的数据来自_____。

　　A. 立即数　　　　　B. 存储器　　　　　C. 寄存器　　　　　D. 外设端口

二、问答题

1. CPU 与外设进行数据传送时,为什么需要 I/O 接口电路? I/O 接口电路的功能有哪些?

2. 计算机对 I/O 接口电路的编址有哪些方法? 8086/8088 CPU 采用哪种编址方法?

3. CPU 与外设间进行数据传送有哪几种方式? 简述各种方式的工作原理。

4. 假设一接口电路的地址信号为 A_0,片选端为 $\overline{CS}$,占用两个地址,分别是 20H 和 21H,试利用 74LS138 译码器设计译码电路,并画出硬件电路设计图。

5. 若要求 74LS138 输出的译码地址为 0200H～0207H,0208H～020FH,…,0238H～023FH 等 8 组,可用于选通 8 个 I/O 芯片,试画出 74LS138 与 8086 最小系统连接图。

第7章

中断控制接口

从第 6 章的介绍中,我们知道 CPU 与外部设备的数据传送方式有 3 种,分别是程序控制方式、中断控制方式和直接存储器存取方式(DMA 方式)。这 3 种数据传送方式都有赖于硬件电路的支持。而硬件电路通常采用集成接口芯片,有些接口芯片还是可以编程的,以便在使用中灵活应用。其中程序控制数据传送方式中,简单的接口芯片如单向数据缓冲器 74LS244、双向数据缓冲器 74LS245、锁存器 74LS373 在第 6 章已作了介绍,这 3 种芯片都是不可编程的。复杂的程序控制接口芯片和 DMA 控制芯片会在后面的章节中给予介绍。本章详细介绍中断控制数据传送方式的原理和过程,以及中断控制接口芯片 8259A 的原理、结构、编程和应用。

7.1 中断概述

在第 6 章的介绍中,我们知道中断是 CPU 暂停当前操作,转去执行中断服务程序的过程。和子程序调用一样,中断服务程序执行完毕,则重新回到原来的断点位置,继续原来被中断的操作。下面首先介绍几个中断的概念,然后介绍中断的处理过程。

7.1.1 中断概念

1. 中断源

能够引起程序中断的事件都称为中断源。有些中断是已知的,例如指令中断源,这类中断源是以指令的形式给出的,例如 INT 20H,这条指令如同其他的汇编指令一样,是出现在程序中的,所以这个中断源什么时候发生是预先知道的;有些中断源是随机的,也就是说,提出中断请求的时刻是未知的,例如硬件中断,中断源是通过中断控制接口电路输入至 CPU 的,中断源具体的发生时刻与外部硬件电路有关。

2. 中断优先级

当系统中有多个中断源同时到来时,就需要将中断源排个队,优先级高的中断服务程序先执行,执行完优先级别高的中断服务程序,再执行优先级别低的中断服务程序。完成中断优先级的排列可以是软件查询方式,也可以利用硬件电路实现。

软件查询方式的硬件电路简单,但是需要利用程序来控制优先级的执行顺序,对于简单的小型微机系统可以用此方法。

硬件电路实现优先级排列,不必利用程序控制,例如后面介绍的中断控制接口芯片8259A 就是利用硬件电路实现优先级排列,并且在芯片内部集成了这部分电路。

3. 中断嵌套

所谓中断嵌套是指高优先级别的中断打断当前低优先级的中断服务程序的执行。中断嵌套示意图如图 7.1 所示。

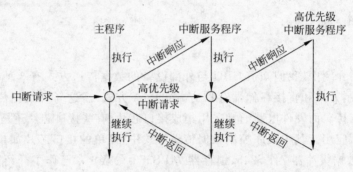

图 7.1　中断嵌套示意图

主程序在执行时,如果有中断请求到来,在满足中断响应的情况下,暂停当前程序的执行,转而去执行中断服务程序。在中断服务程序执行过程中,如果有高优先级的中断请求到来,并满足中断响应的要求,则暂停当前中断服务程序的执行,转而去执行这个高优先级的中断服务程序。同样,这个中断服务程序执行过程中,也会被更高优先级的中断请求打断……,直到最后一个未被打断的高优先级的中断服务程序,则 CPU 执行完该程序后,返回上一个被打断的中断服务程序的断点处,继续执行这个中断服务程序,执行完后再返回上一个被打断的中断服务程序的断点处……,直到返回到主程序断点处,继续执行主程序。

4. 中断类型号

中断类型号是指每个中断源的编号。每个中断源都有唯一的编号,每一个编号都对应各自的中断服务子程序。当响应中断时,必须首先获得中断类型号,有了中断类型号,才能找到对应的中断服务子程序。

7.1.2　中断处理过程

一个完整的中断处理过程包括中断请求、中断判优、中断响应、中断执行和中断返回 5 个步骤。中断处理过程如图 7.2 所示。

1. 中断请求

中断请求是中断源向 CPU 发出的信号,对于指令中断,中断请求信号就是该指令,对于硬件中断请求信号,CPU 是在每条指令结束时,才进行采样,如果要响应该中断,则在执行完当前指令后转而去执行相应的中断服务程序。

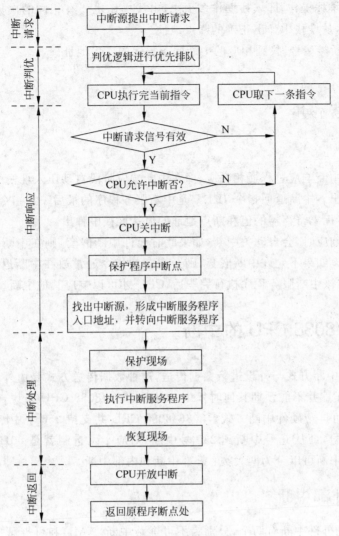

图 7.2 中断处理过程

2. 中断判优

在多个中断请求信号同时到来时,将中断源进行优先级排队,优先级高的中断请求先被响应。

3. 中断响应

在中断请求信号到来后,系统需要判断是否满足中断响应的条件。如果满足中断响应的条件,则系统就自动完成下列动作:

(1) 关中断,即在进入到中断服务程序的过程中,不会被高优先级别的中断源打断,如果允许中断嵌套,则在中断服务程序中,利用指令开中断。

(2) 将标志寄存器压入堆栈。

(3) 保护断点,将被打断程序的断点处的段地址和偏移地址压入堆栈中,因此在中断服务程序中要注意堆栈操作,即入栈操作多少次,出栈操作也要有相同的次数,以保证中断服务程序执行完后,从堆栈中弹出正确的断点地址。

(4) 根据中断类型号,找到相应的中断服务程序的入口地址。

4. 中断处理

执行中断服务子程序。

5. 中断返回

中断返回和中断响应过程遥相呼应,即在中断响应阶段自动压入堆栈的数据,在中断返回时可以自动弹出。中断返回指令 IRET 是中断服务程序的最后一条指令,CPU 在执行该指令时,会自动将标志寄存器的值和断点地址的值从堆栈中弹出。

另外在中断响应时,会自动关中断,如果此时允许中断嵌套,则在中断服务程序开始处利用指令开中断。如果不允许中断嵌套,则开中断的指令通常放在中断返回指令 IRET 的前面,这样只有在该中断服务程序执行完毕后,CPU 才可以响应其他中断。

7.2　8086/8088 CPU 的中断

CPU 可利用中断方式与外设进行数据传送,这种数据传送方式是由外设根据其当时的状态来启动的,CPU 并不能预期其何时发生。对于 8086/8088 CPU 来说,这种由外设申请的中断方式属于可屏蔽硬件中断方式。8086/8088 CPU 共支持 256 个中断,每个中断都对应一个中断类型号,即从 0 号中断到 255 号中断,对应十六进制就是 00H、01H、02H、…、FFH。这 256 个中断可以分为两大类:外部中断和内部中断。

7.2.1　外部中断

8086/8088 的外部中断有两个,分别为不可屏蔽中断(NMI)和可屏蔽中断(INTR),它们都属于硬件中断。外部中断都是不可预知的。

1. 不可屏蔽中断

8086/8088 CPU 的 NMI 引脚(第 17 引脚)输入一边沿触发信号时,CPU 便在执行完当前指令后,去执行 2 号中断服务程序。由于该中断不受中断控制位 IF 的控制,所以计算机通常利用 2 号中断服务程序来处理系统的较大故障,如内存或 I/O 总线的奇偶错误等。

2. 可屏蔽中断

CPU 对外部中断的控制主要是指这一中断,外设通过中断方式进行的数据传送都属于可屏蔽中断。虽然该中断只有一个中断请求输入引脚 INTR(第 18 引脚),但是通过中断接口电路,可以连接多个外设。例如利用中断接口芯片 8259A,则最多可以连接 64 个外设,也就是说 CPU 可以通过中断接口电路,和 64 个外设进行数据传送,由此可见接口电路的作用之大。

可屏蔽中断 INTR 引脚输入一高电平信号时,如果将中断控制位 IF 设置为 1,则 CPU 在当前指令完成后,在$\overline{INTA}$引脚输出两个总线周期宽度的负脉冲信号;如果 IF 设置为 0,就表示 CPU 不允许接收该类中断。CPU 的中断响应输出信号$\overline{INTA}$连接至中断接口电路的中断响应输入端,在$\overline{INTA}$信号的第一个负脉冲期间,中断接口电路做中断前的准备工作,在$\overline{INTA}$信号的第二个负脉冲期间,被选通的外设通过数据信号线将中断类型号输入至 CPU,CPU 接到该中断类型号后,就可以去执行相应的中断服务程序。

7.2.2　内部中断

内部中断又称为软件中断。内部中断有两种,一种是执行中断指令而产生的中断,因此此类中断和所有指令的执行一样是可预知的,程序运行到此就会产生中断,还有就是对标志寄存器中某个标志的设置,从而有可能在此产生中断,这种中断也可以看成是可以预见的;第二种是在程序的执行过程中出现错误而产生的中断,比如除数为零时产生的中断,这种中断和外部中断一样,是不可预知的。通常情况下,微机系统将类型号 0~4 设置为专用中断。

1. 指令中断

该类中断的指令为 INT n,其中 n 为要执行的中断类型号,例如 n=21H,则 INT 21H 指令即为执行系统功能调用指令。指令中断主要是用于系统定义或用户自定义的软件中断。属于内部中断中的第一种中断。

2. 专用中断

(1) 0 号中断

该中断为除法出错中断。程序在执行除法指令时,如果出现除数为 0 的情况,或者商超出了数值表示的范围(字的范围是 $-32\,768\sim+32\,767$,字节的范围是 $-128\sim+127$)时,就会产生 0 号中断。这个中断是随机的,不可预知的,属于内部中断的第二种中断。

(2) 1 号中断

该中断又被称为单步中断。是当标志寄存器中的控制位 TF=1 时产生的中断。每执行一条指令就中断一次,也就是说,每执行一条指令程序就停下来。主要用于程序调试。只有"POPF"这条指令可以将 TF 置"1"。此中断是可预知的。

(3) 3 号中断

又称为断点中断,即在程序中设置断点,和 1 号中断一样,通常用于程序调试。指令为 INT 3,程序运行到该指令处时,就停止执行后面的程序,进入断点服务程序,显示寄存器、存储单元等的内容。一般来说,1 号中断适用于较短程序的调试,3 号中断适用于较长程序的调试。此中断也是可预知的。

(4) 4 号中断

又称为溢出中断。程序在运行时,如果出现溢出标志位 OF=1,并不一定会产生溢出中断,只能说具备了产生溢出中断的必要条件。只有当程序中有指令 INTO,程序运行到此,又具备 OF=1 的必要条件,才会产生 4 号中断,两者缺一都不会产生溢出中断。4 号中断通常用来处理算术运算中出现溢出的情况,往往和带符号数的加法、减法配合使用。

所有中断优先级别从高到低的顺序为:内部中断(单步中断除外),不可屏蔽中断,可屏蔽中断,单步中断。

在内部中断中无优先级别。

7.3 中断向量表

7.3.1 中断向量表的概念

8086/8088 系统可以支持 256 个中断,在系统设计时并非都加以利用。但是对于利用的中断号,对每个中断号都需要编写一个对应的中断服务程序。CPU 之所以能执行中断,其实就是去执行相应的中断服务程序。

中断服务程序的地址被称为中断向量,它包括中断服务程序的段地址(执行时 CS 寄存器中的内容)和偏移地址(执行时 IP 寄存器中的内容)。因此通过中断向量就可以找到中断服务程序的入口地址,实现程序的转移。每一个中断服务程序的地址都占用 4 个字节,在PC 机系统中,无论中断号使用与否,系统都给 256 个中断在存储区中留有 4 个字节的中断向量空间,从而形成一个表,就是中断向量表。中断向量表放置于存储区的最低端。每个中断向量占用 4 个字节,256 个中断共占用 $256 \times 4 = 1024$ 个字节,即在 0000H~03FFH 的地址单元中。

在中断向量表中,中断向量的存放是按照中断类型号 n 的值由小到大的顺序存放的,并且段地址存放在高地址的单元,偏移地址存放在低地址的单元。因此 0 号中断服务程序的偏移地址存放在 0000H 和 0001H 单元中,段地址存放在 0002H 和 0003H 单元中,1 号中断服务程序的偏移地址存放在 0004H 和 0005H 单元中,段地址存放在 0006H 和 0007H 单元中……,以此类推。

中断向量在中断向量表中的首地址称为中断向量地址,中断向量地址和中断类型号的关系为:

$$中断向量地址 = 中断类型号 \times 4$$

例如,2 号中断的中断向量地址为:$2 \times 4 = 8$,因此中断向量存放在中断向量表中第一个存储单元的地址为 0008H,则 0008H 和 0009H 单元存放着 2 号中断的偏移地址,000AH和 000BH 单元存放着 2 号中断的段地址。

因此只有知道了中断类型号,通过它就可以算出中断向量地址,继而可以获得该中断类型号中断服务程序的入口地址。

7.3.2 中断向量的存入

在 PC 机系统中,256 个中断可分为 3 部分:第一部分是专用中断,中断类型号 n 为00H~04H,共 5 个中断;第二部分的中断类型号 n 为 05H~1FH,共 27 个中断,IBM-PC机把它们分配给系统使用;第三部分的中断类型号 n 为 20H~FFH,共 224 个中断,供用户使用,如图 7.3 所示。

在 PC 机系统中,中断类型号为 00H~1FH 的 32 个中断所对应的中断向量,是在系统开机时,由系统软件装入内存的。中断类型号为 20H~FFH 的中断留给用户使用。有的

PC机系统在出厂时,已编写了20H～FFH中的一些中断服务程序,例如8086/8088微机系统中的20H和21H号中断,以系统软件的形式装入微机系统。用户也可以自行编写中断服务程序,代替系统中已有的中断服务程序,但是必须将新的中断服务程序的入口地址,即中断向量装入中断向量表中。对于那些系统没有开发使用的中断类型号,用户在使用时可以编写相应的中断服务程序,同样需要将编写的中断服务程序的入口地址装入中断向量表中。

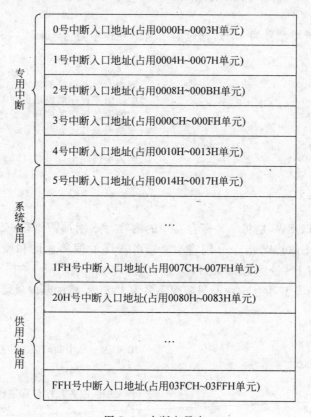

图7.3　中断向量表

下面介绍中断向量装入中断向量表的3种方法。

1. 直接装入法

首先将中断类型号乘以4,得到中断向量地址,再依次将中断服务程序的偏移地址和段地址装入。

【例7.1】　假设中断号为n＝6,对应的中断服务程序的段地址为1020H,偏移地址为2000H,将中断向量装入到中断向量表中。

解：中断向量地址为n×4＝18H,指令段为：

```
MOV AX, 0
MOV DS, AX                          ;设置中断向量表的段地址为0000H
MOV DI, n * 4                       ;得到中断向量地址
MOV WORD PTR [DI], 2000H            ;装入偏移地址
MOV WORD PTR [DI + 2],1020H         ;装入段地址
```

2. 系统功能调用法装入

在软中断指令"INT 21H"的子程序中,功能号为 25H 的子程序就是用来装入中断向量的。

入口参数为:AL 中输入中断类型号,DS 中输入中断服务程序的段地址,DX 中输入中断服务程序的偏移地址。

【例 7.2】 中断类型号为 40H,相应的中断服务程序名为 INTV,将中断向量装入到中断向量表中。

```
MOV DX, SEG INTV              ;取中断服务程序的段地址
MOV DS, DX                    ;中断服务程序的段地址送 DS
MOV DX, OFFSET INTV           ;中断服务程序的偏移地址送 DX
MOV AL, 40H                   ;中断类型号送 AL
MOV AH, 25H
INT 21H                       ;装入中断向量
```

3. 用串指令装入

串操作指令 STOSW,是将 AX 寄存器中的内容写入附加数据段 ES 中 DI 所指向的单元。可以执行两次 STOSW 指令分别将中断服务程序的偏移地址和段地址装入中断向量表。此时,应首先将 ES 设置为 0000H,DI 设置为 $n \times 4$。

【例 7.3】 中断类型号为 n,中断服务程序名为 INSER,将中断向量装入到中断向量表中。

```
XOR AX, AX
MOV ES, AX
MOV DI, n * 4                 ;DI 中为 n 号中断对应的中断向量表的偏移地址
MOV AX, OFFSET INSER
CLD
STOSW                         ;装入中断服务程序偏移地址
MOV AX, SEG INSER
STOSW                         ;装入中断服务程序段地址
```

7.4 8086/8088 CPU 中断服务子程序

7.4.1 中断的响应过程

8086/8088 CPU 对各种中断的响应过程是不同的,下面分别予以介绍。

1. 内部中断响应过程

对于专用中断,中断类型号是自动形成的,而对于软中断"INT n",指令中已给出中断类型号,因此不需要用中断响应周期得到中断类型号。这种中断的响应过程为:

(1) 标志寄存器入栈,以保护各标志位;

(2) 保护断点,将断点处的 IP 和 CS 值压入堆栈;

(3) 将 IF 和 TF 清零,即禁止单步中断和可屏蔽中断;

（4）中断类型号乘以4，计算出中断向量地址，从而从中断向量表中取得中断服务程序的入口地址，并将该地址装入 CS 和 IP，转而去执行中断服务程序；

（5）执行中断返回指令 IRET，恢复断点处的 CS、IP 及标志寄存器的内容，继续执行原来程序。

这些步骤是在执行中断时，由系统自动完成的，不需要用户在软件中进行入栈出栈等操作。

2. 外部中断响应过程

在外部中断中，不可屏蔽中断和可屏蔽中断的响应过程是不同的。

（1）不可屏蔽中断响应过程

不可屏蔽中断产生的中断类型号为2，是由系统自动形成的，因此也不需要用中断响应周期得到中断类型号。它的响应过程和内部中断一样。

（2）可屏蔽中断响应过程

此类中断响应需要利用中断接口电路进行配合，需要在中断响应周期内获得中断类型号。CPU 在每条指令的最后一个时钟周期都会对 INTR 可屏蔽中断请求信号进行采样，如果采样得到高电平信号，并且中断允许标志位 IF＝1 时，CPU 则在 $\overline{\text{INTA}}$ 引脚输出两个总线周期宽度的负脉冲信号，在 $\overline{\text{INTA}}$ 信号的第一个负脉冲期间，中断接口电路做中断前的准备工作，在 $\overline{\text{INTA}}$ 信号的第二个负脉冲期间，被选通的外设通过数据信号线将中断类型号输入至 CPU，CPU 获得中断类型号后，其后的中断处理过程和内部中断一样。

7.4.2 中断服务子程序

1. 中断嵌套

CPU 在执行某个中断服务程序中，如果接收到更高级的中断请求，从而中断正在执行的程序，响应优先级高的中断，去执行优先级高的中断服务程序。同样在优先级高的中断服务程序的执行中，又可能被比本中断优先级别更高的中断所打断，这种现象就被称做中断嵌套。

2. 中断服务子程序

中断服务子程序的功能各有不同，但所有的中断服务子程序都有相同的结构形式。

（1）程序开始时将中断服务程序中所使用的寄存器的值压入堆栈予以保护，以防在中断服务子程序中改变，致使程序返回时发生错误，这个步骤称为"保护现场"。

（2）如果允许中断嵌套，则利用 STI 指令来设置开中断，并设置中断标志位 IF＝1。因为在中断响应时系统已将 IF 和 TF 清零。

（3）中断服务程序指令。

（4）程序结束时，用 CLI 指令，将中断标志位 IF 清零，以防别的高级别的中断打断本中断的正常结束。

（5）恢复现场，用一系列 POP 指令将被保护的寄存器恢复。

（6）对于可屏蔽硬件中断，给中断接口电路发送中断结束指令。

（7）最后一条指令为 IRET。

【例 7.4】 中断号为 n,中断服务子程序的过程名为"INTV"的可屏蔽中断服务程序。

中断向量的装入是在主程序中,利用系统功能指令"INT 21H"的功能号 25H 进行的装入。

```
CODE    SEGMENT                        ;代码段
ASSUME  CS: CODE, DS: DATA, SS: STACK
START:  MOV AX, DATA
        MOV DS, AX
        MOV AL, n                      ;中断向量开始装入
        MOV DX, SEG INTV
        MOV DS, DX
        MOV DX, OFFSET INTV
        MOV AH, 25H
        INT 21H
        ...                            ;主程序体
        MOV AH, 4CH
        INT 21H
INTV    PROC  FAR                      ;中断服务程序开始
        STI                            ;开中断,允许中断嵌套
        PUSH AX                        ;将所需要保护的值压入堆栈
        ...                            ;中断服务程序主体
        POP AX                         ;恢复现场
        MOV AL , 20H                   ;发送中断结束指令
        OUT 40H, AL
        IRET                           ;中断返回指令
INTV    ENDP                           ;中断服务程序结束
CODE    ENDS                           ;主程序结束
        END START
```

7.5 中断控制器 8259A

8259A 是可编程的中断控制接口芯片,单片可以对 8 个外设进行控制。8259A 还可以形成两级中断控制:直接和 CPU 进行连接的芯片为主片,主片上每个连接外设的控制端口还可以连接一片 8259A,称为从片,但是从片不能再级联从片,因此一片主片,8 片从片,最多能控制 64 个外设。

7.5.1 8259A 的内部结构和引脚

1. 8259A 引脚

8259A 是具有 28 个引脚的双列直插式集成电路,其引脚如图 7.4 所示。

$D_7 \sim D_0$:双向数据线,它直接或间接通过总线驱动器与系统的数据总线相连。

INT:中断请求输出信号,与 CPU 的 INTR 端连接。如果是从片,则连接到主片的中断请求信号输入端。

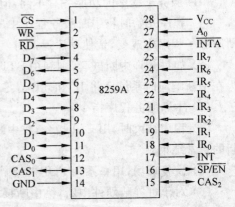

图 7.4 8259A 引脚图

$\overline{\text{INTA}}$：中断响应输入信号，连接 CPU 中断响应输出信号$\overline{\text{INTA}}$。

$\text{IR}_7 \sim \text{IR}_0$：中断请求信号输入端，接外设或连接从片的中断请求输出信号 INT。

$\overline{\text{RD}}$：读命令信号输入端，连接 CPU 的读信号控制端。

$\overline{\text{WR}}$：写命令信号输入端，连接 CPU 的写信号控制端。

$\overline{\text{CS}}$：片选信号，接口电路的高位地址通过译码电路连接到此输入端。

A_0：8259A 的地址线，直接连接地址信号线的低位地址。因为芯片只有一位地址线，所以 8259A 占用两个地址。

$\text{CAS}_2 \sim \text{CAS}_0$：级联信号线，芯片作主片时，该组信号线为输出引脚；芯片作从片时，该组信号线为输入引脚。

$\overline{\text{SP}}/\overline{\text{EN}}$：在非缓冲方式下，该引脚作为输入端，用来决定芯片是主片还是从片，$\overline{\text{SP}}/\overline{\text{EN}}$ 接高电平，则表示本芯片是主片；$\overline{\text{SP}}/\overline{\text{EN}}$ 接低电平，则表示本芯片是从片。在缓冲工作方式下，该引脚作为输出端，控制 8259A 到 CPU 之间的数据总线驱动器。

2．内部结构

8259A 的内部结构如图 7.5 所示。

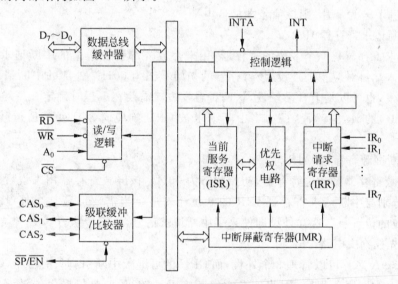

图 7.5　8259A 内部结构

（1）数据总线缓冲器

数据总线缓冲器是 8 位双向三态缓冲器，CPU 通过该数据缓冲器和 8259A 进行数据、命令和状态的输入和输出。

（2）读写控制电路

CPU 过来的读、写控制信号通过此电路来控制 8259A 的数据信号是输入还是输出。$\overline{\text{RD}}$ 和 $\overline{\text{WR}}$ 两个信号不能同时为低电平，当 $\overline{\text{RD}}=0$ 时，CPU 通过数据总线接收 8259A 发出的数据信号，当 $\overline{\text{WR}}=0$ 时，CPU 通过数据总线输出数据信号给 8259A。

读写控制电路还接收地址译码器输出信号，该信号连接至 8259A 的片选信号 $\overline{\text{CS}}$。接收直接从地址总线过来的地址信号，连接至 8259A 的地址信号端 A_0。一般来说，8259A 的 A_0

连接地址总线的 A_0 或者 A_1。

（3）级联缓冲器/比较器

对外共有 3 根级联线 $CAS_2 \sim CAS_0$，以及一根主从设备设定/缓冲驱动线 $\overline{SP}/\overline{EN}$。

当多片 8259A 级联时，主片和从片的 CAS_2、CAS_1 和 CAS_0 相互连接在一起，构成级联总线。对主片来说，$CAS_2 \sim CAS_0$ 是输出信号，对从片来说，$CAS_2 \sim CAS_0$ 是输入信号。如果外设中断的申请信号是来自从片的，则 CPU 响应此中断后，输出中断响应信号 $\overline{INTA}$，该中断响应信号送向所有的主从片。在 $\overline{INTA}$ 信号的第一个负脉冲期间，主片将接收中断请求响应的从片的编码通过 $CAS_2 \sim CAS_0$ 输出，各个从片将接收到的编码与自身编码相比较，两者相同的从片就在 $\overline{INTA}$ 信号的第二个负脉冲期间，将中断类型码通过数据总线送给 CPU，以便 CPU 执行相应的中断服务程序。

$\overline{SP}/\overline{EN}$ 是一个双功能的输入/输出信号端。

当 8259A 工作在缓冲方式时，该信号为输出。所谓缓冲方式是指在大系统中，8259A 的数据线接入系统总线时需要一个数据驱动器作为接口，$\overline{EN}$ 作为控制信号，在 8259A 与系统数据线有数据传送时选通此数据驱动器。

当 8259A 工作在非缓冲方式时，该信号为输入，用来区分主片和从片。若为主片，该信号端接高电平；若为从片，则该信号端接低电平。

（4）中断请求寄存器 IRR

中断请求寄存器是一个 8 位的寄存器，用来存放外部设备送来的中断请求信号 $IR_0 \sim IR_7$，一个输入端口对应一个外设，该寄存器的初始状态为 00H。外部的中断请求信号可以是高电平触发，也可以是上升沿触发，这两种触发方式需要在编程时确定。当外设有中断请求输入时，相应的 IR 位就置"1"。当中断请求被 CPU 响应时，相应的 IR 位就复位，即被置"0"。

（5）中断屏蔽寄存器 IMR

中断屏蔽寄存器是 8 位寄存器，初始状态为 00H。该屏蔽寄存器用来设置中断请求的屏蔽信号，分别与中断请求寄存器 IRR 的 8 位相对应。当需要屏蔽某个外设的中断请求时，就将相应的位置"1"，这样外设即使来了中断请求信号，也不予执行。

（6）优先权判决电路 PR

每个 8259A 芯片可以管理 8 个外设，而 CPU 的可屏蔽中断引脚只有一个，CPU 一次也只能执行一个中断服务程序，因此外设的中断来了后，8259A 要根据优先级设置对各个中断进行排队，确定优先级的顺序，高优先级的中断会被 CPU 先响应。该电路的作用就是对中断源进行优先级选择。

（7）中断服务寄存器 ISR

中断服务寄存器 ISR 是一个 8 位寄存器，初始状态为 00H。中断源经过优先权判决电路选择后，将通过本芯片的中断请求输出端 INT 给 CPU 发送中断请求信号，当 IF 为"1"时，CPU 结束当前指令，发中断相应信号 $\overline{INTA}$。在第一个负脉冲期间，中断服务寄存器 ISR 的相应位就被置为"1"，表示相应的外设中断被响应并执行了。没有中断嵌套时，只有一位被置成"1"。当在中断服务程序中有中断嵌套时，就会出现多位被置成"1"的情况，意味着中断服务程序执行时，已经被更高级别的中断所打断，正在执行着更高级别的中断服务子程序。

（8）中断控制电路

中断控制电路里包括了初始化命令字寄存器、操作命令字寄存器，CPU 对 8259A 的编程命令字就存放于该电路中。另外它还包括了相关的控制电路用来发送控制信号。

例如，向 CPU 发出中断请求信号 INT，接收 CPU 的中断响应信号$\overline{\text{INTA}}$。当$\overline{\text{INTA}}$的第一个负脉冲到来时，使中断服务寄存器 ISR 的相应位置"1"，并使中断请求寄存器 IRR 的相应位复位。当$\overline{\text{INTA}}$的第二个负脉冲到来时，控制 8259A 送出中断类型号，如果是自动中断结束方式，则在此负脉冲结束时，就将中断服务寄存器 ISR 的相应位复位。

7.5.2　8259A 的工作方式

8259A 是一个可编程的中断控制接口芯片，它对外设中断可以进行完善的管理。对 8259A 的编程是 CPU 在主程序或中断服务程序中，以命令字的形式输出给 8259A 的。命令字有两类，一类是初始化命令字，共 4 个，分别是 ICW_1、ICW_2、ICW_3 和 ICW_4；一类是操作命令字，共 3 个，分别是 OCW_1、OCW_2 和 OCW_3。在介绍 8259A 的编程前，先来熟悉几个概念，它们都将在命令字中用到。

1. 8259A 初始化中的几个概念

（1）一般全嵌套方式

在这种工作方式下，中断源的优先级是固定的，IR_0 的优先级最高，IR_1 次之……，以此类推，IR_7 优先级最低。如果多个中断源同时申请中断，先执行优先级高的中断请求，再执行优先级低的中断请求。优先级高的中断可以打断优先级低的中断服务程序的执行，优先级低的中断不能打断高优先级中断程序的执行。

（2）特殊全嵌套方式

特殊全嵌套工作方式用于 8259A 有级联的情况。在这种工作方式下，中断源的优先级也是固定的，IR_0 的优先级最高，IR_1 次之……，以此类推，IR_7 优先级最低，但是和一般全嵌套工作方式下优先级的判别是不同的。在一般全嵌套工作方式下，对于主片来说，从片的级别相同，即从片中高优先级中断源不能打断本芯片中低优先级中断服务程序的执行。在特殊全嵌套工作方式下，对主片来说，从片的优先级是有区别的，即从片中高优先级中断源可以打断本芯片中低优先级中断服务程序的执行。

因此在有级联的情况下，通常是主片设置为特殊全嵌套，从片设置为一般全嵌套。

例如，如图 7.6 所示电路，从片的中断请求输出端 INT 接至主片的 IR_3。当主片设置为一般全嵌套时，对于主片来说从片的 $IR_0 \sim IR_7$ 的优先级别是相同的。在固定优先级的情况下，如果从片的 IR_5 中断服务程序正在执行时，此时从片高级别的中断请求到来，例如 IR_2 到来，并不能打断 IR_5 中断服务程序的执行，因为此时对于主片来说，从片 IR_2 和 IR_5 的中断请求端均为 INT，即接至主片的 IR_3，因此它们的优先级是相同的。

但是如果主片设置为特殊全嵌套，则对于主片来说，从片的中断请求的优先级别是不同的。如果出现以上情况，在固定优先级的情况下，当从片的 IR_5 中断服务程序正在执行时，如果从片高级别的中断请求到来，如 IR_2 到来，就会打断 IR_5 中断的执行。也就是说，在特殊全嵌套方式下，8259A 可以响应同级中断源提出的中断请求。

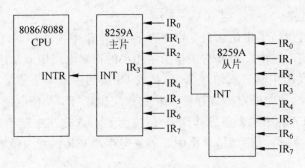

图 7.6   8259A 主从片连接中断控制

（3）自动结束中断方式

8259A 在这种方式下，对中断服务寄存器 ISR 中相应位的清零，不需要在中断服务程序中给出指令，芯片会在中断服务程序执行前，在中断响应信号 $\overline{\text{INTA}}$ 的第二个负脉冲结束时，将 ISR 中相应的位自动清零。

（4）非自动结束中断方式

非自动结束中断方式不会自动将中断服务寄存器 ISR 中的相应位清零，需要在中断服务程序结束前，用命令字将 ISR 中的相应位清零。这个方式又分为两种情况，分别是正常的非自动结束中断和特殊的非自动结束中断。

正常的非自动结束中断方式，不会在结束命令字中具体指出将中断服务寄存器 ISR 中的哪一位清零，而是自动将优先级最高的那一位清零；而在特殊的非自动结束中断下，结束命令字会指出具体结束的是哪个中断，即将中断服务寄存器 ISR 中的指定位清零。

2．8259A 操作命令字中的几个概念

（1）固定优先级方式

8259A 初始化后，如果不再加以说明，优先级一直是固定的，IR_0 优先级最高，IR_7 优先级最低。

（2）自动循环优先级方式

通过设置操作命令字可以改变 8259A 初始化后固定优先级的状态，即可以设置为循环优先级。

在自动循环优先级方式下，优先级的顺序不是固定不变的，一个外设执行中断后，它所对应的中断源级别降为最低。但是最初的最高优先级的中断源仍然是 IR_0，如表 7.1 所示。

表 7.1   自动循环优先级顺序（高→低）

初始化后	IR_0	IR_1	IR_2	IR_3	IR_4	IR_5	IR_6	IR_7
IR_3 中断执行后	IR_4	IR_5	IR_6	IR_7	IR_0	IR_1	IR_2	IR_3
IR_6 中断执行后	IR_7	IR_0	IR_1	IR_2	IR_3	IR_4	IR_5	IR_6

当执行 IR_3 中断后，IR_3 的中断优先级就变为最低，而它后面的 IR_4 的优先级就变为最高，然后是 IR_5，依次类推。

同样执行 IR_6 中断后,IR_6 的中断优先级就变为最低,而它后面的 IR_7 的优先级就变为最高,然后是 IR_0,依次类推。

(3) 优先级指定循环方式

在自动循环优先级方式下,最初的优先级顺序还是$IR_0 \rightarrow IR_7$。而优先级指定循环方式可以通过操作命令字确定开始时哪个优先级最高,后面的顺序依次排列,如表 7.2 所示。

表 7.2 指定优先级顺序(高→低)

初始指定 IR_2	IR_2	IR_3	IR_4	IR_5	IR_6	IR_7	IR_0	IR_1
IR_3 中断执行后	IR_4	IR_5	IR_6	IR_7	IR_0	IR_1	IR_2	IR_3
IR_6 中断执行后	IR_7	IR_0	IR_1	IR_2	IR_3	IR_4	IR_5	IR_6

在表中,可以指定最初的最高优先级为 IR_2,则 IR_3 优先级次之,依次类推。中断执行后,优先级的轮换方式和自动循环优先级方式相同。所以优先级指定循环方式和自动循环优先级方式不同的,就是自动循环优先级方式不指定最初的最高优先级,而优先级指定循环方式指定了最初的最高优先级。

7.5.3 8259A 的编程

对 8259A 的编程就是将确定的命令字写入芯片内的命令字寄存器,每个命令字都是 8 位二进制数,即一个字节。对芯片初始化编程的初始化命令字共 4 个,为 $ICW_1 \sim ICW_4$,每个芯片初始化时必须写入 ICW_1 和 ICW_2,是否需要写入 ICW_3 和 ICW_4,要看 ICW_1 和 ICW_2 命令字的状态。初始化命令字必须是顺序写入,而且只能写入一次。对芯片的操作共 3 个命令字,为 $OCW_1 \sim OCW_3$,可以根据操作的情况多次写入,且不必按顺序写入。

8259A 内部的地址端有一个 A_0,可以有两个状态,$A_0 = 0$ 和 $A_0 = 1$,因此共占用两个地址空间。CPU 需要将相应的命令字写入指定的接口地址中。从之前的汇编指令我们知道,CPU 和接口电路的数据传送只有两个指令,这两个指令又被称为累加器专用指令,一个指令为输入指令"IN …",一个为输出指令"OUT …"。编程时,就是将命令字利用指令"OUT …"写入 8259A 内部。

1. 初始化命令字

(1) 初始化命令字 ICW_1

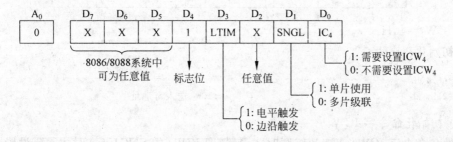

初始化命令字 ICW_1 设置了芯片触发源信号的形式,设置本中断系统是单片使用还是多片级联使用,设置了初始化时是否需要给 8259A 写入初始化命令字 ICW_4。

该命令字要写入 $A_0 = 0$ 的地址中。

【例 7.5】　8259A 地址为 20H 和 21H,系统中只使用一片 8259A 芯片,采用电平触发,需要设置 ICW_4。写出初始化命令字 ICW_1。

解: 根据 ICW_1 的定义,得到:

D_7	D_6	D_5	D_4	D_3	D_2	D_1	D_0
X	X	X	1	LITM	X	SNGL	IC_4
0	0	0	1	1	0	1	1

即: $ICW_1 = 1BH$。

则初始化程序为:

```
MOV AL, 1BH
OUT 20H, AL                              ;ICW₁ 送入偶地址
```

(2) 初始化命令字 ICW_2

中断类型号的高5位

初始化命令字 ICW_2 设定了中断类型号的高 5 位。中断类型号的低 3 位由 8259A 的硬件电路的引脚序号自动产生。一个 8259A 最多可以管理 8 个中断,每个中断都需要对应唯一的中断类型号,初始化命令字 ICW_2 低 3 位 D_0、D_1、D_2 共有 8 种状态,$D_2 D_1 D_0 = 000$ 表示中断请求输入引脚 IR_0 中断的低 3 位的中断类型号,$D_2 D_1 D_0 = 001$ 表示中断请求输入引脚 IR_1 中断的低 3 位的中断类型号,以此类推。

该命令字要写入 $A_0 = 1$ 的地址中。

【例 7.6】　8259A 地址为 20H 和 21H,8 个中断源的中断类型号为 40H~47H。写出初始化命令字 ICW_2。

解: 根据 ICW_2 的定义,得到:

D_7	D_6	D_5	D_4	D_3	D_2	D_1	D_0
T_7	T_6	T_5	T_4	T_3	0	0	0
0	1	0	0	0	0	0	0

则 $ICW_2 = 40H$。

则初始化程序为:

```
MOV AL,40H
OUT 21H, AL                              ;ICW₂ 送入奇地址
```

(3) 初始化命令字 ICW_3

初始化命令字 ICW_3 在多片级联时才设置,即 ICW_1 的 SNGL=0 时才需要设置。而且主片和从片的 ICW_3 格式是不同的。

8259A 主片格式:

A_0	D_7	D_6	D_5	D_4	D_3	D_2	D_1	D_0
1	IR_7	IR_6	IR_5	IR_4	IR_3	IR_2	IR_1	IR_0

$IR_0 \sim IR_7$ 中，哪一位为"1"，表示对应的主片的中断请求输入引脚接入了从片的中断请求输出端 INT。

8259A 从片格式：

A_0	D_7	D_6	D_5	D_4	D_3	D_2	D_1	D_0
1	0	0	0	0	0	ID_2	ID_1	ID_0

从片的识别码

$ID_2 \sim ID_0$ 表示从片接在主片的哪个中断请求输入端上，也即从片的识别码。

在多片级联时，主片根据判优电路，得出要响应的中断源的编码，在中断响应信号 $\overline{INTA}$ 的第一个负脉冲期间，通过 $CAS_2 \sim CAS_0$ 发出这个编码，从片的 $CAS_2 \sim CAS_0$ 端口接收这个编码，将本身的识别码和主片发来的编码相比较，如果相同，就在中断响应信号 $\overline{INTA}$ 的第二个负脉冲到来后，将本芯片所要响应的中断类型码送上数据总线。因此从片的 ICW_3 实际上就是根据硬件电路的连接情况设置本芯片的识别码。

无论主片还是从片，ICW_3 都是写入 $A_0 = 1$ 的地址中。

【例 7.7】 某系统采用主从级联的中断控制，由 2 个 8259A 构成中断控制电路，8259A 主片的地址为 20H 和 21H，从片的地址为 A0H 和 A1H，从片连接到主片的 IR_2 端口上。

解：根据主片的 ICW_3 的定义，得到：

D_7	D_6	D_5	D_4	D_3	D_2	D_1	D_0
IR_7	IR_6	IR_5	IR_4	IR_3	IR_2	IR_1	IR_0
0	0	0	0	0	1	0	0

则主片 $ICW_3 = 04H$。

又根据从片的 ICW_3 的定义，得到：

D_7	D_6	D_5	D_4	D_3	D_2	D_1	D_0
0	0	0	0	0	ID_2	ID_1	ID_0
0	0	0	0	0	0	1	0

则从片 $ICW_3 = 02H$。

初始化程序为：

```
MOV AL, 04H
OUT 21H, AL                    ;主片初始化
MOV AL, 02H
OUT 0A1H, AL                   ;从片初始化
```

(4) 初始化命令字 ICW_4

只有 ICW_1 中的 $IC_4 = 1$ 时，才需要写入 ICW_4 命令字，对 8086/8088 系统必须写入 ICW_4。

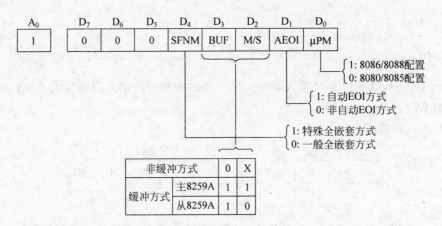

BUF：缓冲方式设置。

BUF＝0，为非缓冲方式，主片和从片的识别由$\overline{SP}/\overline{EN}$硬件电路引脚设置。$\overline{SP}/\overline{EN}$就作为输入端，接"1"为主片，接"0"为从片。所以 M/S 为任意项，通常选"0"。

BUF＝1，为缓冲方式，$\overline{SP}/\overline{EN}$就作为输出端，启动数据总线驱动器工作。主片和从片的识别由 M/S 设置，M/S＝0，表示从片；M/S＝1，表示主片。

ICW_4 命令字写入 $A_0＝1$ 的地址中。

【例 7.8】　在 8086 系统中，2 片 8259A 级联，主片采用特殊全嵌套、缓冲方式，非自动中断结束，主片的地址为 20H 和 21H。

解：根据 ICW_4 的定义，得到：

D_7	D_6	D_5	D_4	D_3	D_2	D_1	D_0
0	0	0	SFNM	BUF	M/S	AEOI	μPM
0	0	0	1	1	1	0	1

则主片 $ICW_4＝1DH$。

ICW_4 的初始化程序为：

```
MOV AL, 1DH
OUT 21H, AL                          ;ICW4 送入奇地址
```

【例 7.9】　在计算机系统中采用 815EP 芯片组作为管理中断的支持芯片，在该芯片组的 82801BA 芯片中集成了 2 个 8259A 可编程中断控制器的功能来提供系统中断服务，如图 7.7 所示，其具有下列特点：

① 可管理 15 级中断源，$CAS_2 \sim CAS_0$ 作为级联线，从 8259A 的 INT 连接到主 8259A 的 IR_2 上。

② 端口地址，主片在 20H～3FH 范围内（实际使用 20H 和 21H），从片在 0A0H～0BFH 范围内（实际使用 0A0H 和 0A1H）。

③ 主、从片 8259A 的中断请求信号线均采用边沿触发。

④ 采用全嵌套方式，优先级从高到低的排列顺序是 IR_0、IR_1、IR_2、IR_3、IR_4、IR_5、IR_6、IR_7。

⑤ 采用非缓冲方式。

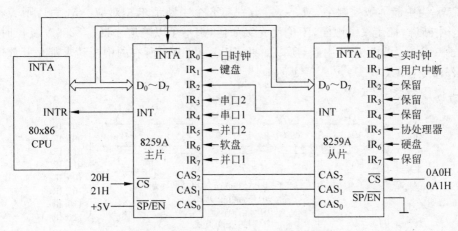

图 7.7 82801BA 中 2 片 8259A 级联图

⑥ 主 8259A 对应的中断类型号是 08H～0FH，从 8259A 对应的中断类型号是 70H～77H。

写出对这 2 片 8259A 的初始化程序。

```
;对主 8259A 的初始化
MOV  AL, 00010001B              ;ICW₁,边沿触发,有 ICW₄,级联方式,要写入 ICW₃
OUT  20H, AL                    ;写入 ICW₁
MOV  AL, 00001000B              ;ICW₂,设置主 8259A 的中断起始向量为 08H
OUT  21H, AL                    ;写入 ICW₂
MOV  AL, 00000100B              ;ICW₃,主 8259A 的 IR₂ 接有从 8259A
OUT  21H, AL                    ;写入 ICW₃
MOV  AL, 00000001B              ;ICW₄,非缓冲方式,全嵌套,正常中断结束
OUT  21H, AL                    ;写入 ICW₄
;对从 8259A 的初始化
MOV  AL, 00010001B              ;ICW₁,边沿触发,有 ICW₄,级联方式,要写入 ICW₃
OUT  0A0H, AL                   ;写入 ICW₁
MOV  AL, 01110000B              ;ICW₂,设置从 8259A 的中断起始向量为 70H
OUT  0A1H, AL                   ;写入 ICW₂
MOV  AL, 00000010B              ;ICW₃,从 8259A 的 INT 引脚连接在主 8259A 的 IR₂
OUT  0A1H, AL                   ;写入 ICW₃
MOV  AL, 00000001B              ;ICW₄,非缓冲方式,全嵌套,正常中断结束
OUT  0A1H, AL                   ;写入 ICW₄
```

2. 操作命令字

通过操作命令字,可以利用 8259A 屏蔽某些中断,设置中断优先级循环,发送中断结束指令等。

（1）操作命令字 OCW₁

A_0		D_7	D_6	D_5	D_4	D_3	D_2	D_1	D_0
1		M_7	M_6	M_5	M_4	M_3	M_2	M_1	M_0

$$M_i = \begin{cases} 1: \text{屏蔽由 } IR_i \text{ 引入的中断请求} \\ 0: \text{允许由 } IR_i \text{ 引入的中断请求} \end{cases}$$

　　OCW_1 为中断屏蔽控制字,$M_7 \sim M_0$ 分别与 8 个中断请求相对应。$M_i = 1$,则表示屏蔽了第 i 个中断源,即使来了中断,不论优先级如何,都不予以响应中断。8259A 复位时,该控制字中的 8 位全为"0",即开中断,所以如果不设置 OCW_1,所有的中断请求都是开放的。

　　操作命令字 OCW_1 写入 $A_0 = 1$ 的地址。

　　(2) 操作命令字 OCW_2

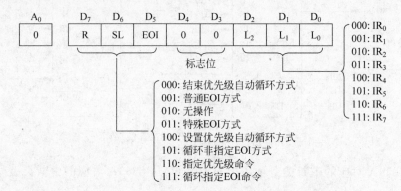

　　① $D_4 D_3$:为"0 0",是 OCW_2 的标志位,以区别 ICW_1 和 OCW_3。

　　② D_7、D_6、D_5:3 位组合起来指明优先级方式和中断结束控制方式。

其中:

　　R:为"0",优先级设置为固定优先级;为"1"设置为循环优先级。

　　SL:为"0",OCW_2 的低 3 位 $L_2 \sim L_0$ 无意义;为"1",OCW_2 的低 3 位 $L_2 \sim L_0$ 有意义。

　　EOI:为"0",该命令字不是中断结束指令;为"1",该命令字是中断结束指令,写在中断服务程序的 IRET 指令前,表示将中断服务寄存器 ISR 中的对应位复位为"0"。

　　3 位的 8 个组合的命令字含义如表 7.3 所示。

表 7.3　R,SL,EOI 组合功能

R	SL	EOI	功　　能
0	0	0	自动 EOI 循环方式撤销命令
0	0	1	非指定 EOI 命令 复位 ISR 中优先级最高的为 1 的位
0	1	0	无操作
0	1	1	指定 EOI 命令 复位 ISR 中由 $L_2 L_1 L_0$ 所指的位
1	0	0	自动 EOI 循环方式命令 以后凡遇到每次响应的最后一个 $\overline{INTA}$ 脉冲的下降沿,都将 ISR 中优先级最高的为 1 的位复位,并将该位的优先级设置为最低,其他位的优先级相应变化
1	0	1	循环非指定 EOI 命令 复位 ISR 中优先级最高的为 1 的位,并将该位的优先级设置为最低,其他位的优先级相应变化
1	1	0	设置优先级命令 将 $L_2 L_1 L_0$ 所指定位的优先级置为最低,其他位的优先级相应变化
1	1	1	循环指定 EOI 命令 复位 ISR 中由 $L_2 L_1 L_0$ 所指的位,并将该位的优先级设置为最低,其他位的优先级相应变化

（3）操作命令字 OCW$_3$

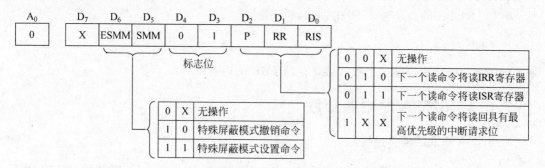

① $D_4 D_3$：为"0 1"，是 OCW$_3$ 的标志位，以区别 ICW$_1$ 和 OCW$_2$。

② $D_6 D_5$：特殊屏蔽方式操作位。

ESMM=1，且 SMM=1，就可以开放那些比当前执行中断优先级低的中断。

例如，某中断控制为固定优先级中断，此时在执行 IR$_4$ 中断源的中断服务程序，则在正常情况下，比 IR$_4$ 优先级低的 IR$_5$～IR$_7$ 是不能打断 IR$_4$ 中断服务程序的执行的。这时在 IR$_4$ 的中断服务程序中利用 OCW$_3$ 命令字，将 $D_6 D_5$ 置为"11"，就可以开放比 IR$_4$ 优先级低的 IR$_5$～IR$_7$ 中断请求。

如果再利用命令字 OCW$_3$ 将 $D_6 D_5$ 置为"10"（即 ESMM=1，SMM=0），则中断优先级恢复正常。

③ D_2 为查询方式位。

P=1，设置 8259A 为中断查询工作方式。在查询工作方式下，CPU 不是靠接收 8259A 的中断请求信号 INT 来响应中断，而是利用指令，读取偶地址（即 $A_0=0$ 的地址）指令，来获得外设的中断请求信息。8259A 收到读信号后，根据优先级顺序，将最高优先级的中断对应的中断服务寄存器 ISR 的相应位设置为"1"，并将 8259A 的 8 位查询字送到数据总线。

读进来的 8 位数据格式为：

D_7	D_6	D_5	D_4	D_3	D_2	D_1	D_0
IR	X	X	X	X	W_2	W_1	W_0

如果 D_7 为"1"，表示有中断请求，W_2～W_0 共 8 个组合，分别表示的是哪个中断源需要被响应。

例如，8259A 的地址为 20H 和 21H，固定优先级顺序，则查询程序为：

```
MOV AL, 0CH                            ;设置查询命令 OCW3
OUT 20H, AL                            ;利用 OCW3 发查询指令
IN AL, 20H                             ;读入查询字
```

④ D_1：读寄存器命令位。

RR=1，允许读中断请求寄存器 IRR 和中断服务寄存器 ISR。

RR=0，不允许读以上两个寄存器的内容。

⑤ D_0：IRR 和 ISR 寄存器选择位。

在 RR=1 时，RIS=1，读偶地址，读出的是中断服务寄存器 ISR 的内容；

　　　　　　　RIS=0，读偶地址，读出的是中断请求寄存器 IRR 的内容。

在任何情况下,读奇地址,读出的是中断屏蔽寄存器 IMR 的内容。

例如:8259A 的地址为 20H 和 21H,利用指令:

```
IN  AL, 21H
```

则读出的 AL 中的内容就为中断屏蔽寄存器 IMR 的内容。

7.5.4 8259A 的中断级联

1. 8259A 级联的硬件连接

1 片 8259A 最多可以管理 8 个中断源,当中断源的数量大于 8 时,需要将 8259A 级联使用,直接和 CPU 中断请求输入端相连的被称为主片,系统中最多只有 1 片主片,其余和主片的中断请求输入端相连的是从片,1 片主片最多能级联 8 个从片,从片不能再级联从片,因此 8259A 是两级级联,最多可以管理 64 个中断源。

在级联时,所有 8259A 的数据线($D_7 \sim D_0$)连在一起,并和系统数据总线相连;所有 8259A 的控制线 $\overline{WR}$ 和 $\overline{RD}$ 连在一起,并和 CPU 控制线相连;所有 8259A 的级联信号线 $CAS_2 \sim CAS_0$ 连在一起;主片的中断请求输出端 INT 连接 CPU 的可屏蔽中断请求端 INTR;从片的中断请求输出端 INT 连接主片的中断请求输入端 IR_n。

图 7.8 是 3 片 8259A 构成的中断控制系统,从片 A 连接主片的 IR_6,从片 B 连接主片的 IR_2。

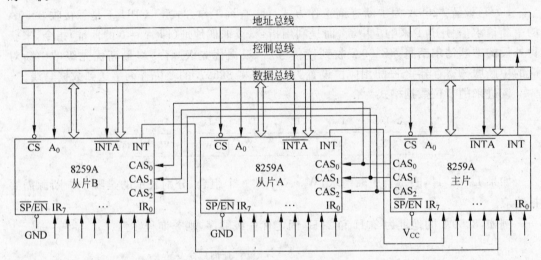

图 7.8 8259A 主从级联连接图

注意:当从片个数小于 8 时,不要将从片的请求信号 INT 连接至主片的 IR_0,只有主片的 $IR_7 \sim IR_1$ 全部连接有从片了,才可以将从片连接至主片的 IR_0。因为当没有连接从片的中断请求端被响应时,如主片的 IR_7 被响应,主片的 $CAS_2 \sim CAS_0$ 输出信号都为 000,而当此时主片的 IR_0 上连接有从片时,从片中断响应时,主片输出的 $CAS_2 \sim CAS_0$ 也是 000,这样,系统就会无法判别到底是哪一个中断源被响应。

2. 8259A 的中断响应过程

在主片设置为特殊全嵌套、固定优先级的情况下,图 7.8 所示的中断优先级别从高到低的顺序为:

主片 $IR_0 IR_1$,从片 B 的 $IR_0 IR_1 IR_2 IR_3 IR_4 IR_5 IR_6 IR_7$,主片 $IR_3 IR_4 IR_5$,从片 A 的 $IR_0 IR_1 IR_2 IR_3 IR_4 IR_5 IR_6 IR_7$,主片 IR_7。

主片收到中断请求信号时,中断请求寄存器 IRR 相应的 IR 位就置"1",主片根据优先级顺序排队,确定最高优先级。如果 8259A 并没有屏蔽该中断源,则通过主片的 INT 向 CPU 发出中断请求。当 IF 为"1"时,CPU 结束当前指令,发中断相应信号 $\overline{INTA}$。

主片收到 $\overline{INTA}$ 的第一个负脉冲时,将主片的 ISR 中优先级最高的位置"1",同时将中断请求寄存器 IRR 相应的 IR 位清"0"。

然后检测主片的 ICW_3,判断中断请求是否来自从片,如果是来自主片,则在 $\overline{INTA}$ 的第二个负脉冲时,主片将该中断源的中断类型号发送到数据总线上。如果判断出中断请求来自从片,则将从片的识别码输出至 $CAS_2 \sim CAS_0$,则相应的从片被选中。

被选中的从片在 $\overline{INTA}$ 的第一个负脉冲时,将从片 ISR 中优先级最高的位置"1",同时将中断请求寄存器 IRR 相应的 IR 位清"0"。在 $\overline{INTA}$ 的第二个负脉冲时,从片将该中断源的中断类型号发送到数据总线上。

CPU 根据芯片发来的中断类型号,到中断向量表中取出中断向量,即取出中断服务程序的入口地址,就可以执行相应的中断服务程序。

无论主片还是从片,如果设置为自动中断结束方式,则在 $\overline{INTA}$ 的第二个负脉冲结束时,就将芯片的中断服务寄存器 ISR 的相应位复位。如果设置为非自动中断结束方式,则必须用 OCW_2 工作字,在中断服务程序结束指令 IRET 前,发出中断结束命令。对于中断嵌套系统,由于高级别的中断可以打断低优先级别的中断,所以芯片的中断服务寄存器 ISR 中,多位是"1",这样在 OCW_2 工作字中,就需要指出是将中断服务寄存器 ISR 中的哪一位清"0"。当从片中不止有 1 个中断时,需要利用 OCW_3 读出从片中 ISR 寄存器的值,只有从片中 ISR 的值全为 0 时,才能将相应的主片中 ISR 的相应位清"0"。

7.5.5 8259A 的应用举例

【例 7.10】 设 8088 CPU 系统采用单片 8259A 中断控制器,8259A 的两个端口地址为 50H 和 51H,芯片采用一般全嵌套、固定优先级、自动中断结束方式,中断源采用电平触发。利用 8259A 的中断输入 IR_2 检测某硬件出错,当 IR_2 输入端输入一高电平信号,表示外部某硬件发生错误,则显示出错信息"There is an error!",IR_2 的中断类型码为 52H。

由于是单片 8259A,所以不用使用级联信号 $CAS_2 \sim CAS_0$。$\overline{SP/EN}$ 接 +5V。

如果利用 74LS138 译码器构成地址译码器,则译码电路及硬件电路如图 7.9 所示。

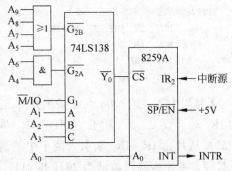

图 7.9 译码及硬件电路连接

根据题意可以写出 8259A 的初始化命令字：

$ICW_1 = 00011011 = 1BH$

$ICW_2 = 01010000 = 50H$

$ICW_4 = 00000011 = 03H$

则编写的主程序和中断服务程序如下。

主程序：

```
DATA      SEGMENT                          ;数据段
STRING    DB  'There is an error! $ '
DATA  ENDS
STACK  SEGMENT  STACK  'STACK'             ;堆栈段
       DB  100  DUP(?)
STACK  ENDS
CODE      SEGMENT                          ;代码段
ASSUME  CS: CODE, DS: DATA, SS: STACK
START:  MOV AX, DATA
        MOV DS, AX
CLI                                        ;关中断,准备装入中断向量
PUSH DS                                    ;把 DS 的值保护起来
MOV DX, SEG INTV                           ;取中断服务程序的段地址
MOV DS, DX                                 ;中断服务程序的段地址送 DS
MOV DX, OFFSET INTV                        ;中断服务程序的偏移地址送 DX
MOV AL, 52H                                ;中断类型号送 AL
MOV AH, 25H
INT 21H                                    ;装入中断向量
POP  DS                                    ;恢复 DS 的值
MOV  AL,  1BH                              ;开始初始化 8259A,将 ICW₁ 的值写入 AL
OUT  50H,  AL                              ;将 ICW₁ 写入 A₀ = 0 的地址
MOV  AL,  50H                              ;将 ICW₂ 的值写入 AL
OUT  51H,  AL                              ;将 ICW₂ 写入 A₀ = 1 的地址
MOV  AL,  03H                              ;将 ICW₄ 的值写入 AL
OUT  51H,  AL                              ;将 ICW₄ 写入 A₀ = 1 的地址
STI                                        ;开中断
HLT                                        ;等待中断
...
```

中断服务程序段如下：

```
INTV:  STI                                 ;开中断,允许中断嵌套
       MOV  DX, OFFSET  STRING             ;指向字符串首址
       MOV  AH, 9                          ;提供调用功能号
       INT  21H                            ;系统功能调用
       IRET                                ;中断返回指令
```

【例 7.11】 某 8086 系统采用两片 8259A 组成中断系统,从片的 INT 端连 8259A 主片的 IR₃ 端。设 8259A 主片从 IR₂、IR₅ 端引入两个中断请求,中断类型号为 82H、85H,8259A 从片由 IR₃、IR₄ 端引入两个中断请求,中断类型号为 43H、44H,图 7.10 给出了级联连接图。主片的端口地址为 20H 和 21H,从片的端口地址为 50H 和 51H。外部中断采用边沿触发,允许中断嵌套。

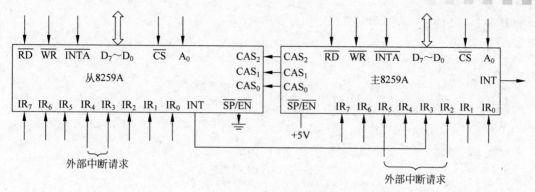

图 7.10 8259A 级联使用

(1) 由于采用多片级联,为了使主片和从片都能进行正常的中断嵌套,主片采用特殊全嵌套方式,从片采用一般全嵌套方式,则主片的初始化命令字为:

$ICW_1 = 00010001 = 11H$

$ICW_2 = 80H$

$ICW_3 = 00001000 = 08H$

$ICW_4 = 00010001 = 11H$

所以主片的初始化编程为:

```
MOV  AL,  11H                         ; ICW₁
OUT  20H,  AL                         ; 输出 ICW₁
MOV  AL,  80H                         ; ICW₂
OUT  21H,  AL                         ; 输出 ICW₂
MOV  AL,  08H                         ; ICW₃
OUT  21H,  AL                         ; 输出 ICW₃
MOV  AL,  11H                         ; ICW₄
OUT  21H,  AL                         ; 输出 ICW₄
```

(2) 从片的初始化命令字为:

$ICW_1 = 00010001 = 11H$

$ICW_2 = 40H$

$ICW_3 = 00000011 = 03H$

$ICW_4 = 00000001 = 01H$

所以从片的初始化编程为:

```
MOV  AL,  11H                         ; ICW₁
OUT  50H,  AL                         ; 输出 ICW₁
MOV  AL,  40H                         ; ICW₂
OUT  51H,  AL                         ; 输出 ICW₂
MOV  AL,  03H                         ; ICW₃
OUT  51H,  AL                         ; 输出 ICW₃
MOV  AL,  01H                         ; ICW₄
OUT  51H,  AL                         ; 输出 ICW₄
```

(3) 由于主片和从片均采用非自动中断结束方式,因此需要在中断服务程序中利用工作字 OCW_2 发出中断结束指令。

非指定的中断结束指令 $OCW_2 = 00100000 = 20H$,因此在中断返回指令 IRET 之前的中断结束指令如下。

主片：

```
MOV AL, 20H                          ;OCW₂
OUT 20H, AL                          ;输出中断指令
IRET                                 ;中断返回
```

从片：

```
MOV AL, 20H                          ;OCW₂
OUT 50H, AL                          ;输出中断指令
IRET                                 ;中断返回
```

（4）在本例中没有给出中断向量的装入程序段和完整的中断服务程序，但是程序的结构和例 7.10 类似，即在主程序中进行中断向量的装载及中断控制器 8259A 主片和从片的初始化编程；在中断服务程序中写出处理中断的具体软件操作，如果是非自动中断结束方式，还需要发出中断结束指令。

习题 7

一、选择题

1. 在程序控制传送方式中，_____可提高系统的工作效率。

    A. 无条件传送   B. 查询传送   C. 中断传送   D. 以上均可

2. 在 8086 的中断中，只有_____需要硬件提供中断类型码。

    A. 外部中断   B. 可屏蔽中断   C. 不可屏蔽中断   D. 内部中断

3. 在中断响应周期，CPU 从数据总线上获取_____。

    A. 中断向量的偏移地址   B. 中断向量

    C. 中断向量的段地址   D. 中断类型码

4. 执行 INT n 指令或响应中断时，CPU 保护现场的次序是_____。

    A. FLAGS 寄存器（FR）先入栈，其次是 CS，最后是 IP

    B. CS 在先，其次是 IP，最后 FR 入栈

    C. FR 在先，其后一次是 IP，CS

    D. IP 在先，其次是 CS，最后 FR

5. 在 PC/XT 中，NMI 中断的中断向量在中断向量表中的位置_____。

    A. 是由程序指定的   B. 是由 DOS 自动分配的

    C. 固定在 0008H 开始的 4 个字节中   D. 固定在中断向量表的表首

6. 中断调用时，功能调用号码应该_____。

    A. 写在中断指令中   B. 在执行中断指令前赋给 AH

    C. 在执行中断指令前赋给 AX   D. 在执行中断指令前赋给 DL

7. 若 8259A 的 ICW₂ 设置为 28H，从 IR₃ 引入的中断请求的中断类型码是_____。

    A. 28H   B. 2BH   C. 2CH   D. 2DH

8. 8259A 有 3 种 EOI 方式，其目的都是为了_____。

    A. 发出中断结束命令，使相应的 ISR＝1

    B. 发出中断结束命令，使相应的 ISR＝0

  C. 发出中断结束命令,使相应的 IMR＝1

  D. 发出中断结束命令,使相应的 IMR＝0

 9. 8259A 特殊全嵌套方式要解决的主要问题是_____。

  A. 屏蔽所有中断　 B. 设置最低优先级

  C. 开发低级中断　 D. 响应同级中断

 10. 8259A 编程时,中断屏蔽可通过_____设置。

  A. ICW_1　 B. OCW_1　 C. OCW_2　 D. OCW_3

二、填空题

 1. 8086/8088 的中断系统,可以处理_____种不同的中断。从产生中断的方法来分,中断可分为两大类:一类叫_____中断;一类叫_____中断。硬件中断又可分为两大类:一类叫_____中断;另一类叫_____中断。

 2. 8086 系统中断响应时,会将_____,_____和_____压入堆栈,并将_____和 TF 清零。

 3. 类型码为_____的中断所对应的中断向量放在 0000H:0084H 开始的 4 个存储单元中,若这 4 个存储单元中从低地址到高地址存放的数依次是_____,则相应的中断服务程序的入口地址是 3322H:1150H。

 4. 已知 CS 的内容为 2000H,IP 的内容为 3000H,则 CPU 下一条要执行指令的物理地址是_____;当紧接着执行中断指令"INT 15H"时,其中断类型码为_____,该指令对应的中断向量在中断向量表中的首地址为_____,假定该中断对应的中断向量是 4000H:2300H,则执行该中断后 CPU 执行中断服务程序的首地址是_____,此时 CS 中为_____,IP 中为_____。

 5. 8259A 有两种中断触发方式:_____和_____。

 6. 若有 40 个外部中断申请信号,则至少需要_____片 8259A 中断控制器。

 7. 8259A 内部含有_____个可编程寄存器,共占用_____个端口地址。8259A 的中断请求寄存器 IRR 用于存放_____,中断服务寄存器 ISR 用于存放_____。

 8. 8259A 的初始化命令字包括_____,其中_____和_____是必须设置的。

 9. 中断服务程序的返回指令为_____。

 10. 执行溢出中断的两个条件是_____和_____。

 11. 8086/8088 系统共能管理_____个中断,中断向量表在内存中的地址从_____到_____。

 12. 已知 SP＝0100H, SS＝0600H,标志寄存器 FR＝0204H,存储单元 [0024H]＝60H,[0025H]＝00H,[0026H]＝00H,[0027H]＝10H,在段地址为 0800H 及偏移地址为 00A0H 开始的单元中,有一条指令"INT 9H"(为 2 字节指令)。则执行该指令后,SS＝_____,SP＝_____,IP＝_____,CS＝_____,FR＝_____。

FR:

			OF	DF	IF	TF	SF	ZF		AF		PF		CF

三、问答题

 1. 如何"屏蔽"可屏蔽中断? 叙述 CPU 响应可屏蔽中断的过程。

 2. 设某中断的中断类型号为 12H,中断服务程序的段地址为 2020H,偏移地址为

3000H,试编写程序段将中断向量装入中断向量表中。

3. 8259A 具有两种中断屏蔽方式,普通屏蔽和特殊屏蔽方式。这两种屏蔽方式有什么特殊之处,特殊屏蔽方式一般用在什么场合?

4. 试简述 8259A 中断控制器是如何在特殊全嵌套方式 SNFM 下实现全嵌套的?

5. 请编写初始化程序。系统有一片 8259A,中断请求信号用电平触发方式,要用 ICW_4,中断类型码为 60H~67H,用特殊全嵌套方式,无缓冲,采用自动中断结束方式。设 8259A 的地址为 92H、93H。

6. 若 8086 系统采用单片 8259A 作为外部可屏蔽中断的优先级管理器,正常全嵌套方式,边沿触发,非缓冲连接,非自动中断结束,端口地址为 20H、21H。其中某中断源的中断类型码为 0AH,其中断服务子程序的入口地址是 2000:3A40H。

(1) 请为 8259A 设置正确的初始化命令字,并编写初始化程序。

(2) 中断源应与 IR 的哪一个输入端相连? 中断向量地址是多少,中断向量区对应着 4 个单元的内容是什么?

7. 8086 微机系统中,如图 7.11 所示硬件连接,8259A 的主片采用特殊全嵌套,从片采用一般全嵌套,主片和从片都是非自动中断结束,中断源都为边沿触发信号有效,主片的中断类型码为 80H~87H,从片的中断类型码为 50H~57H。

(1) 写出主片 8259A 和从片 8259A 的地址;

(2) 写出主片 8259A 的控制字,并完成初始化编程;

(3) 写出从片 8259A 的控制字,并完成初始化编程。

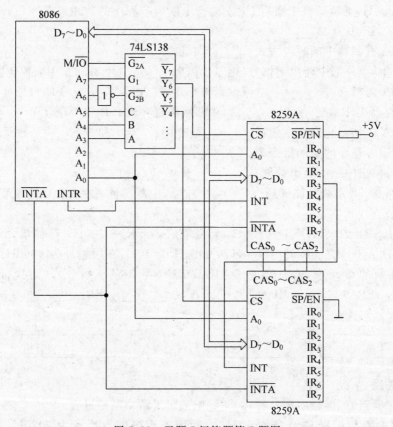

图 7.11　习题 7 问答题第 7 题图

第8章

定时与计数器

在微机系统中,计数器/定时器的使用非常普遍。例如,系统时钟的时间基准,动态存储器 RAM 的定时刷新,扬声器的发声信号源等都需要定时信号。在实时控制和处理中,要对被控参数进行周期性定时采样,对外部事件进行计数等也需要定时计数。因此,定时和计数是计算机不可缺少的功能之一。

对于定时功能,主要有两种方法,即软件定时和硬件定时。

软件定时虽然不需要额外的硬件支持,只用一部分指令就能完成,但是需要 CPU 去执行定时程序,占用了 CPU 的资源,降低了 CPU 的使用效率。硬件定时的突出优点就是提高 CPU 的使用效率,利用额外的硬件电路实现定时和计数。在微机系统中,通常采用可编程集成电路实现定时和计数功能,这样不需改变硬件电路,直接对硬件电路编程就可以改变计数功能,用起来非常灵活方便。

Intel8253 是可编程的定时计数器,通常被用于微机系统中,实现系统的定时和计数功能。本章主要介绍可编程定时计数器 8253,首先介绍 8253 的结构、工作原理和编程,然后介绍 8253 的应用。

8.1　8253 的工作原理

Intel8253 可编程定时/计数器内部有 3 个独立的 16 位定时/计数通道,计数可以按照二进制或十进制计数。每个通道有 6 种工作方式,可以通过编程的方法改变计数器的工作方式、定时时间,所以非常灵活方便。8253 的时钟输入频率最高为 2MHz,即 8253 的最高定时/计数频率为 2MHz。

8.1.1　8253 的内部结构

8253 内部结构框图如图 8.1 所示。下面分别来看各个部分的功能。

1. 计数通道

8253 芯片中包含了 3 个功能相同的计数器,称为计数器 0、计数器 1 和计数器 2。每个计数通道内都包含一个 16 位的计数初值寄存器、16 位的减 1 计数器和 16 位的计数输出锁存器。

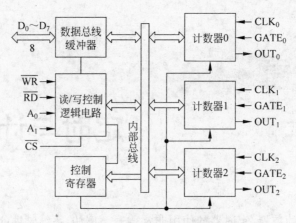

图 8.1　8253 内部结构框图

计数初值由 CPU 通过编程的方式输入，保存在计数通道的 16 位计数初值寄存器中。16 位的减 1 计数器就是执行部件，按照输入的时钟频率做减 1 运算，可以进行二进制或十进制（BCD 码）减法计数，由 CPU 编程确定是按照二进制还是十进制（BCD 码）减法计数。输出锁存器用来锁存计数器执行部件当前的值，以便 CPU 读取并了解某时刻计数的瞬时值。

计数器按照二进制计数时，如果输入的初始值为 0000H，则计数值的减 1 变化为：0000H、FFFFH、FFFEH、FFEDH、FFECH、…，直至递减至 0000H 后在 OUT 输出端输出规定的电平或脉冲信号。

计数器按照十进制计数时，如果输入的初始值为 0000H，则计数值的减 1 变化为：0000H、9999H、9998H、9997H、9996H、…，直至递减至 0000H 后在 OUT 输出端输出规定的电平或脉冲信号。

0 是计数器能够设置的最大计数初值。二进制计数时，可以计数的最大脉冲数为 2^{16}；十进制计数时，可以计数的最大脉冲数为 10^4。计数器工作时，对计数器的时钟脉冲进行减 1 计数，每输入一个计数脉冲，计数值减 1。由于 8253 与外部相连的数据信号线只有 8 位，所以 16 位的计数初值需要按照设定的顺序输入。

这 3 个计数器与外部相连的信号端有 3 个：CLK、GATE 和 OUT。CLK 是计数器的时钟脉冲输入端，最高频率为 2MHz；GATE 是计数器的控制信号，决定是否允许计数；OUT 是计数器的输出信号，不同的工作方式有不同的输出信号。

如果要使用 8253 进行定时或计数，首先利用软件编程将计数器的工作模式输入至计数器，再输入计数器的初值。计数器在工作时，外部脉冲信号通过 CLK 端输入，如果控制信号 GATE 有效，计数器进入减 1 工作状态。在计数过程中，CPU 可以随时读取计数器的当前计数值。

定时时间、计数初值和时钟脉冲的关系为：

$$定时时间＝计数初值×时钟脉冲周期$$

【例 8.1】　输入的时钟频率为 1MHz，如果打算定时的时间为 1ms，则计数初值为多少？

解：因为时钟频率为 1MHz，所以周期为 $\dfrac{1}{1MHz}=1\mu s$。

则输入的计数初值 $=\dfrac{1ms}{1\mu s}=1000$。

2. 控制字寄存器

虽然 8253 有 3 个独立的计数器,但是 CPU 对 3 个计数器的编程都是通过控制字寄存器来完成的。控制字用来设置计数器的工作方式、计数初值的输入格式、计数值的读出格式、计数器计数进制等。8253 控制字寄存器的值只能输入,不能读出,即利用 IN 指令由 CPU 写入。

3. 数据总线缓冲器

8253 内部的数据总线缓冲器是双向三态的 8 位数据缓冲器,CPU 通过该缓冲器和 8253 进行的数据传送包括:

(1) CPU 给 8253 编程时,数据通过该数据缓冲器进入到控制字寄存器。

(2) CPU 给每个计数器写入初值。

(3) CPU 从计数器读出计数值。

4. 读/写控制逻辑

读/写控制逻辑接收控制信号和地址信号。写信号 $\overline{WR}$ 有效(为"0"电平)时,8253 可以接收控制命令字和计数器初值。读信号 $\overline{RD}$ 有效(为"0"电平)时,CPU 可以读取计数器当前的计数值。$\overline{CS}$、A_0 和 A_1 三个信号的组合决定了 8253 的地址空间。8253 直接和地址信号线连接的地址线有 2 个,分别是 A_0 和 A_1,因此 8253 占用了 4 个地址空间,$\overline{CS}$ 连接地址译码器的输出信号,其原理同中断控制器 8259A 的地址空间构成一样。

$A_1 A_0 = 00$ 对应的地址是计数器 0 的端口地址。

$A_1 A_0 = 01$ 对应的地址是计数器 1 的端口地址。

$A_1 A_0 = 10$ 对应的地址是计数器 2 的端口地址。

$A_1 A_0 = 11$ 对应的地址是控制字寄存器的端口地址。

8.1.2 8253 的引脚

8253 是 24 引脚的双列直插式可编程芯片,8253 的引脚分布如图 8.2 所示。

1. 计数器引脚

8253 有 3 个独立的计数器,每个计数器与外部的引脚有 3 个,分别是脉冲输入引脚 CLK、门控输入引脚 GATE、计数器输出引脚 OUT。

2. 数据引脚 $D_7 \sim D_0$

CPU 对 8253 的编程、计数初值的输入、计数值的读出均是通过这 8 位数据线传输的。

3. 读/写信号控制引脚

读信号 $\overline{RD}$ 有效时,CPU 可以读出计数器当

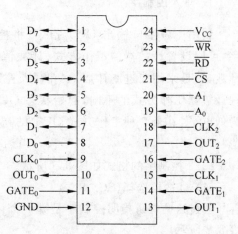

图 8.2 8253 引脚图

前的计数值；写信号$\overline{WR}$有效时，CPU 可以对芯片编程，输入计数器初值。

4. 片选引脚和地址引脚

片选引脚$\overline{CS}$和地址引脚 A_1、A_0 一起决定了 8253 的地址空间，$\overline{CS}$决定了地址的高位，A_1 和 A_0 决定了地址的低位，并且 A_1 和 A_0 的 4 个不同的组合就构成了 8253 的 4 个不同的地址。

各输入信号组合构成的控制功能如表 8.1 所示。

表 8.1　控制信号功能表

$\overline{CS}$	$\overline{RD}$	$\overline{WR}$	A_1	A_0	功　　能
0	1	0	0	0	写入计数器 0
0	1	0	0	1	写入计数器 1
0	1	0	1	0	写入计数器 2
0	1	0	1	1	写入控制字寄存器
0	0	1	0	0	读计数器 0
0	0	1	0	1	读计数器 1
0	0	1	1	0	读计数器 2
0	0	1	1	1	无操作
1	×	×	×	×	禁止使用
0	1	1	×	×	无操作

8.1.3　8253 的初始化编程

在接口芯片使用时，都需要对每个可编程接口控制芯片进行初始化编程，使芯片按照编程输入的模式工作。同样作为可编程控制芯片 8253 也要进行初始化编程。8253 的初始化编程有两个步骤，第一是写入控制字，第二是写入计数初值。

1. 写入控制字

利用 I/O 接口输出 OUT 指令，将控制字写入接口电路。通过对 8253 写入的控制字，可以设置计数器的工作方式、计数值输入输出方式、计数所用的数制（即采用十进制计数，还是采用二进制计数）。在写入控制字后，计数器的输出端 OUT 变为初始状态，根据计数器工作方式的不同，起始状态 OUT 的值也不同，方式 0 输出端 OUT 的初始状态为低电平，其余 5 种工作方式 OUT 的初始状态为高电平。同时，写入控制字后，计数器清"0"。

8253 控制字的格式如图 8.3 所示。

（1）计数器选择（SC_1、SC_0）

通过这两位来指明控制字是哪一个计数器的控制字。这两位组合所选择的计数器如表 8.2 所示。

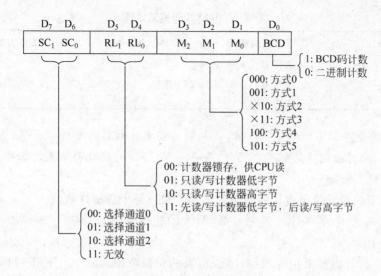

图 8.3　8253 控制字格式

表 8.2　计数器选择表

SC$_1$ SC$_0$	对应的通道	SC$_1$ SC$_0$	对应的通道
0　0	通道0	1　0	通道2
0　1	通道1	1　1	不用

注意：控制字的地址就一个，就是通过控制字中的这两位来确定具体是对哪个计数器的初始化。

（2）计数器读/写方式（RL$_1$、RL$_0$）

对每个计数器初始化编程，首先写入控制字，然后写入计数器的计数初值。每个计数器都是 16 位的，而 8253 的数据线只有 8 位，所以根据规定的初值输入方式输入初值。如果高 8 位是零，那么只输入低 8 位的值，高 8 位自动设置为 0；如果低 8 位是零，那么只输入高 8 位的值，低 8 位自动设置为 0；如果 16 位初值的高 8 位和低 8 位都不为零，则先输入低 8 位，再输入高 8 位。

当 CPU 读取计数器当前值时，读出的格式与写入时顺序一样。表 8.3 为通过控制字的 RL$_1$ 和 RL$_0$ 设置计数器值的输入输出方式。

表 8.3　8253 读/写方式

RL$_1$ RL$_0$	通道读写操作	RL$_1$ RL$_0$	通道读写操作
0　0	寄存器锁存	1　0	只读写高 8 位字节
0　1	只读写低 8 位字节	1　1	读写 16 位

（3）工作方式选择（M$_2$、M$_1$、M$_0$）

每个计数器都有 6 种工作方式，通过控制字的 M$_2$、M$_1$、M$_0$ 就可以确定计数器的工作方式。表 8.4 表示 M$_2$、M$_1$、M$_0$ 的不同组合对应计数器不同的工作方式。

表 8.4 8253 工作方式选择

M₂ M₁ M₀	工作方式的选择	M₂ M₁ M₀	工作方式的选择
$0\quad 0\quad 0$	工作方式 0	$\times\quad 1\quad 1$	工作方式 3
$0\quad 0\quad 1$	工作方式 1	$1\quad 0\quad 0$	工作方式 4
$\times\quad 1\quad 0$	工作方式 2	$1\quad 0\quad 1$	工作方式 5

注意：当控制字的 $RL_1 RL_0 = 00$ 时，是指锁存指定计数器的当前计数值，下一步就是读出这个锁存值，此时控制字的低 4 位无效，即 M_2、M_1、M_0 的组合并不表示工作方式。

（4）计数制式选择

通过控制字的最低位设置计数器是二进制计数还是十进制计数。

当 $D_0 = 1$ 时，计数器采用十进制计数，写入的初值范围为 $0000 \sim 9999$，0000 是最大初值，代表 $10^4 = 10000$；

当 $D_0 = 0$ 时，计数器采用二进制计数，写入的初值范围为 $0000 \sim FFFFH$，0000 是最大初值，代表 $2^{16} = 65536$。

2. 写入计数初值

利用输出指令 OUT 可以给计数器写入初值，注意初值写入的格式要和控制字中有关格式的规定相符。

【例 8.2】 8253 的 4 个端口地址为 108H、109H、10AH、10BH，采用计数器 0 定时，工作于方式 1，计数器 0 的计数初值为 1000，试对 8253 进行初始化编程。

解：如果采用十进制计数，则计数初值就为 1000H。在控制字中规定在写入初值时，可以只写入高 8 位，即 10H，此时低 8 位自动清"0"。

根据以上分析，控制字为：

D_7	D_6	D_5	D_4	D_3	D_2	D_1	D_0
SC_1	SC_0	RL_1	RL_0	M_2	M_1	M_0	BCD
0	0	1	0	0	0	1	1
计数器 0		只写高 8 位		方式 1			十进制计数

即：控制字 $= 00100011 = 23H$。

则初始化编程为：

```
MOV   AL,  23H          ;控制字为 23H
MOV   DX,  10BH         ;当端口地址大于 8 位时,利用 DX 作间址
OUT   DX,  AL           ;写入控制字
MOV   AL,  10H          ;计数初值的高 8 位
MOV   DX,  108H         ;将计数 0 的端口地址输入至 DX
OUT   DX,  AL           ;写入计数初值
```

在这个例子中，如果按照二进制计数，则计数初值为 1000，这一初值可以人工换算为二进制数，简便的方法是直接输入，系统会自动换算。所以写入初值时，要分两步，先写入低 8 位，再写高 8 位。

控制字为：

D_7	D_6	D_5	D_4	D_3	D_2	D_1	D_0
SC_1	SC_0	RL_1	RL_0	M_2	M_1	M_0	BCD
0	0	1	1	0	0	1	0
计数器 0		先写低 8 位,再写高 8 位		方式 1			二进制计数

控制字为：00110010＝32H。

初始化编程为：

```
MOV   AL,  32H          ;控制字为 32H
MOV   DX,  10BH         ;将控制字寄存器的端口地址写入 DX
OUT   DX,  AL           ;写入控制字
MOV   AX,  1000         ;由系统自动换算 1000 的二进制数
MOV   DX,  108H         ;将计数 0 的端口地址输入至 DX
OUT   DX,  AL           ;写入二进制计数初值的低 8 位
MOV   AL,  AH           ;将二进制计数初值的高 8 位传输至 AL
OUT   DX,  AL           ;写入计数初值的高 8 位
```

注意：以上两种计数方法初值的写入,十进制为 1000H,二进制为 1000。

8.1.4　8253 的工作方式

8253 共有 6 种工作方式,所有工作方式都遵循如下规则：

(1) 当控制字写入计数器时,所有电路复位,输出端 OUT 进入初始状态。

(2) 初始值写入后,在门控信号有效的情况下,在时钟信号的下降沿处,计数器从计数器初值开始减 1 计数。

下面分别介绍 6 种工作方式。

1. 方式 0(计数结束产生中断)

方式 0 的特点：

(1) 输出信号 OUT 的初始状态为"0"；

(2) 门控信号 GATE 为"1"时,计数器才能减 1 计数,在计数过程中,OUT 信号一直为"0"；

(3) 计数器减到 0 后,OUT 信号由"0"变为"1"计数器脱离工作状态,直到新的计数初值输入,OUT 变低,计数器才又开始减 1 计数；

(4) 在计数过程中,GATE 信号变为"0"时,计数暂停,计数值保持不变；GATE 信号再为"1",计数器继续减 1 计数；

(5) 在计数过程中,输入新的初始值,立即停止前面的计数,以新的计数初值开始减 1 计数。

8253 工作在方式 0 的工作波形如图 8.4 所示。

控制字写入,计数器并不开始减 1 计数,只有当写入初值,并且门控信号 GATE 为高电平时,计数器才会在时钟信号的下降沿减 1 计数。

当门控信号变为 0 时,计数器暂停计数,门控信号再为 1 时,计数器继续计数,如图 8.5 所示。

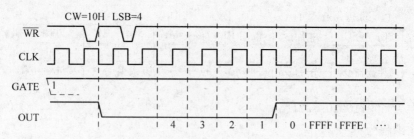

图 8.4　8253 方式 0 工作波形图

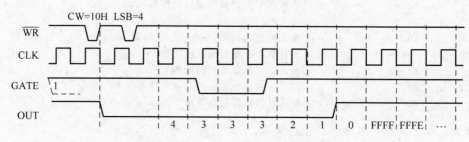

图 8.5　8253 方式 0 门控信号的影响

在门控信号有效的情况下,计数初值在计数器计数的过程中,重新输入,则立即按照新输入的计数初值减 1 计数,如图 8.6 所示。

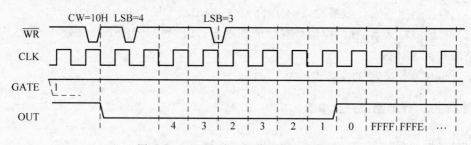

图 8.6　8253 方式 0 初值再装入的影响

利用方式 0 的工作特点,用户可以将输出信号作为中断信号,输入至中断控制接口电路,则计数器初值为定时值,计数器减为 0 时输出中断请求信号。

2. 方式 1(硬件可重触发单稳态方式)

方式 1 的特点:

(1) 输出信号 OUT 的初始状态为"1";

(2) 门控信号 GATE 上升沿触发计数器减 1 计数,开始计数时,OUT 信号变为"0",在计数过程中,OUT 信号一直为"0";

(3) 计数器减到 0 后,OUT 信号由"0"变为"1",计数器脱离工作状态,直到新的 GATE 信号上升沿到来,计数器才又开始减 1 计数;

(4) 在计数过程中,GATE 又出现上升沿,计数器从 CLK 信号的下降沿处开始重新减 1 计数;

(5) 在计数过程中,输入新的初始值,不影响本次计数。只有 GATE 信号的上升沿到来,计数器才以新的初值减1计数。

8253工作在方式1的工作波形如图8.7所示。

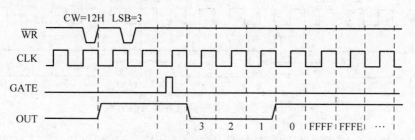

图 8.7 8253 方式 1 工作波形图

因此可以在输出端得到一个负的单脉冲信号,单脉冲的宽度为:

时钟脉冲周期×计数初值

和方式0不同,方式1是硬件启动,即门控信号GATE的上升沿启动计数器减1计数。在本次计数结束后,若门控信号GATE重新启动,则又开始新的一次计数过程,如图8.8所示。

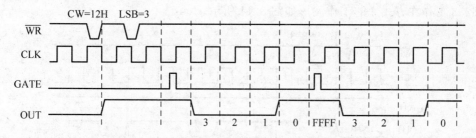

图 8.8 方式 1 重新启动门控 GATE 对输出的影响

当在计数过程中,若门控信号GATE重新启动,则计数器从CLK的下降沿开始重新计数,也就是说,OUT低电平的宽度变长,如图8.9所示。

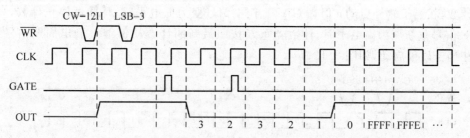

图 8.9 方式 1 计数过程中重新启动门控 GATE 对输出的影响

当在计数过程中,重新输入计数初值,不会影响本次计数,在下一个GATE信号上升沿时,计数器才会以新的计数值减1计数,如图8.10所示。

3. 方式2(周期性负脉冲输出)

方式2的特点:

(1) 输出信号 OUT 的初始状态为"1";

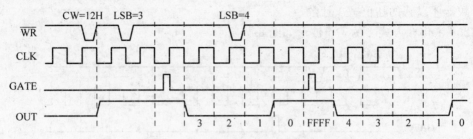

图 8.10 方式 1 重装初值对输出的影响

（2）门控信号 GATE 为"1"时，计数器才能减 1 计数，计数到 1 后，OUT 输出 1 个 CLK 宽度的低电平，接着又重新开始计数，重复输出 N−1 个 CLK 宽度的高电平和 1 个 CLK 宽度的低电平的周期信号；

（3）在计数过程中，GATE 信号变为"0"，计数器停止计数，直到 GATE 信号变为"1"，计数器从 CLK 信号的下降沿处开始重新减 1 计数；

（4）在计数过程中，输入新的初始值，不影响本次计数，只在下 1 个输出信号周期开始重新以新的初值计数。

8253 工作在方式 2 的工作波形如图 8.11 所示。

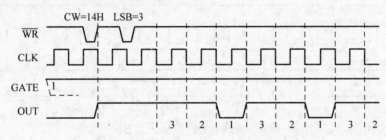

图 8.11 8253 方式 2 工作波形图

方式 2 的输出信号为周期信号，当门控信号 GATE 为高电平时，计数器装入初值后就开始计数，相当于软件启动；但当 GATE 门控信号变为低电平时，计数器停止计数，只有当 GATE 信号重新变为高电平时，计数器重新按照最新的计数初值继续输出周期信号，这种情况相当于硬件启动，如图 8.12 所示。

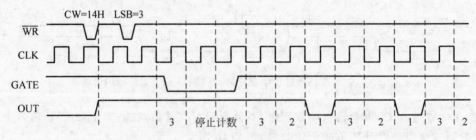

图 8.12 8253 方式 2 门控信号的影响

在计数过程中，重新输入计数初值，不会影响本次计数，只会影响下一个周期的计数，如图 8.13 所示。

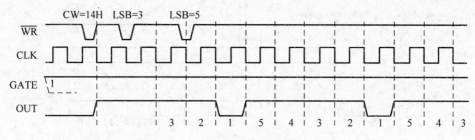

图 8.13 方式 2 重装初值对输出的影响

4. 方式 3(周期性方波输出)

方式 3 与方式 2 相似,只是方式 3 的输出信号为方波。当计数器初值 N 为偶数时,输出 N/2 个高电平,N/2 个低电平信号。当计数器初值 N 为奇数时,输出(N+1)/2 个高电平,(N−1)/2 个低电平信号。

8253 工作在方式 3 的工作波形如图 8.14 所示。

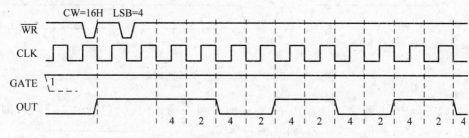

图 8.14 8253 方式 3 工作波形图

和方式 2 相同,当门控信号 GATE 由高变为低时,计数器停止计数,GATE 信号重新变为高时,按照最新的计数初值输出周期信号。同样在计数过程中,输入新的计数初值,不影响当前计数,只会影响下面周期信号的输出。

5. 方式 4(软件触发单次负脉冲输出)

方式 4 与方式 0 类似。

方式 4 的特点:

(1) 输出信号 OUT 的初始状态为"1";

(2) 门控信号 GATE 为"1"时,计数器才能减 1 计数,在计数过程中,OUT 信号一直为"1";

(3) 计数器减到 0 后,OUT 信号输出 1 个 CLK 宽度的负脉冲,计数器脱离工作状态,直到新的计数初值输入,计数器才又开始减 1 计数;

(4) 在计数过程中,GATE 信号变为"0"时,计数器停止计数;GATE 信号再为"1",计数器重新以计数初值减 1 计数;

(5) 在计数过程中,输入新的初始值,立即停止前面计数,以新的计数初值开始减 1 计数。

8253 工作在方式 4 的工作波形如图 8.15 所示。

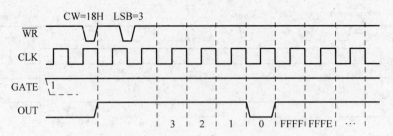

图 8.15 8253 方式 4 工作波形图

门控信号 GATE 由高变为低时,计数器停止计数,重新变高后,计数按照最新的计数初值开始重新计数,如图 8.16 所示。

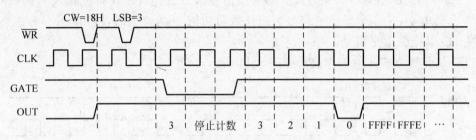

图 8.16 8253 方式 4 门控信号的影响

在计数过程中,重新输入计数初值,则立即按照新输入的计数初值减 1 计数,即和方式 0 一样,输入计数初值立即生效,如图 8.17 所示。

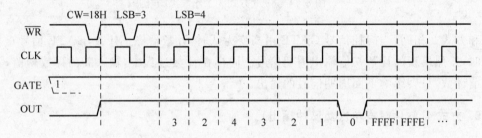

图 8.17 8253 方式 4 重装初值对输出的影响

6. 方式 5(硬件触发单次负脉冲输出)

方式 5 与方式 1 类似,只有输出信号不同。

方式 5 的特点:

(1) 输出信号 OUT 的初始状态为"1";

(2) 门控信号 GATE 上升沿触发计数器减 1 计数,在计数过程中,OUT 信号一直为"1";

(3) 计数器减到 0 后,OUT 信号输出 1 个 CLK 宽度的负脉冲,计数器脱离工作状态,直到新的 GATE 信号上升沿到来,计数器才又开始减 1 计数;

(4) 在计数过程中,GATE 又出现上升沿,计数器从 CLK 信号的下降沿处开始重新减 1 计数;

（5）在计数过程中，输入新的初始值，不影响本次计数，只有 GATE 信号的上升沿到来，计数器才以新的初值减 1 计数。

8253 工作在方式 5 的工作波形如图 8.18 所示。

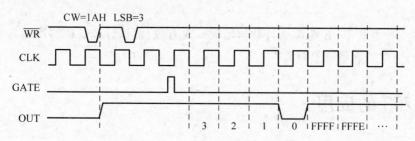

图 8.18　8253 方式 5 工作波形图

和方式 1 一样，方式 5 是硬件启动，即门控信号 GATE 的上升沿启动计数器减 1 计数。在本次计数结束后，若门控信号 GATE 重新启动，则又开始新的一次计数过程，如图 8.19 所示。

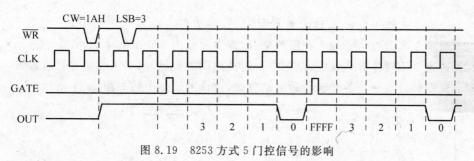

图 8.19　8253 方式 5 门控信号的影响

当在计数过程中，重新输入计数初值，不会影响本次计数，在下一个 GATE 信号上升沿时，计数器才会以新的计数值减 1 计数，如图 8.20 所示。

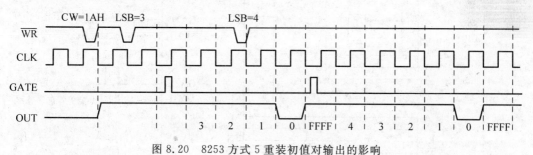

图 8.20　8253 方式 5 重装初值对输出的影响

7. 8253 工作小结

由以上介绍可知，8253 的 6 种工作方式各有特点，现概括如下：

（1）对于方式 0，写入控制字后，输出端变低，计数结束，输出端由低变高，常用该信号作为中断源。其余 5 种方式写入控制字后，输出端均变高。

（2）方式 1 用来产生单脉冲信号。

（3）方式 2 用来产生负脉冲序列，负脉冲的宽度与时钟信号周期相同。

（4）方式 3 类似方式 2，也是产生脉冲序列，只是序列为方波。

（5）方式 4 和方式 5 的输出波形相同，都是在计数器减为 0 时，在 OUT 端输出一个负脉冲，其宽度等于一个时钟周期。不同的是，方式 4 由软件触发计数，方式 5 由硬件触发计数。

（6）在 6 种方式中，方式 0、4，计数初值仅一次有效，继续计数还需再次输入计数初值。方式 1、2、3、5，计数初值重复有效。

8.2 8253 的应用

8.2.1 8253 的应用举例

【例 8.3】 某 8086 CPU 系统中使用了一片 8253，3 个计数器所用的时钟脉冲频率均为 1MHz，8253 的端口地址为 310H、312H、314H 和 316H，要求 3 个计数通道分别完成以下功能：

（1）通道 0 工作于方式 3，输出频率为 2kHz 的方波。

（2）通道 1 当门控信号的上升沿到来时，产生宽度为 $320\mu s$ 的单脉冲。

（3）通道 2 用硬件方式触发，输出一个时钟周期的负脉冲，要求时间常数设置为 45。

解： 根据端口地址及各计数器的启动方式，设计的硬件电路如图 8.21 所示。

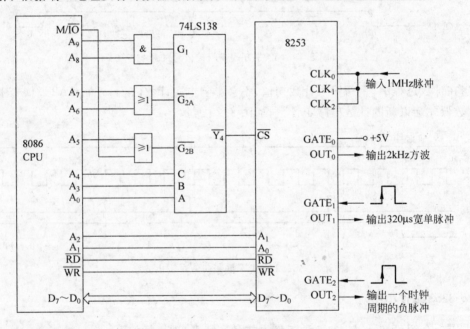

图 8.21 硬件电路连接

计数器 0 工作于方式 3。

初值为：1MHz/2kHz＝500。

如果采用 BCD 码计数，则计数器 0 的控制字为：00100111＝27H。

则计数器 0 初始化程序如下：

```
MOV  DX,  316H              ;控制字端口地址为 316H
MOV  AL,  27H               ;计数器 0 的控制字
OUT  DX,  AL               ;输出控制字
MOV  DX,  310H              ;计数器 0 的端口地址
MOV  AL,  05H               ;计数器 0 初值的高 8 位
OUT  DX,  AL               ;输出计数器 0 的初值
```

计数器 1 工作于方式 1。

初值为：$1\text{MHz} \times 320\mu\text{s} = 320$。

如果采用二进制计数，则计数器 1 的控制字为：$01110010 = 72\text{H}$。

则计数器 1 的初始化程序如下：

```
MOV  DX,  316H              ;控制字端口地址为 316H
MOV  AL,  72H               ;计数器 1 的控制字
OUT  DX,  AL               ;输出控制字
MOV  DX,  312H              ;计数器 1 的端口地址
MOV  AX,  320               ;计数器 1 的初值
OUT  DX,  AL               ;输出初值的低 8 位
MOV  AL,  AH               ;
OUT  DX,  AL               ;输出初值的高 8 位
```

计数器 2 工作于方式 5。

如果采用二进制计数，则计数器 2 的控制字为：$10011010 = 9\text{AH}$。

则计数器 2 的初始化程序如下：

```
MOV  DX,  316H              ;控制字端口地址为 316H
MOV  AL,  9AH               ;计数器 2 的控制字
OUT  DX,  AL               ;输出控制字
MOV  DX,  314H              ;计数器 2 的端口地址
MOV  AL,  45                ;计数器 2 的初值
OUT  DX,  AL               ;输出计数器 2 的初值
```

【例 8.4】 计数器 0 的时钟信号 CLK 为 1MHz，需要输出 10Hz 的方波信号给中断控制器 8259A，设 8253 的地址为 80H～83H，试完成 8253 的初始化程序设计。

解：根据题意，可以计算出计数器的初值为：

$$1\text{MHz}/10\text{Hz} = 10^5$$

因为单个计数器的最大计数值为 $2^{16} = 65\,536 < 10^5$，所以必须用两个计数器来完成。可以将初值分解为：

$$10^5 = 1000 \times 100$$

计数器 0 的初值为 1000，计数器 1 的初值为 100。

计数器 0 工作在方式 3，输出信号作为计数器 1 的时钟输入，计数器 1 也工作于方式 3。

如果计数器 0 和 1 均采用二进制计数，则计数器 0 和计数器 1 的控制字为：

计数器 0：$00110110 = 36\text{H}$

计数器 1：$01010110 = 56\text{H}$

所以计数器 0 的初始化编程为：

```
MOV AL, 36H                              ;计数器 0 的控制字
OUT 83H, AL                              ;将控制字输出至 8253 的控制字端口
MOV AX, 1000                             ;计数器 0 的初值
OUT 80H, AL                              ;将初值的低半部分输出至计数器 0
MOV AL, AH
OUT 80H, AL                              ;将初值的高半部分输出至计数器 0
```

计数器 1 的初始化编程为：

```
MOV AL, 56H                              ;计数器 1 的控制字
OUT 83H, AL                              ;将控制字输出至 8253 的控制字端口
MOV AX, 100                              ;计数器 1 的初值
OUT 81H, AL                              ;将初值的低半部分输出至计数器 1
```

8.2.2　8253 在 PC 中的应用

在 IBM PC 机中，8253 的 3 个计数器分别用作时钟定时、动态 RAM 刷新定时、扬声器音调控制的方波输出。3 个计数器的端口地址分别为 40H、41H、42H,控制字寄存器的端口地址为 43H。8284 产生的外部时钟信号频率为 2.386 36MHz,二分频后的频率为 1.193 18MHz,作为 3 个计数器的输入时钟信号 CLK,下面分别来看这 3 个计数器的使用。

1. 计数器 0 用于时钟定时

计数器 0 工作在方式 3,采用二进制计数,计数器的初值为 0,相当于 2^{16},其输出端 OUT 输出方波周期信号,输出方波信号的频率为：1.193 18MHz$/2^{16}\approx$18.2Hz。GATE 接高电平。

OUT 信号送到 8259A 的中断请求输入端 IR_0,方波的每个上升沿就是 1 个中断请求信号,这样每秒就会请求 18.2 次中断,即每 55ms 请求一次中断。CPU 在中断服务程序中对中断次数进行计数,计算出秒、分、时、日等信号,供整个系统使用。

计数器 0 的控制字为：00110110B＝36H。

计数器 0 的初始化编程的程序为：

```
MOV  AL,  36H                            ;控制字
OUT  43H, AL                             ;写入控制字
MOV  AX,  0                              ;预置计数器初值
OUT  40H, AL                             ;先写低字节
MOV  AL,  AH
OUT  40H, AL                             ;后写高字节
```

2. 计数器 1 用于动态 RAM 刷新定时

计数器 1 工作在方式 2,二进制计数,计数器初值为 18,其输出端 OUT 输出分频周期信号,输出频率为：1.193 18MHz$/18\approx$66.1kHz,周期为：1/66.1kHz＝15.12μs。GATE 端接高电平。

8253 计数器 1 的 OUT 作为请求信号,请求 8237DMA 控制器每隔 15.12μs 对动态 RAM 进行刷新操作。

计数器 1 的控制字为：01010100B＝54H。

计数器 1 的初始化编程的程序为：

```
MOV   AL,   54H          ;控制字
OUT   43H,  AL           ;写入控制字
MOV   AL,   12H          ;预置初值
OUT   41H,  AL           ;写入低字节
```

3．计数器 2 用于扬声器音调控制

计数器 2 工作在方式 3，二进制计数，计数器初值根据欲输出的频率来设置。计数器的门控信号 GATE 不接"1"，而是接并行接口芯片 8255 的 PB_0 端，因此该计数器不是常开状态。PB_0 为高电平时，允许计数器开始计数，使 OUT 端输出方波信号。方波信号和 8255 的 PB_1 相"与"后，送到扬声器驱动电路，驱动扬声器发声，发声的长短由 PB_1 控制。

设计数器的初值为：1331。

计数器 2 的控制字为：10110110B＝0B6H。

计数器 2 的初始化编程的程序为：

```
MOV   AL,   0B6H         ;控制字
OUT   43H,  AL           ;写入控制字
MOV   AX,   1331         ;预置初值
OUT   42H,  AL           ;先写低字节
MOV   AL,   AH
OUT   42H,  AL           ;后写高字节
```

习题 8

一、选择题

1. 可编程计数/定时器 8253 的工作方式共有_____，共有_____个 I/O 口。

    A. 3 种,4   B. 4 种,5   C. 6 种,3   D. 6 种,4

2. 若 8253 的通道计数频率为 1MHz，每个通道的最大定时时间为_____。

    A. 10ms   B. 97.92ms   C. 48.64ms   D. 65.536ms

3. 当可编程计数/定时器 8253 工作在方式 0，在初始化编程时，一旦写入控制字后，_____。

    A. 输出信号端 OUT 变为高电平   B. 输出信号端 OUT 变为低电平

    C. 输出信号保持原来的电位值   D. 立即开始计数

4. 定时/计数器 8253 无论工作在哪种方式下，在初始化编程时，写入控制字后，输出端 OUT 便_____。

    A. 变为高电平   B. 变为低电平

    C. 变为相应的高电平或低电平   D. 保持原状态不变，直至计数结束

5. 8253 工作在方式 1 时，输出负脉冲的宽度等于_____。

    A. 1 个 CLK 脉冲宽度   B. 2 个 CLK 脉冲宽度

    C. N 个 CLK 脉冲宽度   D. N/2 个 CLK 脉冲宽度

6. 将 8253 定时/计数器的通道 0 设置为方式 3,产生频率为 10kHz 的方波。当输入脉冲频率为 2MHz 时,计数初值为_____。

    A. 200   B. 300   C. 400   D. 500

二、填空题

1. 8253 的计数器通道有_____个,端口地址有_____个。

2. 8253 的最高计数频率为_____。

3. 8253 的数据引脚有_____位,内部有_____位的计数器初值寄存器。

4. 若 8253 的输入时钟 $CLK_1 = 1MHz$,计数初值为 500,BCD 码计数方式,OUT_1 输出为方波,则初始化时该通道的控制字应为_____。

5. 如果 8253 通道 0 工作在方式 0,初值为 8H,当减法计数至 5H 时,GATE 信号变为低,则当 GATE 信号重新为高时,从_____又开始计数。

6. 8253 端口地址为 40H～43H,通道 0 作为计数器,计数时钟频率为 1MHz。下面程序段执行后,输出脉冲的宽度是_____。

```
MOV  AL, 36H
OUT  43H, AL
MOV  AX, 20000
OUT  40H, AL
MOV  AL, AH
OUT  40H, AL
```

三、问答题

1. 每个计数器和外设的连接引脚各是什么?简述其功能。

2. 某系统利用 8253 芯片进行定时计数,输入的时钟脉冲为 1MHz,定时时间为 10s,问需要几个计数器通道完成定时,每个计数器通道的计数初值为多少?

3. 8253 的 4 个端口地址为 208H、209H、20AH、20BH,采用计数器 0 定时,输入时钟信号为外部事件,当外部事件记满 100 时,由计数器 0 输出中断请求信号,要求完成对计数器 0 的初始化编程,并设计端口地址的译码硬件电路。

4. 如图 8.22 所示硬件电路,试写出 8253 的 4 个端口地址,并写出计数器 1 的初始化程序。

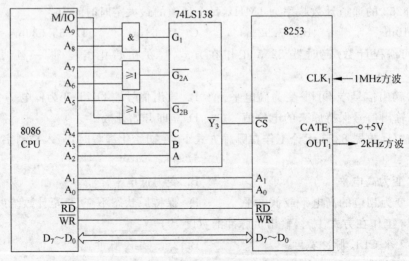

图 8.22 习题 8 问答题第 4 题图

5. 已知电路原理图如图 8.23 所示。编写初始化程序,使在 OUT_0 端输出图示波形。

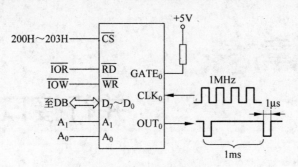

图 8.23 习题 8 问答题第 5 题图

第 9 章

并行接口电路

微机的通信有两种基本方式：并行通信和串行通信。在通信过程中，如果外设的数据通过接口电路被同时传送，称为并行通信，使用的接口电路就是并行接口电路。如果外设的数据通过接口电路被逐位传送，称为串行通信，使用的接口电路就是串行接口电路。

在第 6 章中介绍了几种简单的接口电路，即不可编程的数据缓冲器和数据锁存器，本章介绍的并行接口电路芯片 8255A 是较为复杂的接口电路。8255A 是可编程的并行 I/O 接口芯片，通过编程设置，芯片可以工作在不同的工作方式下。在微机应用中，8255A 通常不需附加外部电路，因此得到了广泛应用。本章主要说明 8255A 的原理和应用。

9.1　8255A 的工作原理

9.1.1　8255A 的引脚

8255A 的外部引脚如图 9.1 所示。

8255A 是具有 40 个引脚的双列直插式芯片，和外设连接的并行端口有 3 个，都是 8 位。3 个端口分别是：

A 口，对应的引脚为 $PA_7 \sim PA_0$；

B 口，对应的引脚为 $PB_7 \sim PB_0$；

C 口，对应的引脚为 $PC_7 \sim PC_0$。

8255A 和 CPU 的数据端也是 8 位，对应的引脚为 $D_7 \sim D_0$。

控制信号有 3 个，分别是 $\overline{RD}$、$\overline{WR}$、RESET。

片选信号端 $\overline{CS}$，决定了接口电路的高位地址。

地址信号引脚 2 个，分别是 A_1、A_0，所以 8255A 占用 4 个 I/O 端口地址。

电源正端：V_{CC}。

电源地：GND。

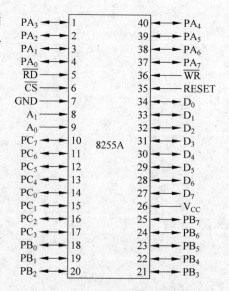

图 9.1　8255A 的外部引脚

9.1.2 8255A 的内部结构和功能

8255A 的内部结构如图 9.2 所示。

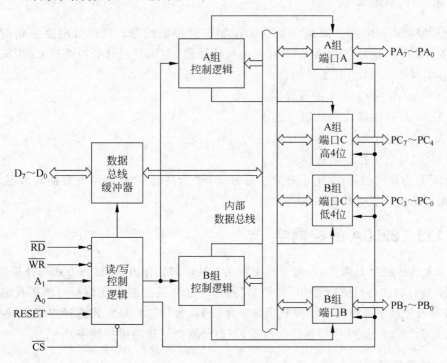

图 9.2 8255A 的内部结构

1. 数据端口 A、B、C

这 3 个端口与外设的数据接口都是 8 位,但功能不完全相同。A 口有 3 种工作方式,B 口有 2 种工作方式,C 口有 1 种工作方式。C 口可以分两部分使用,常用来配合 A 口和 B 口工作,C 口的高 4 位 $PC_7 \sim PC_4$ 常用来配合 A 口工作,C 口的低 4 位 $PC_3 \sim PC_0$ 常用来配合 B 口工作,后面会有详细介绍。

各端口在结构上有所不同:

端口 A 包含 1 个 8 位的数据输入锁存器,1 个 8 位的数据输出锁存器;

端口 B 包含 1 个 8 位的数据输入缓冲器,1 个 8 位的数据输出锁存器;

端口 C 包含 1 个 8 位的数据输入缓冲器,1 个 8 位的数据输出锁存器。

2. A 组和 B 组控制逻辑

A 组控制电路控制端口 A 的 8 位和端口 C 的高 4 位($PC_7 \sim PC_4$)的工作方式和读/写操作。

B 组控制电路控制端口 B 的 8 位和端口 C 的低 4 位($PC_3 \sim PC_0$)的工作方式和读/写操作。

3. 数据总线缓冲器

数据总线缓冲器是一个双向三态的 8 位缓冲器,8255A 通过该缓冲器与微机系统的数据总线相连。8255A 与 CPU 之间的数据的输入输出、控制字和状态字的传递都是通过该缓冲器传送的。

4. 读/写控制逻辑

读/写控制逻辑电路主要用于数据和控制字的传输控制。这部分电路接收控制信号 $\overline{RD}$、$\overline{WR}$、RESET，地址信号 A_1、A_0，高位地址信号和 M/IO经过译码电路过来的$\overline{CS}$。

地址信号端 A_1、A_0，有 4 种组合：

$A_1A_0 = 00$，选中端口 A 的寄存器；

$A_1A_0 = 01$，选中端口 B 的寄存器；

$A_1A_0 = 10$，选中端口 C 的寄存器；

$A_1A_0 = 11$，选中控制字寄存器。

RESET 为复位信号，高电平有效。当 RESET 为高电平时，内部寄存器均清零复位，同时 3 个端口都被设置为数据输入方式。

9.1.3　8255A 的控制字

8255A 的控制字有两类，一类是用于定义各端口的工作方式，称为方式选择控制字；另一类是用于 C 口的各位进行置"0"和置"1"操作。这两类控制字在编程时都用控制字端口地址，被写入控制字寄存器中。控制字的最高位 D_7 为"1"时，是方式选择控制字，控制字的最高位 D_7 为"0"时，是对 C 口各位的设置，下面分别介绍这两类控制字。

1. 方式选择控制字

方式选择控制字的格式如图 9.3 所示。

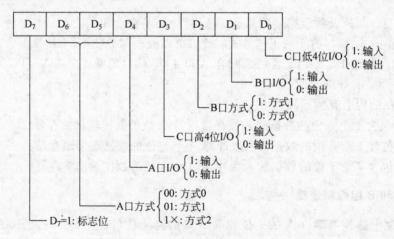

图 9.3　8255A 的方式选择控制字格式

D_7 为"1"，它是区分另一个控制字的标志位。D_6D_5 用于选择 A 口的工作方式。D_2 用于选择 B 口的工作方式。其余 4 位分别用于选择 A 口、B 口、C 口的高 4 位、C 口的低 4 位的输入输出功能，"1"为输入，"0"为输出。

端口 A 具有三种工作方式：方式 0，方式 1，方式 2。

端口 B 具有两种工作方式：方式 0,方式 1。

端口 C 不用设置工作方式,并且只有 C 口可以分成两部分：高半部分和低半部分。C 口除了可以用作输入输出端口外,还被用来作为联络信号,配合 A 口和 B 口工作。

【例 9.1】　8255A 占用的 4 个端口地址为 80H～83H,A 口工作于方式 0,输入,B 口工作于方式 0,输出,C 口的 PC_2 作为输入联络口,PC_6 作为输出联络口,设置 8255A 的方式选择控制字。

解：由于 PC_2 为输入联络口,所以 C 口的低 4 位需要设置为输入；PC_6 为输出联络口,所以 C 口的高 4 位需要设置为输出。

D_7	D_6	D_5	D_4	D_3	D_2	D_1	D_0
格式字	A 口工作方式	A 口 I/O	C 口高半字节 I/O	B 口工作方式	B 口 I/O	C 口低半字节 I/O
1	0	0	1	0	0	0	1

则方式选择控制字为：10010001＝91H。

初始化程序为：

```
MOV AL,  91H
OUT 83H, AL
```

2. C 口置位/复位控制字

由于 C 口常被用来作为联络信号端,配合 A 口和 B 口工作,所以用 C 口置位/复位控制字就可将 C 口的联络输出信号置"1"或置"0"。该控制字的格式如图 9.4 所示。

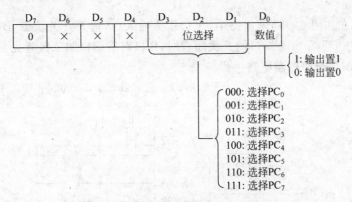

图 9.4　8255A 的 C 口置位/复位控制字

D_7 为"0",它是与上一个方式控制字区分的标志位。$D_6 D_5 D_4$ 为任意值,一般取"0"。$D_3 D_2 D_1$ 用于选择 C 口的某一位,D_0 用来设置被选择的位为"1"还是为"0"。

需要注意的是,虽然 C 口置位/复位控制字是对 C 口的各位进行的设置,但是对 C 口各位进行设置时写入的地址仍然是控制口地址,而不是 C 口的地址。

【例 9.2】　设 8255A 的 4 个端口地址为 80H～83H。PC_3 作为输入联络口,PC_5 作为输出联络口。当 PC_3 为"1"时,A 口输出数据 23H,并且 PC_5 输出"0"。

解：首先读入 C 口数据,然后判断 PC_3 是否为"1",如果为"1",则 A 口输出数据,PC_5

输出"0"。当 PC$_5$ 输出"0"时,C 口置位/复位控制字为:

	D$_7$	D$_6$	D$_5$	D$_4$	D$_3$	D$_2$	D$_1$	D$_0$
格式字	×	×	×	位选择			输出数值	
0	0	0	0	1	0	1	0	

即:控制字=00001010=0AH。

实现以上操作的程序段为:

```
P:   IN    AL,   82H            ;读入 C 口数据
     TEST  AL,   08H            ;判断 PC₃ 是否为"1"
     JZ    P                    ;如果 PC₃ 不为"1",继续读入 C 口数据
     MOV   AL,23H
     OUT   80H,  AL             ;如果 PC₃ 为"0",则 A 口输出数据 23H
     MOV   AL,0AH
     OUT   83H,  AL             ;同时 PC₅ 输出"0"
```

9.1.4 8255A 的工作方式 0

8255A 的 A 口具有 3 种工作方式:方式 0、方式 1、方式 2。B 口具有 2 种工作方式:方式 0、方式 1。下面分别来介绍这些工作方式。

方式 0 为基本的输入输出方式,CPU 和外设进行无条件并行数据传输就可以使用方式 0。当 CPU 和外设进行查询数据传输时,可以利用 C 口作为状态联络口。所以 C 口既可以作联络口,又可以作为输入输出口使用,但是 C 口的高 4 位应该统一作为输出口或输入口,C 口的低 4 位也是一样。例如,假设 PC$_1$ 作为联络端,是输出端,则 PC$_0$、PC$_2$、PC$_3$ 也只能作为输出端使用。

【**例 9.3**】 在如图 9.5 所示电路中,A 口作为输入口,输入开关状态,B 口作为输出口,控制二极管发光。当 A 口某端口的开关闭合时,B 口对应端口的二极管亮。假设 8255A 的地址为 80H～83H,编程控制电路工作。

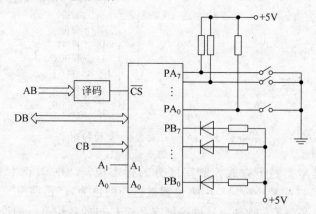

图 9.5 8255A 的 A 口和 B 口的无条件数据传输

解:这时外设为简单的开关和发光管,随时可以工作,也就是说不用查询外设开关和二极管是否"准备好",因此信号传输为无条件传输方式。所以定义 A 口和 B 口工作在方式 0,不需要连接 C 口。

当开关闭合时,A 口对应端口的输入为"0",而二极管亮时,B 口对应端口的输出应为"0",因此在程序设计时,将 A 口的输入直接输出到 B 口。

方式选择控制字为:

	D_7	D_6	D_5	D_4	D_3	D_2	D_1	D_0
	格式字	A 口工作方式		A 口 I/O	C 口高半字节 I/O	B 口工作方式	B 口 I/O	C 口低半字节 I/O
	1	0	0	1	0	0	0	0

即:控制字=10010000B=90H。

程序设计如下:

```
MOV  AL, 90H            ;方式选择控制字
OUT  83H, AL            ;输出控制字
IN   AL, 80H            ;读入 A 口开关状态
OUT  81H, AL            ;A 口的开关闭合时,B 口的相应位灯亮
```

在 CPU 和外部设备进行查询式数据传输时,也可以应用方式 0 进行数据传输,这时 C 口的高 4 位和低 4 位就可以作为状态口,查询外设的状态。

【例 9.4】 在如图 9.6 所示电路中,数据通过 8255A 的 A 口输出至打印机,C 口的 PC_0 作为输出联络端,启动打印机。PC_5 作为输入联络口,可以查询当前打印机是否正在处理数据。若此时 BUSY 状态为 1,表示打印机正在处理数据,不能进行下一个数据的传输,否则可以传输下一数据。编程将 BUF 开始的 100 个字节的数据输出打印,8255A 的地址为 86H~89H。

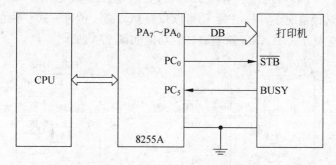

图 9.6　8255A 的 A 口查询数据传输

解:这时的数据传输为查询传输方式。首先查询当前打印机状态,当打印机 BUSY 信号为"1"时,表示打印机的数据还没有打印输出完成,不能再接收数据。直到查询到 BUSY 信号为"0"时,才可以通过 A 口输出数据,然后将 PC_0 置"0",启动打印机接收这个输出数据。

方式选择控制字为:10001000B=88H。

程序设计如下:

```
MOV  AL,  88H          ;方式选择控制字
OUT  89H, AL           ;输出方式选择控制字
LEA  SI,  BUF          ;SI 指向欲输出的数据空间
```

```
        MOV     CX,     100         ;CX 存放欲输出数据的个数
    L: IN       AL,     88H         ;输入 C 口数据
        TEST    AL,     20H         ;判断 BUSY 信号是否为"1"
        JNZ     L                   ;如果 BUSY 信号为高,则继续查询 BUSY 信号
        MOV     AL,     [SI]        ;如果 BUSY 信号为低,则传送数据
        OUT     86H,    AL          ;输出数据
        MOV     AL,     00H         ;C 口置位/复位控制字,将 PC₀ 置"0"
        OUT     89H,    AL          ;启动打印机接收数据
        INC     SI                  ;指向下一个数据
        DEC     CX
        JNZ     L                   ;没有传送完,则进行下一个数据传送
        HLT
```

9.1.5 8255A 的工作方式 1

A 口和 B 口均可工作于方式 1。A 口和 B 口工作于方式 1 时,只能设置为单一传输方式,即要么作为输入口,要么作为输出口,不能同时既作输出口又作输入口。在方式 1 工作时,往往进行查询式数据传输或中断数据传输。C 口的 6 根线作为联络信号线,而对于 A 口和 B 口的输入输出方式,C 口中的联络线的功能是不同的,下面分别来看 A 口和 B 口的输入和输出方式。

1. 输入方式

首先来看 A 口的输入方式。在 A 口工作于输入方式时,PC₃、PC₄ 和 PC₅ 这 3 个端口作为联络信号端口。在 B 口工作于输入方式时,PC₀、PC₁ 和 PC₂ 这 3 个端口作为联络信号端口。注意的是,在这种情况下,PC₆、PC₇ 仍可以作为 C 口高 4 位以方式 0 独立输入或输出。

在方式 1 的输入方式中,C 口各个端口的功能如图 9.7 所示。

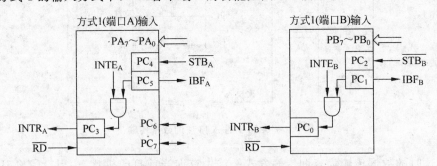

图 9.7 A 口和 B 口方式 1 输入时的 C 口信号功能

(1) A 口输入方式 1 联络信号功能

PC₄,$\overline{STB_A}$(Strobe):选通输入,输入信号,低电平有效。表示外部信号已到达 A 口数据线 PA₇～PA₀,通知 A 口取数据。

PC₅,IBF_A(Input Buffer Full):输入缓冲器满,输出信号,高电平有效。当信号有效时,表示 8255A 的输入缓冲区已满,不能再接收数据。该信号由 $\overline{STB_A}$ 置为"1"。当 CPU 输入数据时,读信号 $\overline{RD}$ 的后沿将 IBF_A 信号置"0",表示可以再次接收数据。

INTE$_A$(Interrupt Enable)：中断允许信号，高电平有效。工作方式1允许 CPU 以中断方式输入数据，而该信号为"1"时，表示 8255A 允许中断。该信号为"1"或为"0"是通过设置 PC$_4$ 来完成的，而外部的 $\overline{STB_A}$ 信号并不会影响 INTE$_A$ 的状态，只有利用软件设置 PC$_4$ 才会改变 INTE$_A$ 的状态。

【例 9.5】 8255A 的地址为 80H～83H，则设置 INTE$_A$ 中断允许信号有效的程序为：

```
MOV  AL,  09H            ;通过控制口地址对 PC₄ 设置为"1"
OUT  83H,  AL
```

PC$_3$，INTR$_A$(Interrupt Request)：中断请求信号，高电平有效。通常该信号连接至中断控制器 8259A 的中断请求输入端 IR。只有当 $\overline{STB_A}$、IBF$_A$ 和 INTE$_A$ 三个信号都为高电平时，INTR$_A$ 才会变为"1"。表示当 8255A 的输入缓冲器满，并且允许中断时，8255A 才能向 CPU 发出中断请求信号 INTR$_A$。读信号 $\overline{RD}$ 的下降沿将 INTR$_A$ 复位为"0"。

（2）B 口输入方式 1 联络信号功能

信号的定义与功能与 A 口相同，只是对应的各个引脚不同，详细的引脚连接见图 9.7。

（3）A 口和 B 口方式 1 输入工作方式时序

A 口和 B 口方式 1 输入工作方式时序如图 9.8 所示。

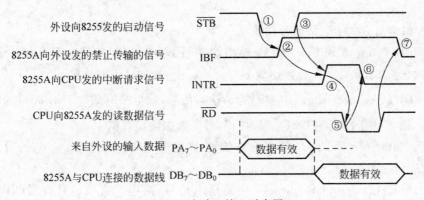

图 9.8　方式 1 输入时序图

具体的工作过程如下（以端口 A 为例）：

① 数据 PA$_7$～PA$_0$ 与 $\overline{STB}$ 由外设进入 8255A，此时 $\overline{STB}$ 为低，相当于通知 8255A 接受数据 PA$_7$～PA$_0$。

② 8255A 收到 $\overline{STB}$ 信号，接受数据 PA$_7$～PA$_0$ 至输入缓冲器，同时将 IBF 置为 1，表示输入缓冲器满，相当于通知外设禁止再次送入数据。

③ $\overline{STB}$ 信号是由外设发出，一般有效 500ns 后由外设撤销。

④ 当 8255A 具备 3 个条件，即 $\overline{STB}$ 为高（信号撤销），IBF 为高（输入缓冲器满），INTE 为高（允许中断申请），8255A 向 CPU 发中断申请信号 INTR，通知 CPU 取走数据。

⑤ CPU 接到中断申请 INTR 后，响应中断，向 8255 相应端口发读信号 $\overline{RD}$。

⑥ 读信号 $\overline{RD}$ 的下降沿复位中断申请 INTR，同时将 8255A 输入缓冲器中的数据送至数据总线 DB$_7$～DB$_0$ 供 CPU 读取。

⑦ 读信号 $\overline{RD}$ 的上升沿复位 8255A 的输入缓冲器满信号 IBF，表示允许外设向 8255A

发送下一数据。

2. 输出方式

在 A 口工作于输出方式时,PC_3、PC_6 和 PC_7 这 3 个 C 口信号端口作为联络信号端口。在 B 口工作于输出方式时,PC_0、PC_1 和 PC_2 这 3 个信号端口作为联络信号端口。注意的是,在这种情况下,PC_4、PC_5 仍可以作为 C 口高 4 位以方式 0 独立输入或输出。

方式 1 的输出方式中 C 口各个端口的功能如图 9.9 所示。

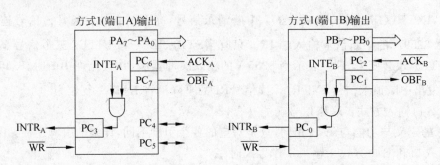

图 9.9　A 口和 B 口方式 1 输出时的 C 口信号

(1) A 口输出方式 1 联络信号功能

PC_7,$\overline{OBF}_A$(Output Buffer Full):输出缓冲器满,输出信号,低电平有效。表示 CPU 已将数据输出至 8255A 的 A 口数据线 $PA_7 \sim PA_0$ 上,通知外设取数据。

PC_6,$\overline{ACK}_A$(Acknowledge):响应输入,输入信号,低电平有效。表示 A 口的数据已被外设接收。该信号有效时,将 $\overline{OBF}_A$ 置为"1",可以再次输出数据。

$INTE_A$(Interrupt Enable):中断允许信号,高电平有效。通过对 PC_6 进行设置来完成中断允许信号的设置。

PC_3,$INTR_A$(Interrupt Request):中断请求信号,高电平有效。只有当 $\overline{OBF}_A$、$\overline{ACK}_A$ 和 $INTE_A$ 都为高时,$INTR_A$ 才能输出高电平,向 CPU 提出中断请求,要求 CPU 再次输出数据。写信号 $\overline{WR}$ 将 $INTR_A$ 复位为"0"。

(2) B 口输出方式 1 联络信号功能

信号的定义与功能与 A 口相同,只是对应的各个引脚不同,详细的引脚连接见图 9.9。

(3) A 口和 B 口方式 1 输出工作方式时序

A 口和 B 口方式 1 输出工作方式时序如图 9.10 所示。

具体的工作过程如下(以端口 A 为例):

① CPU 在 INTR 为高的情况下响应中断,$\overline{WR}$ 信号有效,通过数据总线 $DB_7 \sim DB_0$ 向 8255A 的输出锁存器写入数据。

② $\overline{WR}$ 信号的上升沿使 INTR 为低,禁止 CPU 继续向 8255A 发送数据。

③ $\overline{WR}$ 信号的上升沿使 $\overline{OBF}$ 信号有效,该信号相当于通知外设取走 8255A 端口的数据,同时,CPU 输入的数据也出现在 8255A 相应的端口线 $PA_7 \sim PA_0$ 上。

④ 外设从 8255A 的端口数据线 $PA_7 \sim PA_0$ 上取走数据,向 8255A 发送应答信号 $\overline{ACK}$。

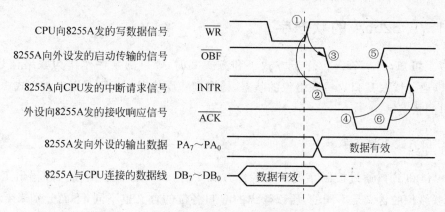

CPU向8255A发的写数据信号 $\overline{WR}$

8255A向外设发的启动传输的信号 $\overline{OBF}$

8255A向CPU发的中断请求信号 INTR

外设向8255A发的接收响应信号 $\overline{ACK}$

8255A发向外设的输出数据 $PA_7 \sim PA_0$

8255A与CPU连接的数据线 $DB_7 \sim DB_0$

图 9.10 方式 1 输出时序图

⑤ $\overline{ACK}$信号的下降沿复位$\overline{OBF}$,表示 8255A 的输出缓冲器空,可以继续接收 CPU 输出的数据。

⑥ $\overline{ACK}$信号的上升沿复位 INTR,使中断申请信号有效,8255A 得以继续向 CPU 申请中断,要求 CPU 输出下一个数据。

9.1.6 8255A 的工作方式 2

只有 A 口可以工作在方式 2,方式 2 可以看做 A 口方式 1 输入和输出方式的结合。A 口工作在方式 2 时,端口数据线 $PA_7 \sim PA_0$ 既可以输入数据又可以输出数据,也就是可以作为双向端口使用,只是输入和输出不能同时进行。

A 口工作于方式 2 时,C 口的 5 位 $PC_7 \sim PC_3$ 作为联络口,同样其余的位 $PC_2 \sim PC_0$ 可作一般输入输出口使用。

方式 2 下 C 口各个信号端口的功能如图 9.11 所示。

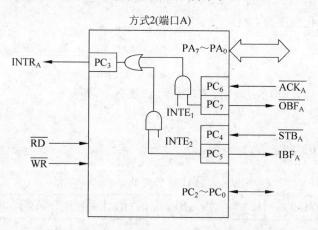

图 9.11 A 口方式 2 的 C 口信号

各控制口的意义和方式 1 相似,只是 $INTR_A$ 是输入和输出的中断请求信号,输入中断请求信号和输出中断请求信号经过或门至 $INTR_A$,即无论输入请求中断有效还是输出中断请求有效,$INTR_A$ 都输出高电平。

9.1.7　8255A 的状态字

从以上可知,当 8255A 工作于方式 1 和方式 2 时,C 口的某些位作为联络信号使用,CPU 可以通过读取 C 口这些联络位的状态,检测到外设状态。下面分别来看方式 1 和方式 2 中 C 口的状态字。

1. C 口方式 1 状态字

当 A 口和 B 口通过控制字设置为工作方式 1 时,A 口和 B 口的输入和输出工作方式中,C 口联络位的含义是不同的,所以读出的 C 口各位的含义也不同,下面分别来看 C 口在 A 口和 B 口输入和输出方式的状态字。

(1) 输入方式状态字

D_7	D_6	D_5	D_4	D_3	D_2	D_1	D_0
I/O	I/O	IBF_A	$INTE_A$	$INTR_A$	$INTE_B$	IBF_B	$INTR_B$

在前面的介绍中,我们已经知道了 C 口各个联络位的含义,C 口的 D_7 和 D_6 并没有用作联络位,所以 D_7 和 D_6 可以作为输入或输出信号端使用,由工作方式控制字通过设置 C 口的高半字节来确定 D_7 和 D_6 是输入信号端还是输出信号端。但是 C 口高半字节的另外两位 D_5 和 D_4 是固定的联络口,不会随着工作方式控制字的改变而发生变化。同样 C 口的低半字节也是固定的联络口,不会随着工作方式控制字的改变而发生变化。

【例 9.6】 设 8255A 的 A 口和 B 口都工作于方式 1 的输入方式,C 口的 D_7 和 D_6 作为输出信号端。8255A 的端口地址为 90H～93H。

则 8255A 的工作方式控制字为:10110110＝0B6H。

8255A 的初始化程序为:

```
MOV AL, 0B6H
OUT 93H, AL
```

在初始化语句后,读出的 C 口数据就是 C 口状态字,即

```
IN AL, 92H
```

(2) 输出方式状态字

D_7	D_6	D_5	D_4	D_3	D_2	D_1	D_0
$\overline{OBF_A}$	$INTE_A$	I/O	I/O	$INTR_A$	$INTE_B$	$\overline{OBF_B}$	$INTR_B$

当 A 口和 B 口工作于方式 1 的输出状态时,C 口各联络口的含义也是固定的,不能用软件来改变其状态。只有 C 口的 D_5 和 D_4 可以通过工作方式控制字设置为输入或输出信号端,原理和方式 1 的输入方式相同。

2. C 口方式 2 状态字

D_7	D_6	D_5	D_4	D_3	D_2	D_1	D_0
$\overline{OBF_A}$	$INTE_1$	IBF_A	$INTE_2$	$INTR_A$	X	X	X

由前面介绍可知,当 A 口工作于方式 2 时,C 口的 $D_7 \sim D_3$ 作为 C 口的固定联络位。当 B 口工作于方式 1 时,C 口的 $D_2 \sim D_0$ 是作为 B 口的固定联络位。当 B 口工作于方式 0 时,C 口的 $D_2 \sim D_0$ 是作为正常的输入或输出信号端,如同方式 1 输入时的 D_7 和 D_6,以及方式 1 输出时的 D_5 和 D_4 一样。

9.2　8255A 的应用举例

9.2.1　基本输入输出控制

从前面的介绍中我们知道,8255A 的方式 0 为基本的输入和输出并行接口控制方式。在方式 0 中,C 口没有固定的联络端,它可以和 A 口、B 口一样,进行输入和输出控制,也可以利用某些位作为 A 口和 B 口的联络口,但是这些联络口可以利用软件编程的方法来改变,不像方式 1 和方式 2,C 口的联络端是固定的,不能利用软件来改变。

在前面介绍工作方式 0 时,举了一个例子,利用 8255A 连接开关和发光二极管,这种数据传送属于程序控制中的无条件传送方式,8255A 就是工作于方式 0。在微机系统中,8255A 还常被应用于键盘接口的控制,此时 8255A 也是工作于方式 0 的无条件数据传送方式。

【例 9.7】　如图 9.12 所示为一个 16 键的小型键盘控制电路,连接键盘的 4 根行线接至 8255A 的 $PA_0 \sim PA_3$,分别对应行号 0~3;4 根列线接至 8255A 的 $PB_0 \sim PB_3$,分别对应列号 0~3。根据 A 口和 B 口的状态,就能获取被按下键的行号和列号,从而知道是哪个键被按下。设 8255A 的端口地址为 90H~93H。

按键是简单外设,如同开关和发光二极管,因此连接键盘的 A 口和 B 口都工作于方式 0,并且不需要联络端。

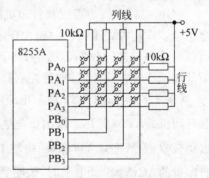

图 9.12　键盘控制电路

(1) 首先利用工作方式控制字,将 A 口设置为输出方式,B 口设置为输入方式。然后自 A 口向所有行线输出"0"电平,再读取 B 口的值。如果 B 口的 $PB_0 \sim PB_3$ 有"0"值,表明有键被按下,则保存被按下键的列号。

(2) 重新初始化 8255A,设置 A 口为输入方式,B 口为输出方式。从 B 口输出"0"电平,再读取 A 口 $PA_0 \sim PA_3$ 的值。和上个步骤原理相同,有"0"值,则表明该行有键按下,保存被按下键的行号。

（3）程序段如下：

```
        MOV   AL,   10000010B        ;设置 A 口方式 0,输出；B 口方式 0,输入
        OUT   93H,  AL               ;输出工作方式控制字
R:      MOV   AL,   00H              ;A 口输出"0"电平
        OUT   90H,  AL
        IN    AL,   91H              ;B 口输入
        AND   AL,   0FH              ;判断 PB_0～PB_3 是否有"0"值
        CMP   AL,   0FH
        JZ    R                      ;如果 PB_0～PB_3 中没有"0",则继续扫描
        ;如果 PB_0～PB_3 中有"0",则将按下键的列号存入 BL 中
        MOV   BL,   AL
        MOV   AL,   10010000B        ;设置 A 口方式 0,输入；B 口方式 0,输出
        OUT   93H,  AL               ;输出工作方式控制字
        MOV   AL,   00H              ;B 口输出"0"电平
        OUT   91H,  AL
        IN    AL,   90H              ;从 A 口输入数据
        MOV   CL,   4                ;准备将按下键的行号存入 AL 的高 4 位
        SHL   AL,   CL
        ;按下键的行号存入 AL 的高 4 位,按下键的列号存入 AL 的低 4 位
        OR    AL,   BL
```

由上述程序可知,当第 0 行第 1 列的按键被按下时,其键号为 11101101。

9.2.2　并行打印机接口控制

8255A 还经常被用作打印机与微机系统连接的并行接口控制电路,此时 8255A 连接打印机的数据口就作为输出口,输出系统过来的数据。有了硬件电路连接还不行,我们知道 8255A 是可编程接口芯片,并且通过该芯片要向打印机输出数据,所以还需要编写软件控制这些操作,这就是我们通常说的驱动程序。

利用 8255A 作为系统和打印机的并行接口控制电路时,8255A 可以工作在方式 0 下,也可以工作在方式 1 下。前面在介绍 8255A 的方式 0 时,已经举过例子,说明 8255A 是如何控制打印机进行数据传送的,并且编写了驱动程序中的部分程序段。下面就来介绍当 8255A 工作在方式 1 时,如何控制打印机和系统的数据传送。

【例 9.8】　如图 9.13 所示电路,A 口工作于方式 1,输出状态。C 口的联络端 PC_7 连接至打印机的 $\overline{STB}$,当 PC_7 输出低电平时,表明 8255A 的输出缓冲器满,该信号作为打印机的启动接收信号 $\overline{STB}$。C 口的联络端 PC_6 连接至打印机的 $\overline{ACK}$,接收打印机的应答信号,当打印机的 $\overline{ACK}$ 输出低电平时,表明数据已被打印机所接收,并将 PC_7 置成高电平。

由图 9.13 可知,8255A 的 4 个端口地址为 108H、109H、10AH、10BH。

8255A 的工作方式控制字为：10100000＝0A0H。

如果从 BUF 开始的区域中输出 100 个字节的数据打印,则打印机的驱动程序段为：

```
        LEA   SI,   BUF              ;SI 作为指针指向 BUF
        MOV   CX,   100              ;CX 存放要打印的字节数
        MOV   DX,   10BH             ;控制字端口地址
        MOV   AL,   0A0H             ;8255A 的工作方式控制字
```

```
        OUT   DX,  AL                ;输出工作方式控制字
    L1:MOV   AL,  [SI]              ;将数据传送至 AL
        MOV   DX,  108H              ;A 口地址
        OUT   DX,  AL                ;从 A 口输出数据,WR使STB变为低电平
        MOV   DX,  10AH              ;C 口地址
    L2:IN    AL,  DX                ;从 C 口读取状态字
                                    ;打印机取走数据后,ACK变为低电平,并将STB变为高电平

        AND   AL,  80H              ;判断STB是否为高,即打印机是否取走数据
        JZ    L2                   ;如果STB不为高,继续检测状态字
        INC   SI                   ;STB为高,则传送下一个字节的数据
        DEC   CX
        JNZ   L1
        HLT
```

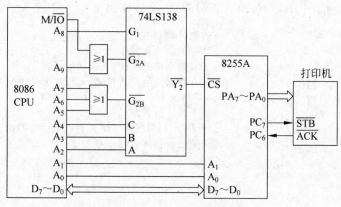

图 9.13　8255A 方式 1 打印机接口

【例 9.9】　在上例中,如果采用方式 1 中的中断控制方式,A 口的中断输出联络端 PC_3 接至 8259A 的 IR_2,如图 9.14 所示。

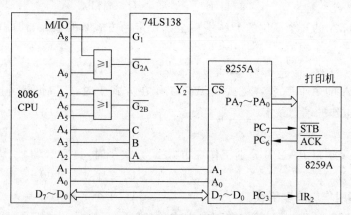

图 9.14　8255A 中断方式打印机接口

A 口方式 1 输出的中断允许信号 $INTE_A$ 是由软件方法将 PC_6 置成高电平,只有当 8255A 的 3 个信号 —— 中断允许信号、$\overline{OBF}$ 和 $\overline{ACK}$ 同时为高电平时,中断请求信号才会输出高电平。

打印机驱动程序段为：

```
LEA  SI,  BUF                ;SI 作为指针指向 BUF
MOV  CX,  100                ;CX 存放要打印的字节数
MOV  DX,  10BH               ;控制字端口地址
MOV  AL,  0A0H               ;8255A 的工作方式控制字
OUT  DX,  AL                 ;输出工作方式控制字
MOV  AL,  00001101B          ;C 口设置控制字,将 PC₆ 置成高电平
MOV  DX,  10BH               ;控制字端口地址
OUT  DX,  AL                 ;输出控制字
MOV  AL,  [SI]               ;将第一个字节的数据传送至 AL
MOV  DX,  108H               ;A 口地址
OUT  DX,  AL                 ;从 A 口输出数据
HLT                          ;等待中断
```

如果 8255A 输出中断请求信号,表明需要 CPU 输出下一个数据,则中断服务程序为：

```
     INC  SI                 ;将指针指向下一个数据
     DEC  CX                 ;数据的字节数减 1
     JZ   L1                 ;所有数据传送完成,则返回主程序
     MOV  AL,  [SI]          ;所有数据没有完成传送,则将数据传送至 AL
     MOV  DX,  108H          ;A 口地址
     OUT  DX,  AL            ;从 A 口输出数据
     STI                     ;将 IF 置 1,以便 8259A 能再次输出中断请求
L1:  IRET                    ;中断服务程序返回指令
```

习题 9

一、选择题

1. 对 8255A 的 C 口执行按位置位/复位操作时,写入的端口地址是＿＿＿＿。

　　A. 端口 A　　　　　　B. 端口 B　　　　　　C. 端口 C　　　　　　D. 控制口

2. 要将 8255A 的 3 个 8 位的 I/O 端口全部设定为方式 0 的输入,其设置的方式控制字为＿＿＿＿。

　　A. 98H　　　　　　B. 9BH　　　　　　C. 9AH　　　　　　D. 99H

3. 当 8255A 的 A 口工作在方式 1,B 口工作在方式 1 时,C 口仍然可按基本的输入输出方式工作的端口线有＿＿＿＿条。

　　A. 0　　　　　　　B. 2　　　　　　　C. 3　　　　　　　D. 5

4. 当 8255A 端口 PA、PB 分别工作在方式 2、方式 1 时,其 PC 端口引脚为＿＿＿＿。

　　A. 2 位 I/O　　　　　　　　　　　B. 2 个 4 位 I/O

　　C. 全部用作应答联络线　　　　　D. 1 个 8 位 I/O

5. 如果 8255A 的端口 A 工作在双向方式,这时还有＿＿＿＿根 I/O 线可作其他用。

　　A. 11　　　　　　B. 12　　　　　　C. 10　　　　　　D. 13

6. 当 8255A 的 PC₄ ~ PC₇ 全部为输出线时,表明 8255A 的 A 端口工作方式是＿＿＿＿。

　　A. 方式 0　　　　　　B. 方式 1　　　　　　C. 方式 2　　　　　　D. 任何方式

7. 8255A 中既可以作为数据输入、输出端口,又可以提供控制信息、状态信息的端口是_____。

    A. 端口 A   B. 端口 B   C. 端口 C   D. 控制口

8. 8255A 的端口 A 和端口 B 工作在方式 1 输出时,与外部设备的联络信号将使用_____信号。

    A. INTR   B. $\overline{\text{ACK}}$ C. INTE   D. IBF

二、填空题

1. 当 8255A 的 A 口工作于方式 1 输入,B 口工作于方式 0 时,C 口的_____位可以作为输入输出口使用。

2. 若要求 8255A 的 A、B 口工作在方式 1,作为输入,C 口作为输出,则输入 8255A 控制口的控制字为_____。

3. 若 8255A 的端口 B 工作在方式 1,并为输出口,置位 PC_2 的作用为_____。

4. 当数据从 8255A 的端口 C 往数据总线上读出时,8255A 的几个控制信号 $\overline{CS}$、A_1、A_0、$\overline{RD}$、$\overline{WR}$ 分别是_____。

5. 8255A 在方式 0 工作时,端口 A、B 和 C 的输入输出可以有_____种组合。

三、问答题

1. 并行接口芯片 8255A 和外设之间有几个数据端口?在结构上有什么区别?

2. 8255A 的地址信号线是什么?共占用几个端口地址?

3. A 口工作于方式 0,输入,B 口工作于方式 1,输出,C 口的 PC_1 作为输出联络口,PC_2 作为输入联络口,8255A 占用的 4 个端口地址为 80H~83H,编写初始化程序,画出端口地址的译码电路。

4. 8255A 的 A 口和 B 口都工作于方式 0,PC_6 作为输入联络口,PC_2 作为输出联络口。当检测到 PC_6 为"1"时,A 口输出数据 46H,并且 PC_2 输出"1"。设 8255A 的 4 个端口地址为 108H~10EH,试编写以上操作程序段。

5. 如图 9.15 所示电路,当 A 口连接的开关闭合时,相应的 B 口连接的发光二极管亮。

(1) 写出 8255A 的 4 个端口地址;

(2) 编写程序完成以上操作。

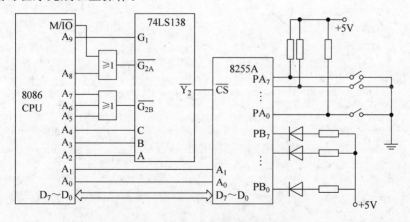

图 9.15 习题 9 问答题第 5 题图

6. 如图 9.16 所示电路,B 口工作于方式 1 输出,作为 CPU 和打印机之间的并行接口电路。设 8255A 的端口地址为 90H~93H,编写程序完成从 RUF 开始的 1000 个字节的数据打印。

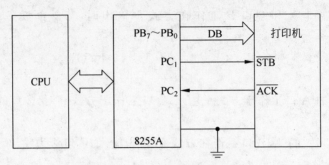

图 9.16   习题 9 问答题第 6 题图

第10章

串行通信和DMA控制接口

在第 6 章 6.3 节的介绍中我们知道,CPU 和外设之间的数据传送可以分为 3 种,分别是程序控制方式、中断控制方式和直接存储器存取方式(即 DMA 方式)。第 7 章介绍了中断控制接口芯片 8259A 及其应用。第 9 章介绍了程序控制方式中的并行接口芯片 8255A 及其应用。实际上在程序控制方式中,计算机和外部设备的通信方式有两种,一种是在第 9 章已经介绍过的并行通信,另一种是本章要介绍的串行通信。直接存储器存取方式(DMA)接口芯片也在本章介绍。

10.1 串行通信的基本概念

远距离通信一般都采用串行通信方式,和并行数据传送不同,在串行数据传送时,传送的数据要按照所规定的格式进行编码,逐位进行传送,接收端再根据编码格式进行逐位接收,合并成字符。

10.1.1 数据传送的方式

串行通信时,数据在两个设备 A 与 B 之间传送,按传送方式可分为单工、半双工和全双工 3 种方式,如图 10.1 所示。

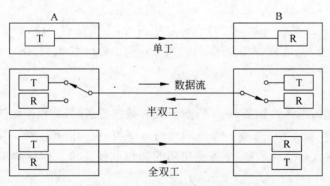

图 10.1 串行通信数据传送

1. 单工

单工传送方式只能在一个方向上传输数据,两个设备之间进行通信时,一边发射数据,另一边只能接收数据。

2. 半双工

半双工传送方式中,数据可以在两个设备之间任意方向传送,但是由于只有一根传输线,故在同一时间内只能在一个方向上传输数据,不能同时收发。

3. 全双工

由于在两个设备之间有两根数据传输线,所以两个设备间可以同时发射和接收数据。

10.1.2 串行传送的基本工作方式

串行传送有两种基本工作方式:异步方式和同步方式。

1. 异步方式

不发送数据时,数据信号线为高电平,处于空闲状态。当有数据要发送时,数据线变为低电平,并持续一位的时间,表示传送字符开始,该位称为起始位。起始位之后,在信号线上依次出现发送的每一位字符数据,最低有效位 D_0 最先出现,因此它被最早发送出去。在数据位的后面有一个奇偶校验位。在奇偶校验位的后面有 1 到 2 位的高电平,称为停止位,用于表示字符的结束。如果传输完一个字符后,立即传输下一个字符,则后一个字符的起始位就紧跟在前一个字符的停止位后,否则停止位后又进入空闲状态。以上格式如图 10.2 所示。

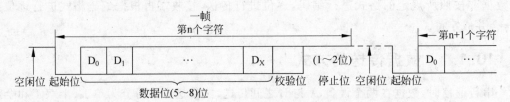

图 10.2 异步数据传送格式

例如,用异步方式发送一个 7 位的 ASCII 字符时,数据位占 7 位,加上 1 位起始位、1 位校验位、1~2 位停止位,实际需要发送 10 位或 10.5 位或 11 位数据。

2. 同步方式

同步方式数据传送格式如图 10.3 所示。没有数据发送时,数据线处于空闲状态。为了表示数据传输开始,发送方先发送一个或两个特殊字符,称为同步字符。接着就可以一个字符接着一个字符地发送一块数据,不需要用到起始位和停止位。这样就可以提高数据的传输速率。

同步字符1	同步字符2	数据字符

图 10.3 同步数据传送格式

10.1.3　串行传送速率

每秒钟传送的数据位数称为波特率,单位为波特(bps)。在串行通信中,利用波特率来表示数据传送的速率。

异步串行传送常用的波特率为110,300,600,1200,2400,4800,9600,19 200,28 800,36 400,57 600波特。同步传送的波特率高于异步传送的波特率。

10.2　串行通信接口芯片8251A

8251A是Intel公司生产的一种通用同步/异步数据收发器,被广泛应用于微机系统中。它作为可编程通信接口芯片,能工作于全双工方式,而且既可工作于同步方式,又可工作于异步方式。

工作于异步方式时,传送的波特率为DC~19.2Kbps,工作于同步方式时,传送的波特率为DC~64Kbps。

10.2.1　8251A的内部结构和引脚

8251A的内部结构框图和引脚如图10.4所示。

1. 数据总线缓冲器

$D_7 \sim D_0$为相关联的引脚。

数据总线缓冲器是CPU与8251A的数据接口,CPU与8251A的数据传送必经过该缓冲器。8251A内部包含了3个8位的缓冲寄存器。其中状态缓冲器和接收数据缓冲器分别用于存放8251A的状态信息和接收的数据,CPU可用IN指令从这两个缓冲器中读取状态和数据。第3个缓冲器为发送数据/命令缓冲器,用来存放CPU用OUT指令向8251A写入的数据或命令字。

2. 接收缓冲器和接收控制电路

RxD,RxRDY,$\overline{\text{RxC}}$,SYNDET/BRKDET为相关联的引脚。

接收缓冲器由接收移位寄存器、串/并变换电路和同步字符寄存器构成。在时钟脉冲控制下,从引脚RxD端接收串行数据,转换成并行数据后存入接收缓冲器。接收控制电路配合接收缓冲器工作。

在异步工作方式下,当CPU发出允许接收数据命令后,接收缓冲器就开始检测RxD上的信号,一旦检测到RxD上出现启动信号,接收控制器中的内部计数器对$\overline{\text{RxC}}$上的时钟频率进行计数,输入的数据送到移位寄存器中,被移位和奇偶校验,然后删除起始位和停止位,转换为并行数据,进入接收数据缓存中,并将RxRDY上输出高电平,通知CPU取走数据。

同步传送方式又分为内同步和外同步。

当8251A工作于内同步时,CPU发出允许接收数据命令后,8251A开始检测RxD上的信号,把接收到的数据送入移位寄存器中,并与同步字符寄存器的内容相比较,若两者不符,则继续接收并比较,直到相同后,在 SYNDET 上输出高电平,表示同步字符已找到。如果 8251A 是双同步字符工作方式,则还需要搜索到第二个同步字符才表示已全部找到同步字符。找到同步字符后,就可以从 RxD 端接收数据位了。其余步骤同异步工作方式。

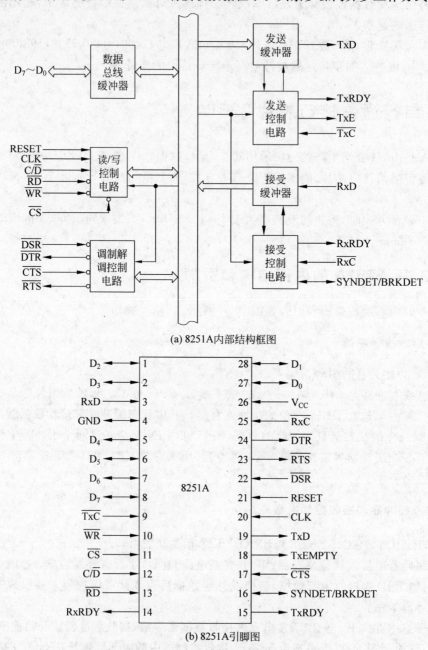

(a) 8251A内部结构框图

(b) 8251A引脚图

图 10.4　8251A 内部结构和引脚图

外同步和内同步所不同的是同步字符检测不是由 8251A 完成的,而是由外部电路来实现同步字符的检测,当检测到同步字符时,通过 SYNDET 引脚给 8251A 输入高电平,只要输入的 SYNDET 高电平维持一个 $\overline{RxC}$ 时钟周期,8251A 便认为已达到同步。

BRKDET 为异步工作方式时使用。当 8251A 从 RxD 端连续收到两个由全 0 位组成的字符时,BRKDET 上输出高电平,表示当前无数据可读。

3. 发送缓冲器和控制电路

TxD,TxRDY,$\overline{\text{TxC}}$,TxE 为相关联的引脚。

当 CPU 要向外设输出数据时,利用 OUT 指令把要发送的数据经 8251A 的 $D_7 \sim D_0$ 传输进入到 8251A 的发送缓冲器中,再由发送缓冲器中的移位寄存器将并行数据转换成串行数据,然后经 TxD 端发送出去。

当工作于异步方式时,发送控制器给发送数据加上起始位、奇偶校验位和停止位,依次从 TxD 端发送出去。发送速率取决于 $\overline{\text{TxC}}$ 输入的发送时钟频率,$\overline{\text{TxC}}$ 上输入的频率可以是发送波特率的 1 倍、16 倍或 64 倍。

当工作于同步方式时,发送控制器给发送数据加上 1 到 2 个同步字符,依次从 TxD 端发送出去。同步发送时,数据传输率等于 $\overline{\text{TxC}}$ 上输入的时钟频率。

TxRDY 为发送器准备好信号,当发送数据/命令缓冲器为空时,8251A 的 TxRDY 引脚输出高电平,表示已准备好从 CPU 接收数据。对于中断数据传送方式,该信号可作为中断请求信号,请求 CPU 输出数据。

TxE 为发送器空信号,高电平有效,表示 8251A 的一个发送动作已完成。

4. 读/写控制电路

RESET,CLK,C/$\overline{\text{D}}$,$\overline{\text{RD}}$,$\overline{\text{WR}}$,$\overline{\text{CS}}$ 为相关联的引脚。

读/写控制电路用来接收 CPU 的控制信号。

(1) RESET 为复位信号,输入,高电平有效。

该信号有效时,8251A 进入空闲状态,等待对芯片进行初始化编程。

(2) CLK 为时钟输入信号。

时钟信号作为 8251A 内部的定时信号,比 $\overline{\text{RxC}}$ 和 $\overline{\text{TxC}}$ 的频率都大。

(3) $\overline{\text{RD}}$,$\overline{\text{WR}}$ 分别为读、写控制信号,低电平有效。

CPU 将数据写入 8251A 时,写信号 $\overline{\text{WR}}$ 有效。CPU 从 8251A 读取数据时,读信号 $\overline{\text{RD}}$ 有效。

(4) $\overline{\text{CS}}$ 为片选信号,低电平有效。

高位地址经过译码电路接至 $\overline{\text{CS}}$,原理同其他接口电路。

(5) C/$\overline{\text{D}}$(Control/Data)控制/数据信号,通常作为低位地址输入端。

C/$\overline{\text{D}}$=1 时,对应控制口,当前数据总线传送的是控制信息或状态字。

C/$\overline{\text{D}}$=0 时,对应数据口,当前数据总线传送的是数据信息。

C/$\overline{\text{D}}$ 类似于 8259A 的地址端 A_0,所以 8251A 占用两个端口地址。

5. 调制解调控制电路

$\overline{\text{DSR}}$,$\overline{\text{DTR}}$,$\overline{\text{CTS}}$,$\overline{\text{RTS}}$ 为相关联的引脚。

调制解调控制电路为计算机进行远距离通信时,所使用的接口电路。该电路和外部的调制解调器相连。

（1）$\overline{\text{DTR}}$数据终端准备好信号,输出,低电平有效。

该信号通知调制解调器,可以接收数据。

（2）$\overline{\text{DSR}}$数据设备准备好信号,输入,低电平有效。

该信号由调制解调器发出,通知 8251A 可以接收数据。

（3）$\overline{\text{RTS}}$请求发送信号,输出,低电平有效。

该信号表示计算机已准备好数据,请求发送。

（4）$\overline{\text{CTS}}$允许发送信号,输入,低电平有效。

该信号是调制解调器对$\overline{\text{RTS}}$的应答信号,该信号有效时,8251A 可以执行发送操作。

10.2.2　8251A 的编程

由于 8251A 是可编程芯片,所以在使用时必须进行初始化编程。8251A 的编程涉及 3 个工作字:方式选择控制字、操作命令控制字和状态字,下面分别加以说明。

1. 方式选择控制字

用来确定 8251A 的工作方式、数据格式、校验方法等,方式选择控制字的格式如图 10.5 所示。

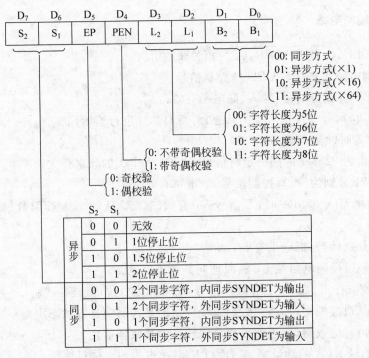

图 10.5　8251A 方式选择控制字格式

$D_1 D_0$:用来确定 8251A 是工作于同步方式还是异步方式。如果是异步方式,则 $D_1 D_0 = 01$,表示输入的时钟频率与波特率相同;$D_1 D_0 = 10$,表示输入的时钟频率是波特率的 16 倍;$D_1 D_0 = 11$,表示输入的时钟频率是波特率的 64 倍。通常称 1、16、64 为波特率系数。

$D_3 D_2$:用来确定字符数据的长度,通过不同的组合,字符的长度可以是 5、6、7、8 位。

D_4：用来确定是否可以带奇偶校验位。当 $D_4=1$ 时，表示带奇偶校验位，当 $D_4=0$ 时，表示不带奇偶校验位。

D_5：用来确定是采用偶校验，还是奇校验。当 $D_4=0$ 时，该位为任意项。

$D_7 D_6$：在同步和异步时的含义是不同的。在异步工作方式时，是用来确定停止位的长度。在同步工作方式时，确定内同步还是外同步。当为内同步时，确定内同步字符的个数。

【例 10.1】 在 8251A 作为串行通信控制接口电路的系统中，采用异步通信，波特率系数为 64，传送 ASCII 字符，1 位起始位，1 位停止位，偶校验。试写出方式选择控制字。

解： 由于 ASCII 字符是 7 位，所以数据位是 7 位。

则方式选择控制字为：01111011B＝7BH。

2. 操作命令控制字

用来确定 8251A 处于什么工作状态，操作命令控制字的格式如图 10.6 所示。

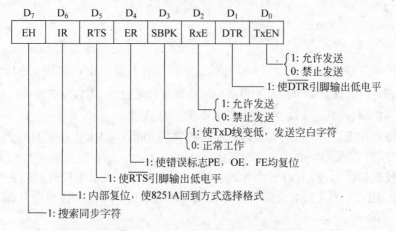

图 10.6　8251A 操作命令控制字格式

D_0：允许发送位，只有当 $D_0=1$ 时，才允许发送器通过 TxD 引脚向外设发送数据。

D_1：数据终端准备好位，当 $D_1=1$ 时，使 $\overline{DTR}$ 引脚输出低电平，表示已做好了接收数据的准备。

D_2：允许接收位，只有当 $D_1=1$ 时，才允许接收器通过 RxD 引脚从外设接收数据。

D_3：发送空白字符位。正常工作时，该位为 0，当 $D_3=1$ 时，使 TxD 引脚变为低电平，也就是一直在发送 0。

D_4：错误标志位复位。8251A 允许设置 3 个出错标志位，分别是奇偶校验错标志 PE、溢出标志 OE、帧校验错标志 FE。当 $D_4=1$ 时，使这 3 个出错标志位清"0"。

D_5：请求发送位，当 $D_5=1$ 时，使引脚 $\overline{RTS}$ 输出低电平，表示已做好准备，请求发送数据。

D_6：内部复位信号。正常工作时，该位为 0。当 $D_6=1$ 时，8251A 内部电路复位，重新对芯片初始化才能正常工作。

D_7：外部搜索方式位，该位只对内同步方式有效。当 $D_7=1$ 时，表示开始搜索同步字符。

【例 10.2】 8251A 允许接收和发送数据，内同步方式。则操作命令控制字为：

10010101B＝95H

3. 状态字

8251A 进行数据传送时的状态存放在状态寄存器中,通常称为状态字。CPU 读入状态字就可以知晓 8251A 的工作状况。状态字的格式如图 10.7 所示。

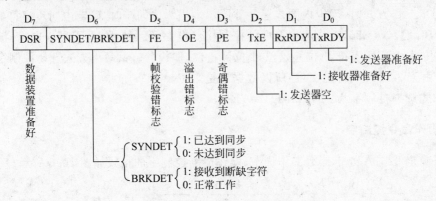

图 10.7   8251A 状态字格式

D_0:发送准备好标志,当 $D_0=1$ 时,表示发送数据缓冲器已空。它和 TxRDY 引脚为"1"的区别是,TxRDY 引脚为"1"时,除了表示发送数据缓冲器已空,同时 TxEN=1,$\overline{CTS}=1$。

D_3:奇偶错标志位。当 $D_3=1$ 时,表示产生了奇偶错。

D_4:溢出错标志位。当 $D_4=1$ 时,表示产生了溢出错,即 CPU 还没有将当前字符数据取走,下一个字符数据又来了。

D_5:帧校验错标志位,只对异步方式有效,当 $D_5=1$ 时,表示未校验到停止位。

而 D_1(RxRDY),D_2(TxE),D_6(SYNDET/BRKDET),D_7(DSR)与芯片相应引脚的含义相同,就不再介绍。

4. 8251A 的初始化编程

由于 8251A 有 2 个控制字,而控制字端口地址只有一个,所以在初始化编程时,控制字的写入是有顺序的。

(1) 芯片复位后,首先往控制端口写入的是方式选择控制字;

(2) 如果在方式选择控制字中,规定 8251A 是同步工作方式,则接下来向控制端口写入 1 个或 2 个同步字符;

(3) 然后就是从控制端口写入操作命令控制字。

【例 10.3】   以 8251A 作为串行通信控制接口的系统,工作于异步方式,波特率系数为 16,8 个数据位,奇校验,1 个停止位,允许接收和发送,控制口地址为 1F1H,试完成初始化编程。

方式选择控制字为:01011110B=5EH。

操作命令控制字为:00010101B=15H。

则初始化程序为:

```
MOV  AL, 5EH
MOV  DX, 1F1H
```

```
OUT   DX, AL                      ;写入方式选择控制字
MOV   AL, 15H
OUT   DX, AL                      ;写入操作命令控制字
```

【例 10.4】 以 8251A 作为串行通信控制接口的系统,工作于内同步方式,7 个数据位,偶校验,1 个同步字符,同步字符为 36H,控制口地址为 1F1H,试完成初始化编程。

方式选择控制字为:10111000B=0B8H。

操作命令控制字为:10010101B=95H。

则初始化程序为:

```
MOV   AL, 0B8H
MOV   DX, 1F1H
OUT   DX, AL                      ;写入方式选择控制字
MOV   AL, 36H
OUT   DX, AL                      ;写入同步字符
MOV   AL, 95H
OUT   DX, AL                      ;写入操作命令控制字,启动搜索同步字符
```

10.2.3 8251A 的应用举例

在下面的例子中,利用串行接口 8251A 将 CPU 和外部设备相连接,8251A 的发送和接收时钟信号由定时/计数器 8253 提供,数据的传送采用中断控制方式,利用中断控制接口芯片 8259A 进行控制。

【例 10.5】 如图 10.8 所示电路,8251A 作为串行接口控制电路。8251A 的发送时钟信号 $\overline{\text{TxC}}$ 和接收时钟信号 $\overline{\text{RxC}}$ 由定时/计数器 8253 的计数器 0 产生。8251A 工作于异步方式,传送的波特率为 2400Bd,波特率系数为 64。字符格式为 8 位数据位,1 位停止位,偶校验。试编写 8251A 和 8253 的初始化程序、发送程序和接收程序。

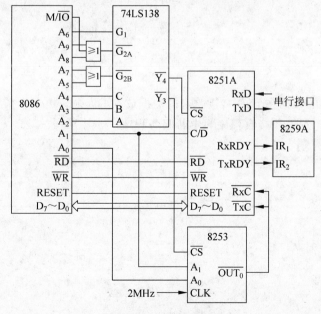

图 10.8 8251A 的应用

根据图 10.8 的端口译码电路可知:

8251A 的数据口地址为 50H,控制口地址为 52H。

8253 的端口地址为:4CH～4FH。

8253 的计数器 0 需产生方波信号,即工作于方式 3,产生的频率为:

$$2400 \times 64 = 153.6\text{kHz}$$

所以计数器初值为:$2\text{MHz}/153.6\text{kHz} \approx 13$。

8253 的控制字为:00010111B＝17H。

8251A 的方式选择控制字为:01111111B＝7FH。

8251A 的操作命令控制字,其中复位控制字为:01000000B＝40H;启动控制字为:00010101B＝15H。

通常为了保证 8251A 可靠复位,在初始化前先向控制口连续写入 3 个 0,再利用操作命令控制字中的复位控制字,使 8251A 进行软件操作复位。

另外在 8251A 的程序中,需加入延时语句,确保 8251A 内部操作的有效。

初始化程序为:

```
        MOV   AL,  17H          ;8253 控制字
        OUT   4FH, AL           ;向 8253 控制口写入控制字
        MOV   AL,  13H          ;计数器 0 初值
        OUT   4CH, AL
        MOV   CX,  3            ;以下为 8251A 复位操作
LOP1:   MOV   AL,  0
        OUT   52H, AL
        LOOP  LOP1
        MOV   AL,  40H
        OUT   52H, AL
        MOV   AL,  7FH          ;8251A 方式选择控制字
        OUT   52H, AL;
        MOV   CX,  3H           ;延时
D1:     LOOP  D1
        MOV   AL,  15H          ;启动 8251A 接收和发送
        OUT   52H, AL
        MOV   CX,  3H           ;延时
D2:     LOOP  D2
```

假设需要发送的数据在 BL 中,接收到的数据放在 DL 中。由于本系统采用中断控制接收和发送数据,因此发送和接收程序为中断服务程序。

接收中断服务程序:

```
IN   AL, 50H                    ;接收数据
MOV  DL, AL
STI                             ;开中断
IRET
```

发送中断服务程序:

```
MOV  AL,  BL
OUT  50H, AL                    ;发送数据
STI
IRET
```

10.3 DMA 控制接口 8237A 的工作原理

DMA 方式适用于高速外设及大量数据的传输，外设与存储器、存储器与存储器之间的数据传送不经过 CPU，而是通过 DMA 控制接口进行数据的传送。Intel8237A 是一种高性能的可编程 DMA 控制芯片，可以用来实现存储器到 I/O 接口、I/O 接口到存储器以及存储器到存储器之间的高速数据传送，最高数据传送速率可达 1.6MB/s。

10.3.1 8237A 的主要功能

（1）有 4 个独立的 DMA 传输通道，每次传送的最大数据块长度为 64KB。

（2）每个通道有 4 种工作模式：单字节传输、数据块传输、请求传输、级联模式。

（3）4 个通道的优先权可以是固定的，也可以是循环的。

（4）8237A 可以进行两级级联以扩充通道，最多可以由 5 片 8237A 级联形成 16 个 DMA 传输通道。

（5）可编程。

10.3.2 8237A 的内部结构

8237A 的结构如图 10.9 所示。8237A 内部共有 4 个独立的 DMA 通道，每个通道内包含 5 个寄存器，它们的作用如下。

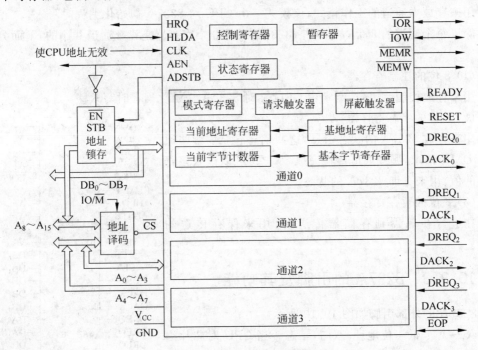

图 10.9 8237A 的内部结构

1. 16 位的基地址寄存器

用来存放本通道 DMA 传输时的地址初值,由 CPU 在对 8237A 初始化编程时写入,在 8237A 工作过程中,其内容不变化。

2. 16 位的当前地址寄存器

用来存放本通道 DMA 传输过程中的当前地址值,初始化时自动装入基地址寄存器的值。在进行 DMA 传输时,每传输一个字节,就自动修改其值(加 1 或减 1),以决定下次传输的存储器的地址。

3. 16 位基本字节寄存器

用来存放本次 DMA 传输的字节数的初值(初值应比实际传输的字节数少 1),由 CPU 在对 8237A 初始化编程时写入,在 8237A 工作过程中,其内容不变化。

4. 16 位的当前字节计数器

用来存放本通道 DMA 传输过程中的当前字节数,初始化时自动装入基本字节寄存器的值。在进行 DMA 传输时,每传输一个字节,计数器就自动减 1。当计数器的值由 0 减到 FFFFH 时,产生一个计数结束信号$\overline{EOP}$。

5. 8 位的模式寄存器

用来存放本通道的工作模式,该模式字由 CPU 对 8237A 初始化编程时写入。

除了每个通道的 5 个寄存器外,8237A 还有 3 个寄存器是 4 个通道共用的,下面分别来介绍。

(1) 8 位的控制寄存器

用来存放控制字,该控制字由 CPU 在对 8237A 初始化编程时写入。

(2) 8 位的状态寄存器

用来存放 8237A 的状态信息,这些信息包括:哪些通道有 DMA 请求,哪些通道传输完成。CPU 可以读入该寄存器的值,用来查询 8237A 的状态。

(3) 8 位的暂存寄存器

在进行存储器到存储器传送时,用来保存传送的数据。

10.3.3　8237A 的引脚及其功能

8237A 的外部引脚如图 10.10 所示。

$A_0 \sim A_3$:低 4 位地址,双向,三态。当 CPU 对芯片编程时,它们是输入信号,作为片内端口地址。当进行 DMA 传输时,它们是输出信号,作为 DMA 的传输地址。

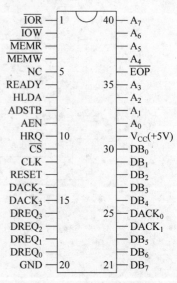

图 10.10　8237A 的引脚

$A_4 \sim A_7$：高 4 位地址，输出，三态。在 DMA 传输期间，作为 DMA 的传输地址，和 $A_0 \sim A_3$ 共同形成低 8 位地址。

$DB_0 \sim DB_7$：双向，三态。当 CPU 对其编程时，它们用来传送数据。当进行 DMA 传输时，它们作为 DMA 传输地址的高 8 位。

$\overline{IOW}$：I/O 端口写控制，双向，三态，低电平有效。当 CPU 对 8237A 编程时，它为输入信号，控制 CPU 向 8237A 的内部寄存器写值。当 8237A 作为主模块工作时，它为输出信号，用来控制将数据总线上的数据写入 I/O 口。

$\overline{IOR}$：I/O 端口读控制，双向，三态，低电平有效。当 CPU 对 8237A 编程时，它为输入信号，控制 CPU 读取 8237A 的内部寄存器的值。当 8237A 作为主模块工作时，它为输出信号，用来控制来自 I/O 口的数据输入系统数据总线。

$\overline{MEMR}$、$\overline{MEMW}$：存储器读、写控制信号，三态，输出，低电平有效。在 DMA 传输期间，控制对存储器的读、写操作。

ADSTB：地址选通，输出，高电平有效。在 DMA 传输期间，锁存由 $DB_0 \sim DB_7$ 送出的高 8 位地址 $A_8 \sim A_{15}$。

AEN：地址允许，输出，高电平有效。该信号使外部地址锁存器中的内容送到系统地址总线上，与芯片输出的低 8 位地址共同构成 16 位传输地址。

$\overline{CS}$：片选信号，输入，低电平有效。在非 DMA 传送期间，CPU 利用该信号对 8237A 寻址。

RESET：复位信号，输入，高电平有效。复位信号有效时，除了屏蔽寄存器置位，其余电路全部复位清零。

READY：准备好信号，输入，高电平有效。当内存或 I/O 接口提供的该信号为低电平时，表示内存或 I/O 接口没有准备好，则在 DMA 读/写周期中插入等待周期，直到该输入信号变为高电平。

HRQ：保持请求信号，输出，高电平有效。该信号送到 CPU 的 HOLD 控制端，是向 CPU 申请获得总线控制权。8237A 任一个未被屏蔽的通道有 DMA 请求时，都能使该信号输出高电平。

HLDA：保持响应信号，输入，高电平有效。该信号与 CPU 的 HLDA 相连。当 CPU 收到 HRQ 信号后，至少经过一个时钟周期后，使 HLDA 变高，表示 CPU 已把总线的控制权交给 8237A 了。8237A 收到 HLDA 信号后，就开始进行 DMA 传输。

$DREQ_0 \sim DREQ_3$：共 4 个通道的 DMA 请求输入信号，其有效电平的极性由编程确定。在固定优先级情况下，$DREQ_0$ 的优先级最高，$DREQ_3$ 的优先级最低，但优先权可以通过编程改变。

$DACK_0 \sim DACK_3$：共 4 个通道的 DMA 响应输出信号，其有效电平的极性由编程确定。当 8237A 收到 CPU 的 DMA 响应信号 HLDA 时，相应通道的 DACK 有效，该信号输出到外部，表示 DMA 传输开始。

$\overline{EOP}$：为 DMA 传输结束信号，双向，低电平有效。作为输入信号时，DMA 传输被强制结束。作为输出信号时，当通道传输结束时发出。无论什么情况，当 $\overline{EOP}$ 有效时，都会使 8237A 内部寄存器复位。在 $\overline{EOP}$ 端不用时，应通过数千欧的电阻接到高电平上，以免输入干扰信号。

CLK：时钟信号，输入。用来控制 8237A 的内部操作和数据传送速率。8237A 的时钟频率为 3MHz。

10.4 8237A 的编程

10.4.1 8237A 的控制字

作为一个可编程的芯片，8237A 也需要进行初始化编程，编程涉及以下内容。

1. 模式字

模式字用来指定所使用的通道的工作模式，在初始化编程时，写入对应通道的模式寄存器中。模式字的格式如图 10.11 所示。

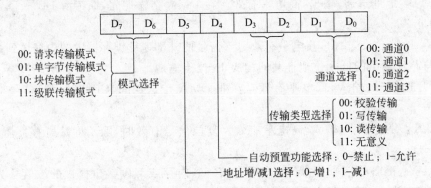

图 10.11　8237A 的模式字格式

D_1D_0：用来指定哪个通道。

D_3D_2：用来选择传输类型。8237A 的 DMA 传输一共有 3 种类型：读传送、写传送和校验传送。读传送是将数据从存储器传送到 I/O 设备，此时 8237A 发出 $\overline{\text{MEMR}}$ 和 $\overline{\text{IOW}}$ 信号。写传送是将数据从 I/O 设备写到存储器，此时 8237A 发出 $\overline{\text{MEMW}}$ 和 $\overline{\text{IOR}}$ 信号。校验传送是一种伪传送，它只是对读传送和写传送进行校验，并不进行真正的读写操作。

D_4：决定通道是否进行自动预置。当允许进行自动预置时，则通道完成一次 DMA 操作，自动将基地址寄存器和基本字节寄存器的内容重新装入当前地址寄存器和当前字节计数器，从而进行下一次 DMA 操作。

D_5：用来决定每传送一个字节后，当前地址寄存器内容的修改方式，$D_5=0$，地址加 1，$D_5=1$，地址减 1。

D_7D_6：用来选择工作模式。8237A 一共有 4 种工作模式：单字节传送、块传送、请求传送和级联模式。

（1）单字节传送模式

在这种模式下，8237A 每传送一个字节后，当前字节计数器的值减 1，当前地址寄存器的值加 1 或减 1（由 D_5 决定），就释放系统总线（不管此时的 DREQ 是否有效）。然后再测试 DREQ 端，若有效则再次发 DMA 请求信号，进入下一个字节的 DMA 传输。

（2）块传送模式

在这种模式下，8237A 可以连续进行多个字节的传输，只有当字节计数器的值减为 FFFFH，产生有效的$\overline{EOP}$信号或从外部得到一个有效的$\overline{EOP}$信号时，8237A 才释放系统总线。

（3）请求传送模式

这种传送方式与块传送方式相类似，与块传送不同之处在于，每传送一个字节后，8237A 都要对 DREQ 端进行测试，一旦检测到 DREQ 信号无效，则马上停止传送，释放总线，但检测 DREQ 信号仍在进行，当 DREQ 再次变为有效后，又从断点处继续进行 DMA 传送。

（4）级联传送模式

级联传送方式将多个 8237A 连在一起，以便扩充系统的 DMA 通道。级联传送方式的连线如图 10.12 所示。

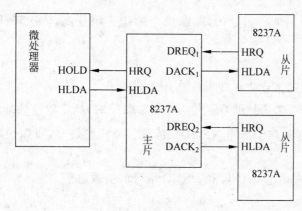

图 10.12 8237A 的级联

从图中可以看到 8237A 从片的 HRQ 和主片的 DREQ 端相连，从片的 HLDA 端和主片的 DACK 相连。主片和 CPU 的连接不变。一片主片最多允许和 4 片从片相连，则 5 片 8237A 就有 16 个 DMA 通道。编程时，主片设置为级联传送模式，从片不用设成级联方式，而是设置成其他 3 种模式之一。

2. 控制字

控制字写入 8237A 的控制寄存器，用来控制对 8237A 的操作。控制字的格式如图 10.13 所示。

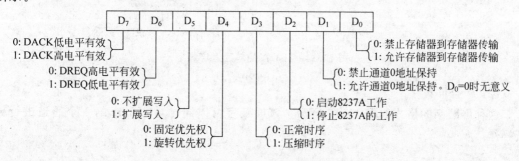

图 10.13 8237A 的控制字格式

D_0：决定是否允许进行存储器到存储器的操作。当 $D_0=1$ 时，允许进行存储器到存储器的操作，这时通道 0 从源地址存储单元读入数据，再放到 8237A 内部的暂存器中，然后由通道 1 将暂存器中的数据写到目的地址存储单元中，直到传送完整个数据块。

D_1：用以规定在存储器到存储器的传送方式下，决定通道 0 的地址是否保持不变。当 $D_1=1$ 时，通道 0 在整个传输过程中保持同一地址，这样就将同一数据写到一组存储单元中，例如，使一组存储单元清"0"。当 $D_0=0$ 时，该位无意义。

D_2：是 8237A 的启动控制位。

D_3：控制 8237A 的工作时序，其中压缩时序不能用在存储器到存储器的传送。

D_4：优先权控制位。8237A 有 4 个通道，当多个通道同时有 DMA 请求时，就存在优先权的问题。与 8259A 类似，8237A 有两种优先级方案。

（1）固定优先级

此时各通道的优先级是固定的，即通道 0 的优先级最高，依次降低，通道 3 的优先级最低。

（2）循环优先级

规定刚工作过的通道优先级变为最低，依次循环。

D_5：用于确定是否采用扩展写信号。在正常时序时，速度较慢的外设在 8237A 送出的 $\overline{IOW}$ 和 $\overline{MERW}$ 信号的下降沿产生 READY 信号。如用扩展写，可以使 $\overline{IOW}$ 和 $\overline{MERW}$ 信号加宽 2 个时钟周期。

D_7、D_6：分别用来确定 DACK 和 DREQ 信号的有效电平。

3．屏蔽字

与中断屏蔽类似，8237A 也可以通过编程，写入屏蔽字来对相应通道的 DMA 请求进行屏蔽。8237A 的屏蔽字有两种形式。

（1）单通道屏蔽字

这种屏蔽字的格式如图 10.14 所示。该屏蔽字一次只能对一个通道进行屏蔽。$D_2=1$，禁止该通道接收 DREQ 请求，反之允许。

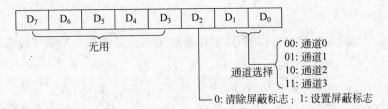

图 10.14　8237A 的单通道屏蔽字

（2）综合屏蔽字

这种屏蔽字的格式如图 10.15 所示。该屏蔽字可以同时对 8237A 的 4 个通道进行屏蔽操作。

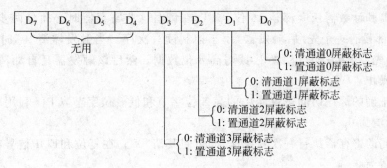

图 10.15　8237A 的综合屏蔽字

4. 状态字

状态字存放在状态寄存器中,其内容反映了 8237A 各通道的工作状态。CPU 通过 IN 指令读入其内容进行查询。状态字的格式如图 10.16 所示。从图中可以看出,CPU 通过查询该状态字,可以知道哪个通道已传送完,哪个通道有 DMA 请求。

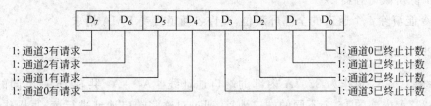

图 10.16　8237A 的状态字

5. 请求标志

8237A 的 DMA 请求可以来自两个方面。一个是由硬件产生,通过 DREQ 引脚输入;另一个通过软件方式进行设置,就如同外部 DREQ 请求一样。8237A 请求寄存器的格式如图 10.17 所示。$D_2=1$,设置相应的通道有请求标志。这种由软件产生的 DMA 请求只用于通道工作在数据块传送模式。

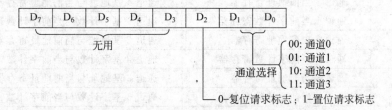

图 10.17　8237A 的请求寄存器格式

6. 软件命令

在编程状态下,8237A 可执行 3 个附加的特殊软件命令,这 3 个特殊的软件命令并不关系数据的具体格式,只要对特定的端口地址进行一次写操作,命令就会生效。这 3 条软件命令是:

(1) 清除先/后触发器

由于 8237A 的数据线 $DB_7 \sim DB_0$ 的宽度只有 8 位,一次只能传送一个字节,而各通道的地址寄存器和计数器长度都是 16 位,CPU 在读写这些寄存器时必须分两步进行。为此在 8237A 内部设有一个先/后触发器,用于控制读写次序。当触发器清"0"时。读/写低 8 位数据,随后先/后触发器自动置 1,读写高 8 位数据。然后该触发器又自动清"0",如此循环不断进行操作。

为了按正确的顺序访问寄存器中的高 8 位字节和低 8 位字节,CPU 利用软件命令,将先/后触发器清为 0。

对要访问的寄存器执行一次写操作,即可使其清"0"。在复位和 $\overline{EOP}$ 信号有效时,该触发器也同样清为 0。

(2) 复位命令

其功能与 RESET 信号相同,它可以使命令寄存器、状态寄存器、请求寄存器、暂存寄存器和先/后触发器均清"0",而把屏蔽寄存器置 1。

因此在复位命令以后,用户应在程序的适当位置清除有关通道的屏蔽标志,否则系统将无法工作。

(3) 清除屏蔽寄存器

该命令能清除 4 个通道的全部屏蔽位,允许各通道接受 DMA 请求。

7. 8237A 的端口地址

地址线 $A_3 \sim A_0$ 可作为 8237A 内部的端口地址线。$A_3 \sim A_0$ 共有 16 种不同的组合信号,对应 8237A 内部的 16 个不同的端口地址,通过对这些端口地址进行读/写操作,可以实现不同功能。表 10.1 给出了 8237A 的内部端口地址及其对应的操作。

表 10.1　8237A 内部端口地址

I/O 口地址 十六进制	寄存器	
	读($\overline{\text{IOR}}$有效)	写($\overline{\text{IOW}}$有效)
0	通道 0 当前地址寄存器	通道 0 基地址与当前地址寄存器
1	通道 0 当前字计数寄存器	通道 0 基字计数与当前字计数寄存器
2	通道 1 当前地址寄存器	通道 1 基地址与当前地址寄存器
3	通道 1 当前字计数寄存器	通道 1 基字计数与当前字计数寄存器
4	通道 2 当前地址寄存器	通道 2 基地址与当前地址寄存器
5	通道 2 当前字计数寄存器	通道 2 基字计数与当前字计数寄存器
6	通道 3 当前地址寄存器	通道 3 基地址与当前地址寄存器
7	通道 3 当前字计数寄存器	通道 3 基字计数与当前字计数寄存器
8	状态寄存器	控制寄存器
9	—	请求寄存器
0A	—	屏蔽寄存器(单通道屏蔽字)
0B	—	模式寄存器
0C	—	清除先/后触发器
0D	暂存寄存器	复位命令
0E	—	屏蔽寄存器(清除屏蔽)
0F	—	屏蔽寄存器(综合屏蔽字)

由表 10.1 可知,每个通道的基地址和当前地址寄存器合用一个端口,故在进行写操作时,它们被装入相同的初始值,但当前地址寄存器的值可由 CPU 读出,而基地址的值不能被读出。另外有些端口只能进行写入操作,不允许读出(表中用"—"表示)。

8. 8237A 的初始化步骤

8237A 作为可编程芯片,在使用时必须进行初始化,初始化的步骤如下。

(1) 写入复位命令,用来将内部寄存器及先/后触发器清"0"。

(2) 将传输地址写入基地址和当前地址寄存器,先写入低 8 位,后写入高 8 位。

(3) 将传输的字节数写入当前字节计数器和基本字节计数器,写入值为传送的字节数减 1。同样先写入低 8 位,后写入高 8 位。

(4) 写入模式字,用来指定通道的工作方式。

(5) 写入屏蔽字,用来将相应通道开放。

(6) 写入控制字,用来设置具体的操作,启动 8237A 开始工作。

10.4.2 8237A 的编程举例

【例 10.6】 某系统利用 8237A 控制数据传送,将外设 20 个字节的数据,传送至首地址为 3000H 开始的内存区域中,设 8237A 的 16 个端口地址为 20H～2FH,试编写初始化程序。

设采用通道 1,进行单字节传送方式。

则模式字为:01000101B＝45H。

单通道屏蔽字:00000001B＝01H。

控制字为:11000000B＝0C0H。

初始化程序为:

```
MOV   AL,   00H
OUT   2DH,  AL                  ;写入复位命令
MOV   AL,   00H
OUT   22H,  AL                  ;存储器的首地址低 8 位写入
MOV   AL,   30H
OUT   22H,  AL                  ;存储器的首地址高 8 位写入
MOV   AL,   13H                 ;总字节数减 1
OUT   23H,  AL                  ;写入要传送字节数的低 8 位
MOV   AL,   00H
OUT   23H,  AL                  ;写入要传送字节数的高 8 位
MOV   AL,   45H
OUT   2BH,  AL                  ;写入模式字
MOV   AL,   01H
OUT   2AH,  AL                  ;写入屏蔽字
MOV   AL,   0C0H
OUT   28H,  AL                  ;写入控制字
```

【例 10.7】 某系统利用 8237A 控制数据传送,将外设 20KB 的数据块,传送至首地址为 2000H 开始的内存区域中,设 8237A 的 16 个端口地址为 20H～2FH,试编写初始化程序。

设采用通道 2,数据块传送方式。

则模式字为：10000110B＝86H。

单通道屏蔽字：00000010B＝02H。

控制字为：11000000B＝0C0H。

初始化程序为：

```
MOV  AL,  00H
OUT  2DH,  AL                    ;写入复位命令
MOV  AL,  00H
OUT  24H,  AL                    ;存储器的首地址低 8 位写入
MOV  AL,  20H
OUT  24H,  AL                    ;存储器的首地址高 8 位写入
MOV  AX,  20000－1               ;总字节数减 1
OUT  25H,  AL                    ;写入要传送字节数的低 8 位
MOV  AL,  AH
OUT  25H,  AL                    ;写入要传送字节数的高 8 位
MOV  AL,  86H
OUT  2BH,  AL                    ;写入模式字
MOV  AL,  02H
OUT  2AH,  AL                    ;写入屏蔽字
MOV  AL,  0C0H
OUT  28H,  AL                    ;写入控制字
```

习题 10

一、选择题

1. 在异步串行通信中,收发双方必须保持_____。

　　A. 收发时钟相同　　　　　　　　B. 停止位相同

　　C. 数据格式和波特率相同　　　　D. 以上都正确

2. 同步通信过程中,通信双方依靠_____进行同步。

　　A. 起始位　　　　B. 同步字符　　　　C. 命令字　　　　D. 停止位

3. 8251A 收、发串行数据的波特率_____。

　　A. 可由编程设置

　　B. 等于 CLK 输入的基准时钟频率的 16 倍

　　C. 等于 CLK 输入的基准时钟频率的 1/16

　　D. 等于 CLK 输入的基准时钟频率

4. 8251A 以异步通信方式工作,设波特率因子为 16,字符长度为 8 位,奇校验,停止位为 2 位,每秒钟可传输 200 个字符,则它的传输速率和收发时钟信号频率分别是_____(bps,kHz)。

　　A. 200,200　　　　B. 2200,38.4　　　　C. 2400,38.4　　　　D. 200,38.4

5. DMA 用于传送_____之间的大量数据。

　　A. CPU 与存储器　　　　　　　　B. 存储器与外设

　　C. CPU 与外设　　　　　　　　　D. 寄存器与存储器

6. 在微机系统中采用 DMA 方式传输数据时,数据传送是_____。

    A. 由 CPU 控制完成的

    B. 由执行程序(软件)完成

    C. 由 DMAC 发出的控制信号控制完成的

    D. 由总线控制器发出的控制信号控制完成的

7. 当 8086/8088 CPU 响应 DMA 设备的 HOLD 请求后,CPU 将_____。

    A. 转入特殊的中断服务程序　　　　　B. 进入等待周期

    C. 接受外部数据　　　　　　　　　　D. 放弃对总线的控制权

8. 在 DMA 方式下,将内存数据送到外设的路径是_____。

    A. CPU→DMAC→外设　　　　　　　B. 内存→数据总线→外设

    C. 内存→CPU→总线→外设　　　　　D. 内存→DMAC→数据总线→外设

9. 在 DMA 方式下,CPU 与总线的关系是_____。

    A. 只能控制地址总线　　　　　　　　B. 相互成隔离状态

    C. 只能控制数据线　　　　　　　　　D. 相互成短接状态

10. 采用 DMA 方式传送时,每传送一个数据要占用_____时间。

    A. 一个指令周期　　　　　　　　　　B. 一个机器周期

    C. 一个存储周期　　　　　　　　　　D. 一个总线时钟周期

二、填空题

1. 异步串行通信没有数据传送时,发送方应发送_____信号;串行同步通信没有数据传送时,发送方应发送_____信号。

2. 在串行通信异步起止式数据传输中,起始位与停止位的作用是_____。

3. 在串行异步通信中时,若起始位为 1 位,数据位为 8 位,停止位为 1 位,波特率为 1200,要传送 6000 个 8 位二进制数据至少需要_____秒。

4. 在 8251A 芯片中,若设定传输速率为 200bps,输入脉冲频率为 19.2kHz,则波特率系数为_____。

5. 进行 DMA 传送的一般过程是:外设向 DMA 控制器提出_____,DMA 控制器通过_____信号有效向 CPU 提出总线请求,CPU 会以_____信号有效表示响应,此时 CPU 的三态信号线将输出_____状态,即将它们交由_____进行控制,完成外设和内存的直接数据传送。

6. 8237A 有_____个完全独立的 DMA 通道。

三、问答题

1. 简述串行通信中的异步方式和同步方式传送格式。

2. 什么是波特率? 异步串行传送中常用的波特率有哪些? 8251A 波特率的范围是多少?

3. 8251A 内同步和外同步的区别是什么?

4. 在 8251A 作为串行通信控制接口电路的系统中,采用异步通信,波特率系数为 16,字符位数为 5 位,1 位停止位,偶校验。试写出方式选择控制字。

5. 以 8251A 作为串行通信控制接口的系统,工作于异步方式,波特率系数为 64,7 个数据位,奇校验,2 位停止位,控制口地址为 21H,试完成初始化编程。

6. 如图 10.18 所示电路,8251A 作为串行接口控制电路。8251A 的发送时钟信号 $\overline{\text{TxC}}$ 和接收时钟信号 $\overline{\text{RxC}}$ 由定时/计数器 8253 的计数器 1 产生。8251A 工作于异步方式,传送的波特率为 1200Bd,波特率系数为 64。字符格式为 8 位数据位,1 位停止位,偶校验。试编写 8251A 和 8253 的初始化程序。

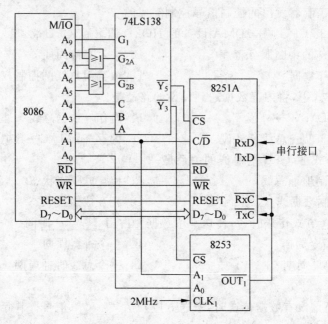

图 10.18 习题 10 问答题第 6 题图

7. 8237A 的最高传送速率是多少? 每次可以传送的最大数据块是多少?

8. 8237A 级联最多可以构成多少个 DMA 传输通道?

9. 8237A 内部共有几个独立的 DMA 通道? 每个通道内包含几个寄存器? 还有几个共用的寄存器?

10. 某系统利用 8237A 控制数据传送,将外设 50 个字节的数据,传送至首地址为 5000H 开始的内存区域中,采用单字节传送方式。设 8237A 的 16 个端口地址为 50H~5FH,试编写初始化程序。

第11章

总线技术

11.1 概述

11.1.1 总线的功能

总线是一种数据通道,由系统中各部件所共享,是在部件与部件之间、设备与设备之间传送信息的一组公用信号线。总线的特点在于其公用性,即它可以同时挂接多个部件或设备。如果是某两个部件或设备之间的专用的信号连线,就不能称为总线。

总线使用具有共享性和分时性,即在发送端同一个时刻只能有一个部件控制总线权,向总线上发送数据,在接收端同一时刻可有多个部件选择性地接收数据。

广义上讲,总线不仅是一组信息线,还包括相关的总线协议,即各部件必须共同遵守的规则,这样各部件才能有序地分时共享总线。总线协议一般包括信号线的定义、数据格式、时序关系、信号电平和控制逻辑,此外还规定了总线的使用方法。

11.1.2 总线的分类

在计算机内拥有多种总线,它们分布在计算机内的各个层次上,为各部件之间的通信提供通路。按系统组成的不同层次可划分为以下 4 类:片内总线,局部总线,系统总线和通信总线。

1. 片内总线

是指微处理器等集成电路芯片内的内部总线,用来连接芯片内的各功能部件,提供数据通路。例如 CPU 芯片内的总线是 ALU、控制器和寄存器之间的信息通路。这种总线是由微处理器芯片生产厂家设计的。

2. 局部总线

随着高速外设的增加(如图形、视频、网络接口等),使总线的负担加重,数据传输延时增加,因而造成总线的传输能力下降。尽管 CPU 有足够的数据处理能力,但因总线不能满足高速传输的要求而造成数据传输的"瓶颈效应"。为了解决这个矛盾,在微处理器和高速外设之间增加了一条直接的数据通道,称为局部总线。当前局部总线主要指 PCI 总线。

3. 系统总线

系统总线又称为内总线,主要用于在微处理机内部各部件(插板)之间进行连接和传输信息的一组信号线。例如 ISA 和 EISA 就是构成 IBM-PC x86 系列微机的系统总线。系统总线是微机系统所特有的总线,由于它用于插板之间的连接,故也称做板级总线。

4. 通信总线

通信总线又称为外总线。它用于微处理机系统与系统之间、微处理机系统与外部设备,如打印机、绘图仪等之间的通信通道。根据不同的应用场合,可采用并行或串行的通信方式。数据传输速率一般比内总线低。不同的应用场合有不同的总线标准。例如,当微型计算机与智能仪器、仪表通信时,可采用并行总线——IEEE 488 总线、AGP 总线;在串行通信时采用 EIA-RS-232C 总线或 USB 总线等。

11.1.3　总线的组成

虽然总线有多种,但任何总线均包括数据总线、地址总线和控制总线。

1. 地址总线

地址总线用于传送地址信息。CPU、DMA 控制等主控模块通过地址总线向存储器、I/O 接口等发送需访问的单元的地址,因此地址总线一般都是单向的。地址总线的位数一般为 16 位、20 位、24 位、32 位或 64 位,称为地址总线的宽度。显然,地址总线的宽度决定了计算机系统能够使用的最大存储器的容量。例如,PC 总线只有 20 位地址总线,可寻址 1M 存储空间;而 PCI 总线有 32 位地址总线,其寻址空间达到 4G。

2. 数据总线

数据总线用于传送数据信息,一般在各部件之间双向传送。通常,数据总线是由 8 根、16 根、32 根或 64 根数据线组成,这些数据线的根数称为数据总线的宽度。由于每一根数据总线每一次只能传送一位二进制数,故数据总线的根数越多,每一时刻能同时传送的二进制位数就越多,传输效率就越高。例如,PC 总线有 8 根数据总线,ISA 总线有 16 根数据总线,PCI 总线有 32 根数据总线等。

3. 控制总线

用于传送各种控制信号或状态信号,其作用就是在计算机系统各部件之间发送操作命令和定时信息。常见的控制信号可分为以下几类:

(1) 时序信号:如时钟、同步定时、异步应答等;

(2) 数据传送控制信号:如存储器读/写信号、I/O 读/写信号、地址有效信号等;

（3）请求与响应信号：如中断请求与应答信号、总线请求与应答信号等；

（4）其他控制信号：如复位信号、状态信号、刷新信号等。

11.1.4　总线的操作过程

系统总线最基本的任务就是传送数据，包括程序指令、运算处理的数据、设备的控制字和状态字等。总线上的数据传输是在主控模块的控制下进行的。所谓主控模块是具有总线控制能力的模块，如 CPU、DMA 控制器等。总线从属模块则没有控制总线的能力，它只能对总线来的信号进行分析译码，接收和执行总线上主控模块发出来的命令，并执行相关的操作。

总线完成一次数据传输周期，一般分为 4 个阶段。

（1）申请阶段：当总线上有多个主控模块时，需要使用总线的主控模块提出申请，由总线仲裁机构确定总线的使用权。若总线上只有一个主控模块，则无需此阶段。

（2）寻址阶段：取得总线使用权的主控模块，通过总线发出本次要访问的从属模块的地址及有关命令，以启动参与传输的从属模块。

（3）传输阶段：主控模块与从属模块进行数据传输。

（4）结束阶段：主控模块的有关信息从总线上撤出，出让总线，交出总线的使用权。

11.1.5　总线的性能参数

虽然总线的种类很多，但其主要功能是模块间的通信，因而能否保证模块间的通信通畅是衡量总线性能的关键指标。也就是说，保证数据能在总线上高速、可靠的传输是系统总线最基本的任务。

评价一种总线的性能一般有如下几个方面：

1．总线时钟频率

总线的工作频率，以 MHz 表示，它是影响总线传输速率的重要因素之一。

2．总线宽度

总线上数据线的根数，用位（bit）表示，即一个总线周期可传送的二进制的位数，如总线宽度为 8 位、16 位、32 位和 64 位。

3．总线传输率

系统在给定工作方式下所能达到的数据传输率，用 MB/s 表示，即每秒多少兆字节。

例如某总线时钟频率为 8MHz，总线宽度为 8 位，一个工作周期为 2 个总线时钟周期，则总线传输率为：

$$(8M \div 2) \times (8b \div 8) = 4MB/s$$

4．总线频宽

总线本身所能达到的最高传输率，又称为标准传输率或最大传输率。

例如某总线时钟频率为 8MHz,总线宽度为 8 位,则总线频宽为:

$$8M \times (8b \div 8) = 8MB/s$$

5. 同步方式

总线传输有同步和异步之分。在同步方式下,总线上主模块和从模块进行一次传输所需的时间(即传输速率或传输周期)是固定的,并严格按照系统时钟来统一定时;在异步方式下,采用应答式传输技术,传输时从模块自行调整响应时间,即传输周期是可以改变的。

除此以外,还有一些其他的参数与总线的性能有关。例如,数据、地址线是否复用、负载能力、信号线数、控制方式、电源电压、可扩展性等。

11.1.6   总线的层次结构

现代微机系统中,总线的层次化结构发展十分迅速。层次化总线结构主要分 3 个层次:微处理器总线、局部总线(以 PCI 总线为主)、系统总线(如 ISA 总线)。微处理器总线分布在主板上微处理器芯片周围,为微处理器与各功能部件传输信息提供高速通道;局部总线(PCI)和系统总线(ISA)均是作为 I/O 设备接口与系统互连的扩展总线。由于 PCI 总线离微处理器较近,习惯称之为"局部总线",ISA 总线与微处理器之间隔着 PCI 总线,习惯称之为"系统总线"。实际上,PCI 总线是为了适应高速 I/O 设备的需求而产生出来的一个总线层次,而 ISA 总线是为了延续老的、低速 I/O 设备接口卡的寿命而保留的一个总线层次。图 11.1 为 Pentium Ⅱ 计算机的体系结构,其保留有 ISA 总线的扩展插槽,图 11.2 为 Pentium 4 计算机的体系结构,这里只有 PCI 总线的扩展插槽,而取消了 ISA 总线。

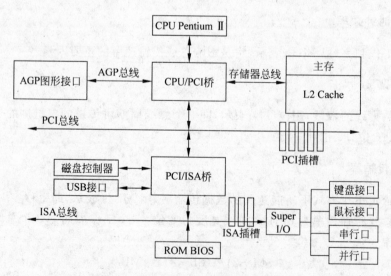

图 11.1   Pentium Ⅱ 计算机体系结构

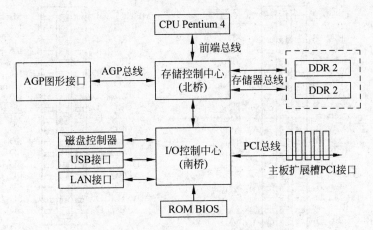

图 11.2　Pentium 4 计算机体系结构

11.2　ISA 工业标准总线

　　ISA（Industry Standard Architecture，工业标准体系结构）总线也称 AT 总线，是由 Intel 公司、IEEE 和 EISA 集团联合开发的与 IBM-PC/AT 原装机总线意义相近的系统总线。数据宽度为 8 位的 ISA 总线由 62 根信号线组成，俗称 PC 总线或 XT 总线，主要用在早期的 IBM PC/XT 机的底板上；1984 年 IBM 公司推出了 286（AT 机）时，将原来的 8 位的 ISA 总线扩展为 16 位的 ISA 总线，它保留原来 8 位 ISA 总线的 62 个引脚信号（$A_1 \sim A_{31}$，$B_1 \sim B_{31}$），以便原先的 8 位 ISA 总线的扩展卡可以插在 AT 机的插槽上。同时增加了一个延伸的 36 个引脚的插槽（$C_1 \sim C_{18}$，$D_1 \sim D_{18}$），使得数据总线扩展为 16 位，地址总线扩展为 24 位。ISA 总线插槽如图 11.3 所示，其对应的引脚排列如图 11.4 所示。

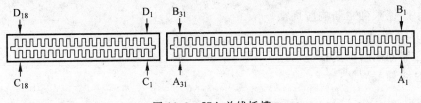

图 11.3　ISA 总线插槽

11.2.1　ISA 总线的主要特点

　　16 位 ISA 总线的主要特点如下：

　　（1）支持 1K 字节的 I/O 地址空间（0000H～03FFH），16M 字节的存储器地址空间，8 位或 16 位数据宽度，15 级硬件中断，7 级 DMA 通道等。

　　（2）是一种多主控总线，除主 CPU 外，DMA 控制器、DRAM 刷新控制器和代处理器的智能接口控制卡都可以成为 ISA 总线的主控设备。这一特性是通过总线中的 $\overline{\text{MASTER}}$ 信号来实现的。

　　（3）可支持 8 种类型的总线周期，分别是：

　　① 8 位或 16 位存储器读周期；

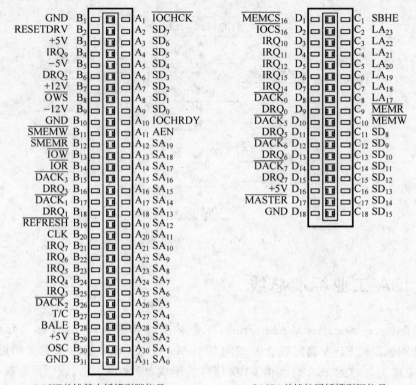

(a) XT总线基本插槽引脚信号　　　　　　(b) ISA总线扩展插槽引脚信号

图 11.4　ISA 总线插槽引脚信号

② 8 位或 16 位存储器写周期；

③ 8 位或 16 位的 I/O 读周期；

④ 8 位或 16 位的 I/O 写周期；

⑤ 中断请求和中断响应周期；

⑥ DMA 周期；

⑦ 存储器刷新周期；

⑧ 总线仲裁周期。

11.2.2　ISA 总线信号

ISA 总线共包括 98 根信号线，它们是在原 XT 总线 62 线基础上再扩充 36 线而成的。其扩充卡插头插槽也由两部分组成：一部分是原 XT 总线的 62 线插头插槽（分 A、B 两面，每面 31 线，如图 11.4 所示）；另一部分是新增加的 36 线插头插槽（分 C、D 两面，每面 18 线，如图 11.4 所示）。新增的 36 线与原有的 62 线之间有一凹槽隔开，如图 11.3 所示。这样按原有的 PC/XT 总线标准设计的插件板仍可使用，保证了 ISA 总线系统向下兼容。

98 根线分成 5 类：地址线、数据线、控制线、时钟线、电源线。

1. 地址线

(1) $SA_0 \sim SA_{19}$（System Address）：系统地址总线，输入/输出。

用于访问连接在系统总线上的存储器或 I/O 设备。这 20 根地址线在存储器和 I/O 的系统总线读写周期内是由微处理器驱动的,但在 DMA 周期中则是由 DMA 控制部件驱动。在访问存储器时,20 根地址线可在 1MB 范围内寻址,但在访问 I/O 端口时,只有 $SA_0 \sim SA_9$ 有效,即 I/O 端口的地址空间为 1KB。

系统地址线也可以由扩展卡上的 CPU 或 DMA 控制器驱动。

(2) $LA_{17} \sim LA_{23}$(Latchable Address):未锁存(可锁存)的地址线,输入/输出。

这组信号与 $SA_0 \sim SA_{19}$ 组合在一起寻址 24 位的内存地址(16MB)。其中,$LA_{17} \sim LA_{19}$ 和 $SA_{17} \sim SA_{19}$ 重复,这是为了保持 62 脚插槽与 XT 总线的兼容。但与系统地址总线 $SA_0 \sim SA_{19}$(锁存地址)不同的是,$LA_{17} \sim LA_{23}$ 在系统板上并未锁存,只有在 BALE 为高电平时这组地址线才有效,译码器应利用 BALE 的下降沿锁存地址。

2. 数据线

$SD_0 \sim SD_7$,$SD_8 \sim SD_{15}$(System Data):16 根系统数据线,双向。

其中,$SD_0 \sim SD_7$ 为低 8 位数据,$SD_8 \sim SD_{15}$ 为高 8 位数据。

3. 控制线

(1) AEN(Address Enable):地址允许,输出。

它由 DMA 逻辑发出,高电平指明当前正处在 DMA 周期中。低电平表示非 DMA 周期。此信号用来在 DMA 期间禁止 I/O 端口译码。

(2) BALE(Buffered Address Latch Enable):缓冲的地址锁存允许,输出。

由总线控制器 8288 提供该信号,作为 CPU 地址的有效标志,可以开始一个总线周期。该信号下降沿用来锁存局部地址/数据总线的地址信息。BALE 信号对于微处理器启动的总线周期是一个很好的同步点,因为它恰好开始于一个总线周期的始端。

(3) $\overline{IOR}$(I/O Read):I/O 读,输入/输出。

该信号是系统板上的总线控制器、扩展卡上的其他 CPU 或总线上的 DMA 控制器送出的信号,低电平有效,用来把选中的 I/O 设备的数据送到数据总线上。在 CPU 启动的 I/O 读周期,I/O 设备通过地址总线进行选择;在 DMA 周期,I/O 设备由 DACK 选择。

(4) $\overline{IOW}$(I/O Write):I/O 写,输入/输出。

与 $\overline{IOR}$ 类似,用来把数据总线上的数据写入被选中的 I/O 端口。

(5) $\overline{SMEMR}$ 和 $\overline{SMEMW}$(System Memory Read And System Memory Write):系统存储器读/写,输出。

低电平有效,用于对 $SA_0 \sim SA_{19}$ 这 20 位地址寻址的 1MB 内存的读/写操作。

(6) $\overline{MEMR}$ 和 $\overline{MEMW}$(Memory Read And Memory Write):存储器读/写,输出。

低电平有效,用于对 24 位地址线全部存储空间的读/写操作。

(7) $\overline{MEMCS_{16}}$ 和 $\overline{IOCS_{16}}$:16 位内存片选和 16 位 I/O 片选,输入。

当总线主控设备寻址 16 位从设备时,由从设备产生该信号通知系统板当前这次传输是一次插入一个等待周期的 16 位内存或 I/O 周期。驱动电路应采用能吸收 20mA 电流的集电极开路门或三态门。

(8) SBHE(System Bus High Enable):系统总线高位有效,输入/输出。

该信号有效时表示总线上的 $SD_8 \sim SD_{15}$ 传送的是高位字节的数据。这或者是一次在

$SD_0 \sim SD_{15}$ 上的 16 位数据的传送,或者是一次在 $SD_8 \sim SD_{15}$ 上的 8 位数据的传送。

(9) $IRQ_3 \sim IRQ_7$、$IRQ_9 \sim IRQ_{12}$、$IRQ_{14} \sim IRQ_{15}$(Interrupt Request):中断请求信号,输入。

高电平有效,用于 I/O 设备向 CPU 发送中断请求信号。它们的优先级的顺序是:(最高)9、10、11、12、14、15、3、4、5、6、7(最低)。

(10) $DRQ_0 \sim DRQ_3$ 和 $DRQ_5 \sim DRQ_7$(DMA Request):DMA 请求信号,输入。

该信号是 I/O 通道上的设备要求 DMA 服务的异步通道请求信号,$DRQ_0 \sim DRQ_3$ 用于 8 位数据传输,$DRQ_5 \sim DRQ_7$ 用于 16 位数据传输。在相应的 DACK 线变为有效之前,DRQ 线必须保持高电平。它们的优先级的顺序是:(最高)0、1、2、3、5、6、7(最低)。

(11) $\overline{DACK_0} \sim \overline{DACK_3}$ 和 $\overline{DACK_5} \sim \overline{DACK_7}$(DMA Acknowledge):DMA 响应信号,输出。

低电平有效,有效时,表示 DMA 请求被接受,DMA 控制器占用总线,进入 DMA 周期。

(12) T/C(Terminal Count):计数终止,输出。

该信号是一个正脉冲,由 DMA 控制器送出,表明 DMA 传送的数据已达到其程序预置的字节数,用来结束一次 DMA 数据块的传送。

(13) $\overline{MASTER}$:总线主控信号,输入。

在总线上的主控设备希望占用总线时,首先使用一根 DRQ 信号请求线,当收到相应的 $\overline{DACK}$时,它使$\overline{MASTER}$有效并保持对总线的控制(地址、数据、控制总线)。总线主控设备不应保持总线超过 $15\mu s$,以免应无法进行系统动态存储器刷新操作而丢失信息。

(14) $\overline{IOCHCK}$(I/O Channel Check):I/O 通道检查,输入。

低电平有效,用于报告总线上连接的存储器或 I/O 设备的故障(例如奇偶校验错误)。当该信号被置为低电平时,将向 CPU 发出一个不可屏蔽的中断请求。

(15) I/O CHRDY(I/O Channel Ready):I/O 通道就绪,输入。

该信号用来扩展总线周期的长度,使得低速 I/O 设备或低速存储器可以连接到系统总线上。当低速设备在被选中,且收到读或写命令时将此信号线电平拉低,表示未就绪,以便在总线周期中加入等待周期 Tw,但最多不能超过 10 个时钟周期。

4. 时钟与定时信号线

(1) OSC:振荡器输出。

该信号频率为 14.31818MHz,振荡周期为 70ns,占空比为 1:1。这是总线上频率最高的信号,所有其他的定时信号都是由这个信号产生的。

(2) CLK:时钟信号,输出。

由 OSC 信号的三分频而获得,在 XT 总线上的频率为 4.77MHz。在 AT 机中频率改为 6MHz,占空比为 50%。在 ISA 标准中更名为 SYSCLK,频率不固定,同步于处理器时钟。

(3) RESETDRV:复位驱动,输出。

系统复位信号,高电平有效。此信号在系统电源接通时为高电平,当所有电平都达到规定后变低,即上电复位时有效。用此信号来复位和初始化接口和 I/O 设备。

(4) $\overline{OWS}$(Zero Wait State):零等待,输入。

该信号为低电平时,无需插入等待周期。

另外,ISA 总线上还有±5V,±12V 电源信号和地线信号等。

11.3 PCI 局部总线

PCI(Peripheral Component Interconnect)外部设备互连总线是 Intel 公司于 1991 年下半年首先提出的,并马上得到了 IBM、Compaq、AST、HP、DEC 等 100 多家大型计算机公司的大力支持,于 1993 年正式推出了 PCI 局部总线标准——PCI 总线。

PCI 总线是一种即插即用的总线标准,支持全面的自动配置,最大允许 64 位并行数据传送,采用地址/数据总线复用方式,最高总线时钟可达 66MHz,支持多总线结构和线性突发传输,最高峰值传输速度可达 528MB/s。PCI 总线通过桥接技术保持与传统总线如 ISA、EISA、VESA、MCA 等标准的兼容性,使高性能的 PCI 总线与已大量使用的传统总线技术特别是 ISA 总线并存。

PCI 总线技术的出现是为了解决由于微机总线的低速度和微处理器的高速度而造成的数据传输瓶颈问题,它能够支持多个外围设备,并有严格的规范保证高度的可靠性和兼容性。

11.3.1 PCI 总线的特点

1. 高性能

(1) 高总线频宽

PCI 总线的时钟频率为 33MHz,最高可达到 66MHz,与 CPU 的时钟频率无关。总线宽度为 32 位,并可以扩展到 64 位,故其带宽可达 66MHz×8B=528MB/s。

(2) 支持线性突发读写方式

每次传送开始时,总线主控设备会通过地址总线传送本次突发的开始地址,并进行一次数据读写。然后每次由被访问的存储器或外设自动地将地址加 1 而不需要传送下一个地址,便可读出或写入数据流内的下一个数据。线性突发传送能非常有效地利用总线的带宽去传送数据,减少不必要的地址传送。这种数据传送方式特别适合于多媒体数据传输和数据通信。

(3) 支持并发工作

PCI 总线上的外围设备可以与 CPU 并发工作。一般设计良好的 PCI 控制器具有多级缓冲,例如 CPU 向 PCI 总线上的设备执行写操作时,只需将一批数据快速写入缓冲器即可,数据从缓冲器传送到 PCI 外围设备的过程可以完全在 PCI 控制器的控制下自动执行而无需 CPU 的任何干预,此时 CPU 可以去执行其他操作。这种并发工作提高了整体性能。

(4) 支持总线主控技术

允许智能设备在需要时取得总线的控制权,以加速数据的传输。

2. PCI 总线独立于处理器

PCI 总线是一种不依附于某个具体处理器的局部总线。PCI 总线的结构与处理器的结构无关,它采用独特的中间缓冲器设计,把处理器子系统和外围设备分开。一般情况下,在处理器总线上增挂更多的设备或部件,将使系统性能和可靠性降低。而通过缓冲器的设计,用户可以随意增设多种外围设备扩展系统,而不必担心在不同时钟频率下会导致性能下降。

PCI 总线是与 CPU 异步工作的,总线上具有固定的工作频率 33MHz,这样,CPU 的运行速度不会受 PCI 总线设备操作速度的限制。

3. 兼容性好

由于在 CPU 与 PCI 总线之间插入了 PCI 桥路这一中介层,使得 PCI 总线不与 CPU 直接相连。PCI 的这种隔离式设计使得 PCI 外设与 CPU 相互独立,从而带来了许多优越性。

(1) 当改变 CPU 时,只需改变相应的 PCI 桥路而仍能保持总线结构。

(2) 通过 PCI 总线控制器,PCI 可以与其他的总线(如 ISA,EISA,MCA 等)也保持很好的兼容性。

4. 高效益、低成本

(1) 高集成度

通过将大量的功能系统(如存储器控制器、总线控制器等)集成在 PCI 芯片内部,可以减少部件间相互连接的逻辑电路,减少电路板空间并降低成本,同时也提高了可靠性。

(2) 引脚多路复用

地址线和数据线以及许多控制线共用引脚,减少了引脚的个数(主设备 49 个信号,从设备 47 个信号)以及 PCI 部件的封装尺寸。

5. 即插即用

PCI 总线标准为 PCI 接口提供了一套完整的自动配置功能,使 PCI 接口所需要的各种硬件资源如中断、内存、I/O 地址等通过即插即用的 BIOS 在系统启动时进行自动配置,达到对计算机资源的优化使用和合理配置,从而使 PCI 接口达到真正的即插即用的目的,使接口的设计和应用更加简易。

6. 预留了发展空间

(1) 5V 和 3.3V 兼容

PCI 定义了 3 种扩展卡接插件,一种是 5V 信号环境下的,一种是 3.3V 信号环境下的,第三种为通用双电压卡。不同型号的扩展卡之间的区别在于它们使用的信号规范不同,而不是它们所连接的电源。

(2) 支持 32 位到 64 位扩展

32 位扩展卡可以在 32 位 PCI 总线上使用,64 位扩展卡可以在 64 位 PCI 总线上使用,而通用的插卡既可以在 32 位的系统上运行,又可以在 64 位的系统上运行。

(3) 运行频率可扩展到 66MHz

11.3.2　PCI 总线信号

完整的 PCI 标准总共定义了 100 条信号线,PCI 插件的信号引脚如图 11.5 所示。对 PCI 总线的全部信号线,通常分为必备的和可选的两大类,其功能分类如图 11.6 所示。必

B引脚号			A引脚号	B引脚号			A引脚号
1	+12V	$\overline{TRST}$	1	48	AD_{10}	GND	48
2	TCK	+12V	2	49	GND	AD_9	49
3	GND	TDS	3	50	KEY	KEY	50
4	TDC	TDI	4	51	KEY	KEY	51
5	+5V	+5V	5	52	AD_8	$C/\overline{BE_0}$	52
6	+5V	$\overline{INTA}$	6	53	AD_7	+3.3V	53
7	$\overline{INTB}$	$\overline{INTC}$	7	54	+3.3V	AD_6	54
8	$\overline{INTD}$	+5V	8	55	AD_5	AD_4	55
9	$\overline{PRSNT_1}$		9	56	AD_3	GND	56
10		+VI/O	10	57	GND	AD_2	57
11	$\overline{PRSNT_2}$		11	58	AD_1	AD_0	58
12	KEY	KEY	12	59	+VI/O	+VI/O	59
13	KEY	KEY	13	60	$\overline{ACK_{64}}F$	$\overline{REQ_{64}}$	60
14			14	61	+5V	+5V	61
15	GND	$\overline{RST}$	15	62	+5V	+5V	62
16	CLK	+VI/O	16	63		GND	63
17	GND	$\overline{VNT}$	17	64	GND	$C/\overline{BE_7}$	64
18	$\overline{REO}$	GND	18	65	$C/\overline{BE_6}$	$C/\overline{BE_5}$	65
19	+VI/O		19	66	$C/\overline{BE_4}$	+VI/O	66
20	AD_{31}	AD_{30}	20	67	GND	PAR_{64}	67
21	AD_{29}	+3.3V	21	68	AD_{63}	AD_{62}	68
22	GND	AD_{28}	22	69	AD_{61}	GND	69
23	AD_{27}	AD_{26}	23	70	+VI/O	$PRSNT_1$	70
24	AD_{25}	GND	24	71	AD_{59}	AD_{58}	71
25	+3.3V	AD_{24}	25	72	AD_{57}	GND	72
26	$C/\overline{BE_3}$	$\overline{IDSEL}$	26	73	GND	AD_{56}	73
27	AD_{23}	+3.3V	27	74	AD_{55}	AD_{54}	74
28	GND	AD_{22}	28	75	AD_{53}	+VI/O	75
29	AD_{21}	AD_{20}	29	76	GND	AD_{52}	76
30	AD_{19}	GND	30	77	AD_{51}	AD_{50}	77
31	+3.3V	AD_{18}	31	78	AD_{49}	GND	78
32	AD_{17}	AD_{16}	32	79	+VI/O	AD_{48}	79
33	$C/\overline{BE_2}$	+3.3V	33	80	AD_{47}	AD_{46}	80
34	GND	$\overline{FRAME}$	34	81	AD_{45}	GND	81
35	$\overline{IRDY}$	GND	35	82	GND	AD_{44}	82
36	+3.3V	$\overline{TRDY}$	36	83	AD_{43}	AD_{42}	83
37	$\overline{DEVSEL}$	GND	37	84	AD_{41}	+VI/O	84
38	GND	$\overline{STOP}$	38	85	GND	AD_{40}	85
39	$\overline{LOCK}$	+3.3V	39	86	AD_{39}	AD_{38}	86
40	$\overline{PREE}$	SDONE	40	87	AD_{37}	GND	87
41	+3.3V	$\overline{SBO}$	41	88	+VI/O	AD_{36}	88
42	$\overline{SERR}$	GND	42	89	AD_{35}	AD_{34}	89
43	+3.3V	PAR	43	90	AD_{33}	GND	90
44	$C/\overline{BE_1}$	AD_{15}	44	91	GND	AD_{32}	91
45	AD_{14}	+3.3V	45	92			92
46	GND	AD_{13}	46	93		GND	93
47	AD_{12}	AD_{11}	47	94	GND		94

注：+VI/O 在3.3V主板上为+3.3V，在5V主板上为+5V。

图11.5 PCI插件的信号引脚

备的信号线是一个 32 位 PCI 接口所必不可少的,并且通过这些信号线可实现完整的 PCI 接口功能,如信息传输、接口控制、总线仲裁等。如果作为目标设备,必备的信号线为 47 条,若作为主控设备,则为 48 条。可选的信号线为高性能 PCI 接口进行功能和性能方面的扩展时使用,如 64 位地址/数据、中断、66MHz 主频等信号线。

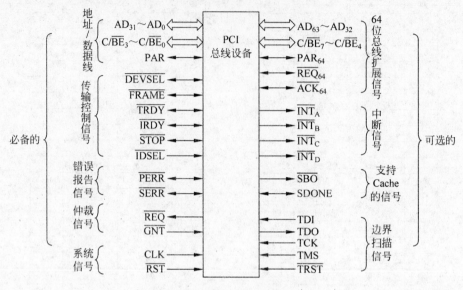

图 11.6　PCI 总线的功能分类

PCI 总线上的信号有如下的形态(信号的方向是对主控设备与从设备的组合而言的):

IN:输入信号。

OUT:输出信号。

T/S:(Tri-State)双向三态输入/输出信号。

S/T/S:(Sustained Tri-State)表示一种持续的并且低电平有效的三态信号。在某一时刻只能属于一个主控并被其驱动。这种信号从有效低电平变为浮空(高阻状态)之前,必须保证使其具有至少一个时钟周期的高电平状态,另一主设备想要驱动它,至少要等到该信号的原有驱动者将其释放(变为三态)一个时钟周期之后才能开始。

OD:(Open Drain)表示漏极开路,以线与形式允许多个设备共同驱动或共享。

下面按功能分组进行说明。

1. 系统信号

(1) CLK,IN:总线时钟输入信号

它为所有 PCI 传输提供时钟基准,对所有 PCI 设备均为输入信号。大多数 PCI 信号均在时钟的上升沿有效。时钟的最高频率为 33MHz,最低为直流 0Hz。对 66MHz PCI 总线时钟信号最高频率为 66MHz。

(2) $\overline{\text{RST}}$,IN:复位输入信号

该信号有效使 PCI 的特殊寄存器、定序器和信号线恢复初始状态。

2. 数据地址线

(1) $AD_0 \sim AD_{31}$，T/S：双向三态地址/数据复用线

在地址阶段是 32 位地址；在数据阶段是数据，数据宽度可变，可以是 8 位、16 位或 32 位。对于 I/O 操作，$AD_0 \sim AD_{31}$ 是一个字节地址，即 32 位地址；若是存储器操作和配置寄存器操作，由于数据为双字(4 字节，32 位)，地址为高 30 位，故 AD_0、AD_1 无用。

(2) $C/\overline{BE_0} \sim C/\overline{BE_3}$(Command/Byte Enable)，T/S：总线命令和字节有效的复用线

在地址阶段，表示总线命令，用编码的方式表示 16 种总线命令，说明总线传输的类型，具体命令如表 11.1 所示；在数据阶段，它们确定各字节是否有效，决定 32 位数据线上哪一个字节通道用于传输数据。

表 11.1 PCI 总线的命令类型

$C/\overline{BE_0} \sim C/\overline{BE_3}$	命令类型	$C/\overline{BE_0} \sim C/\overline{BE_3}$	命令类型
0000	中断响应	1000	保留
0001	特殊周期	1001	保留
0010	I/O 读	1010	配置空间读
0011	I/O 写	1011	配置空间写
0100	保留	1100	多重内存读
0101	保留	1101	双地址周期
0110	内存读	1110	内存读一行
0111	内存写	1111	内存写并使无效

(3) PAR(Parity)，T/S：奇偶校验线

它作为 $AD_0 \sim AD_{31}$ 和 $C/\overline{BE_0} \sim C/\overline{BE_3}$ 的校验线，在地址阶段和写数据阶段由主设备驱动，在读数据阶段由从设备驱动。PCI 总线上的设备可以分为主控设备和从控设备，任何一个总线周期都是由主控设备发起的。通常总线控制器就是总线主控设备，但 PCI 总线上的插卡和其他设备也可以作为主控设备。

3. 传输控制线

(1) $\overline{FRAME}$，S/T/S：帧同步信号

由当前主控设备驱动，表示一次数据帧访问的开始和持续时间。$\overline{FRAME}$ 有效预示着总线传输的开始，$\overline{FRAME}$ 开始后的第一个时钟周期为地址阶段，之后为数据阶段。在 $\overline{FRAME}$ 有效期间，意味着数据传输继续进行，直至 $\overline{FRAME}$ 失效后还有最后一个数据周期。

(2) $\overline{IRDY}$(Initiator Ready)，S/T/S：总线主控设备就绪

该信号有效表示发起本次传输的主控设备已准备好，否则即为等待周期。在写周期，该信号有效表示数据已在 $AD_0 \sim AD_{31}$ 中且稳定有效；在读周期，该信号有效表示主控设备已做好接收数据的准备。

(3) $\overline{TRDY}$(Target Ready)，S/T/S：总线从设备就绪

该信号有效表示从设备已做好完成当前数据传输的准备工作，可以进行相应的数据传输。在读周期中，该信号有效表示从设备已将有效数据提交到 $AD_0 \sim AD_{31}$ 中；在写周期，该

信号有效表示从设备已做好接收数据的准备。当$\overline{\text{IRDY}}$和$\overline{\text{TRDY}}$中任何一个无效时,都为等待周期。由此可见,PCI 总线通过$\overline{\text{IRDY}}$或$\overline{\text{TRDY}}$无效在数据传输过程中可以由主控设备或从设备根据自身的响应速度灵活地插入多个等待周期,以使总线适用于各种档次速度的接口设备。

(4) $\overline{\text{STOP}}$,S/T/S: 停止信号

由从设备插入,要求主控设备停止当前的传输周期。

(5) IDSEL(Initialization Device Select),IN:初始化设备选择

在参数配置读/写传输期间,用作片选信号。

(6) $\overline{\text{DEVSEL}}$(Device Select),S/T/S:设备选择线

该信号由从设备在识别出地址时发出。该信号有效时,表示总线上某处的某一设备已被选中,并作为当前访问的从设备。

(7) $\overline{\text{LOCK}}$,S/T/S:总线锁定信号

该信号有效表示驱动它的设备所进行的操作可能需要多个传输周期(中间不能停顿)才能完成操作,使用该信号进行独占性访问。例如,某一设备带有自己的存储器,那么它必须能进行锁定,以便实现对该存储器的完全独占性访问。

4. 仲裁信号线

(1) $\overline{\text{REQ}}$(Request),S/T/S:向总线仲裁器发出的总线请求信号

该信号有效表示驱动它的设备要求使用总线。它是一个点到点的信号线,任何主设备都有其$\overline{\text{REQ}}$信号(各个插槽上的该信号并不互相连接)。

(2) $\overline{\text{GNT}}$(Grant),S/T/S:总线仲裁器给出的总线确认信号

该信号有效表示申请占用总线的设备的请求已获得批准。这也是一个点到点的信号线,任何主设备都有其$\overline{\text{GNT}}$信号。

5. 出错报告信号线

(1) $\overline{\text{PERR}}$(Parity Error),S/T/S:奇偶校验错误信号线

一个设备只有在响应设备选择信号$\overline{\text{DEVSEL}}$和完成数据阶段之后,才能报告一个$\overline{\text{PERR}}$。对于每个数据接收设备,如果发现数据有错误,就应在数据收到后的两个时钟周期内将$\overline{\text{PERR}}$激活。

(2) $\overline{\text{SERR}}$(System Error),OD:系统错误信号线

用作报告地址奇偶错、特殊命令序列中的数据奇偶错,以及其他可能引起灾难性后果的系统错误。它可由任何设备发出。

6. 中断信号线

$\overline{\text{INT}_A} \sim \overline{\text{INT}_D}$(Interrupt A~D),OD:中断请求数据线。

低电平有效,电平触发方式,使用漏极开路方式驱动,允许多个中断源共享一根信号线进行"线与"。对于单功能设备,只有$\overline{\text{INTA}}$可用,多功能设备则可使用任何一根或多根$\overline{\text{INT}_x}$信号线。

7. 其他可选信号

(1) 高速缓存支持信号

为了使 PCI 插卡上的存储器能够和 Cache 配合工作,定义了两根信号线:

① $\overline{SBO}$,IN/OUT:试探返回信号

当该信号有效时,表示命中了一个已修改的行。该信号无效而 SDONE 信号有效时,表示有一个"干净"的试探结果。

② SDONE,IN/OUT:监听完成信号

用来表示当前监听的状态。该信号无效时,表示监听仍在进行,否则表示监听已经完成。

(2) 64 位总线扩展信号

① $AD_{32} \sim AD_{63}$,T/S:扩展的 32 位地址/数据复用线

在地址阶段,这 32 条线上含有 64 位地址的高 32 位。在数据阶段,当 $\overline{REQ_{64}}$ 和 $\overline{ACK_{64}}$ 同时有效时,这 32 条线上含有高 32 位数据。

② $C/\overline{BE_4} \sim C/\overline{BE_7}$,T/S:总线命令和字节使能多路复用信号线

在数据阶段,若 $\overline{REQ_{64}}$ 和 $\overline{ACK_{64}}$ 同时有效时,该 4 条线传输的是字节使能信号。在地址阶段,如果使用了 DAC 命令且 $\overline{REQ_{64}}$ 信号有效,则传输的是总线命令,否则这些位是保留的且不确定。

③ $\overline{REQ_{64}}$,S/T/S:64 位传输请求

该信号由当前主设备驱动,表示本设备要求采用 64 位通路传输数据。它与 $\overline{FRAME}$ 有相同的时序。

④ $\overline{ACK_{64}}$,S/T/S:64 位传输认可

由从设备发出,表示从设备将采用 64 位传输方式。并且和 $\overline{DEVSEL}$ 具有相同的时序。

⑤ PAR_{64},T/S:奇偶双字节校验

是 $AD_{32} \sim AD_{63}$ 和 $C/\overline{BE_4} \sim C/\overline{BE_7}$ 的校验位。对于主设备是为了地址和写数据而发 PAR_{64};对于从设备是为了读数据而发 PAR_{64}。

(3) 测试和访问端口/边界扫描信号

TDI、TDO、TCK、TMS、$\overline{TRST}$ 为边界扫描信号。$\overline{PRSNT_1}$ 和 $\overline{PRSNT_2}$ 为判断 PCI 插槽上是否有接口插卡存在的信号。

习题 11

一、选择题

1. 计算机使用总线结构的优点是便于实现积木化,同时_____。

    A. 减少了信息传输量   B. 提高了信息传输速度

    C. 减少了信息传输线的条数   D. 两种信息源代码在总线可同时出现

2. 8086 的时钟频率为 5MHz 时,它的典型总线周期是_____ ns。

    A. 200   B. 400   C. 800   D. 1600

3. 在下面关于微机总线的叙述中,错误的是_____。

    A. 采用总线结构可简化微机系统的设计

    B. 标准总线可得到多个厂商的支持,便于厂商生成兼容的硬件插卡

    C. PC 机的性能与其采用哪些具体的标准总线无关

    D. 采用总线结构便于微机系统的扩充和升级

4. 下面关于目前主流 PC 机中几种总线工作频率的叙述中,错误的是_____。

    A. 处理器总线工作频率一般与 PCI 总线工作频率相等

    B. 处理器的主频一般高于处理器总线工作频率

    C. 存储器总线工作频率一般低于处理器的主频

    D. 存储器总线工作频率一般高于 PCI 总线工作频率

5. 下面是关于 PCI 总线的叙述,其中错误的是_____。

    A. PCI 支持即插即用

    B. PCI 的地址线与数据线是复用的

    C. PC 机中不能同时使用 PCI 总线和 ISA 总线

    D. PCI 是一种独立设计的总线,它的性能不受 CPU 类型的影响

二、填空题

1. 计算机系统与外部设备之间相互连接的总线称为_____;用于连接微型机系统内部各插件板的总线称为_____;CPU 内部连接各寄存器及运算部件之间的总线称为_____。

2. 一次总线的信息传送过程大致可分为 4 个阶段,依次为_____、_____、_____和_____。

3. 当总线位宽为 16 位,总线工作频率为 8MHz,完成一次数据传送需要 2 个总线时钟周期时,总线传输速率为_____ MB/s。

三、问答题

1. 什么叫总线和总线操作,为什么各种微型计算机系统中普遍采用总线结构?

2. 采用总线技术有哪些优点,总线操作应遵循哪些原则?

3. 什么叫总线周期、时钟周期、指令周期? 它们一般有什么关系?

4. 一般微机系统中包括哪几级总线? 试比较各级总线在系统中的作用。

5. 某系统总线的一个存取周期最快为 3 个总线时钟周期,在一个总线周期中可以存取 32 位数据。若总线的时钟频率为 8.33MHz,则总线的带宽为多少 MB/s?

第12章

A/D和D/A转换接口电路

在工程应用中,得到的数据往往是模拟量,即时间和幅度都是连续的值,例如温度、压力、流量、位移和电压等,为了使这些信号进入计算机系统进行处理,就需要一个接口电路,将外设输出的模拟量转换成数字信号,再输入至计算机,这类接口电路被称为模拟/数字(Analog to Digital,A/D)转换接口电路,又常被称做数据采集卡。

而一些通过计算机模拟的信号,例如符合统计特性的杂波信号,需要转换为外设兼容的模拟信号,用来检验实际电路抗杂波性能。这类将数字信号转换为模拟信号的接口电路被称为数字/模拟(Digital to Analog,D/A)转换接口电路。

本章在介绍 A/D 和 D/A 工作原理的基础上,介绍具体的 A/D 转换芯片 ADC0809 及其应用,以及 D/A 转换芯片 DAC0832 及其应用。

12.1 模拟/数字(A/D)转换接口电路

根据模拟信号转换成数字信号的不同方法,以及转换精度和速度的不同,有多种 A/D 转换集成芯片可供选择,这些转换芯片和前面介绍的可编程接口芯片的应用类似,也必须有端口地址,CPU 通过编程的方法控制芯片的使用。

12.1.1 A/D 转换的基本原理

实现转换的方法很多,A/D 转换的方法有逐次比较式、双积分式、计数式和并行式等。后面介绍的 A/D 转换集成芯片 ADC0809 采用的是逐次比较式,下面就介绍逐次比较式的 A/D 转换原理。

每个 A/D 转换器都有参考电压,根据输出的数字信号的位数,得到各个量化电压。

【例 12.1】 参考电压为+5V,输出数字信号的位数为 4 位,则各个量化电压为:

$$5V \times 2^{-1} = 2.5V, \quad 5V \times 2^{-2} = 1.25V, \quad 5V \times 2^{-3} = 0.625V, \quad 5V \times 2^{-4} = 0.3125V$$

如果输出的数字信号为 1100,则理想的模拟电压为:

$$2.5 + 1.25 = 3.75V$$

这个模拟电压可能和实际输入的模拟电压有一定的误差,但是一定是小于最小的量化电压,在这个例子中,最小的量化电压为 0.3125V。

转换原理为:A/D 转换器输入的模拟信号首先和最大的量化电压比较,如果大于最大的量化电压,则输出数字信号的最高位就为1,小于该电压,最高位就为0。然后再依次和下面的量化电压比较,若实际输入的电压大于转换得到的模拟电压,该量化电压对应的数字位就为1,否则为0。

【例12.2】 在例12.1中,输入的模拟电压为3.5V,说明其转换后的数字电压值。

首先内部电路将数字信号设置为1000,该数字信号转换得到的模拟电压为:

$$1 \times 2.5V = 2.5V < 3.5V$$

则最高位1保留。

然后内部电路将数字信号设置为1100,该数字信号转换得到的模拟电压为:

$$1 \times 2.5V + 1 \times 1.25V = 3.75V > 3.5V$$

则该量化电压对应的次高位就变为0。

接下来内部电路将数字信号设置为1010,该数字信号转换得到的模拟电压为:

$$1 \times 2.5V + 1 \times 0.625V = 3.125V < 3.5V$$

则该位1保留。

接下来内部电路将数字信号设置为1011,该数字信号转换得到的模拟电压为:

$$1 \times 2.5V + 1 \times 0.625V + 1 \times 0.3125V = 3.4375V < 3.5V$$

则该位1保留。

所以最后输出的数字信号为:1011。

对应的模拟电压3.4375V和实际输入的模拟电压3.5V之间的误差为0.0625V。

12.1.2 A/D转换的主要性能指标

1. 分辨率

A/D转换芯片(ADC)的一个重要参数是分辨率,即所能分辨的最小模拟电压的能力,也就是前面所述的最小量化电压。通常以输出二进制的位数表示。位数越多,分辨率越高,转换精度也就越高。

2. 量化误差

量化误差是由输出二进制位数的有限位引起的,例如在前面的例子中,4位A/D转换器转换3.5V的电压,实际转换后的电压为3.4375V,转换误差为0.0625V,小于最小的量化电压0.3125V。

例如,ADC的参考电压为+5V,输出数字信号的位数为8位,则最小的量化电压,即能分辨的最小模拟电压为:$+5V \times 2^{-8} = 0.01953125V$,则转换误差小于0.01953125V。

3. 转换时间

转换时间是A/D转换器完成一次A/D转换需要的时间。通常逐次逼近式A/D转换器每进行一次比较,即决定输出数字信号码的0或1,需要8个时钟周期。所以4位的ADC完成一次转换需要$8 \times 4 = 32$个时钟周期,再加上准备和结束需要的几个时钟周期,就构成了ADC的转换时间。

12.1.3　A/D 转换芯片 ADC0809 的组成与工作原理

1. ADC0809 的特性

ADC0809 是逐次比较式的 A/D 转换器,其主要特性如下:

(1) 分辨率:8 位。

(2) 8 路模拟输入端,输入电压为 0～+5V。

(3) A/D 转换时间为 $100\mu s$。

(4) 单电源,+5V 供电。

(5) 工作温度范围:$-40～+85℃$。

2. ADC0809 的内部结构

ADC0809 的内部结构如图 12.1 所示。ADC0809 的工作过程为:ALE 信号锁存片内地址信号 A、B、C 控制通道选择开关,选择 8 路模拟量之一作为输入;START 信号有效时,启动 A/D 转换;转换结束后,发 EOC 转换结束信号;EOC 信号可作为中断请求信号或状态查询信号送入 CPU,然后 CPU 进行读操作;读操作产生 OE 信号打开三态缓冲器,数字量由 ADC0809 输入至 CPU。

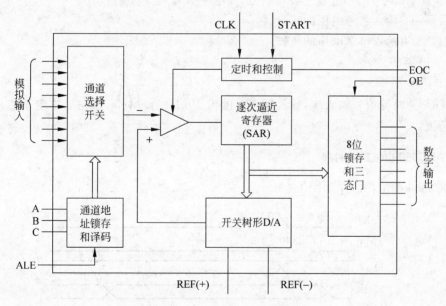

图 12.1　ADC0809 的内部结构

3. ADC0809 的引脚

ADC0809 为 28 个引脚的 DIP 封装芯片,其引脚排列如图 12.2 所示。

$IN_0～IN_7$:8 个模拟输入通道。

A、B、C:片内地址选择信号,用来选择 8 路模拟通道之一。具体对应关系如表 12.1 所示。

ALE:地址锁存允许信号,高电平有效,用来锁存片内地址。

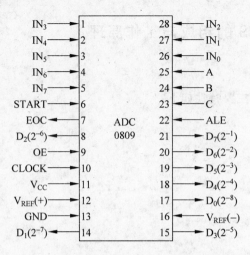

图 12.2　ADC0809 的引脚

表 12.1　ADC0809 片内地址对应通道

选中通道	地址		
	C	B	A
IN_0	0	0	0
IN_1	0	0	1
IN_2	0	1	0
IN_3	0	1	1
IN_4	1	0	0
IN_5	1	0	1
IN_6	1	1	0
IN_7	1	1	1

START：用来启动 A/D 转换，高电平有效，信号有效时间需维持 200ns 以上。

EOC：A/D 转换结束输出信号。转换时为低电平，转换完成变为高电平。

$D_7 \sim D_0$：数字信号输出端，可直接接到系统数据总线上。

OE：数字信号 $D_7 \sim D_0$ 输出允许信号，高电平有效。

$V_{REF}(+)$：输入参考电压的正极。

$V_{REF}(-)$：输入参考电压的负极。

V_{CC}：电源，+5V。

GND：地。

CLOCK：时钟信号输入端，输入频率范围为 10kHz～1MHz，该信号决定了芯片的 A/D 转换速度。

4. ADC0809 的工作时序

ADC0809 的工作时序如图 12.3 所示。

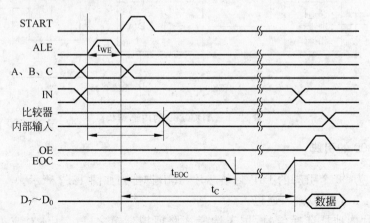

图 12.3　ADC0809 的工作时序

CPU 首先送出地址信号 A、B、C,ALE 正脉冲将其锁存,表示选通了第 n 个通道。选通的模拟信号送入芯片内部的比较器。START 正脉冲到来后,启动 A/D 转换。经过 t_C 时间,转换结束,转换结束信号 EOC 变高。如果数据输出允许信号 OE 有效,数据就从 ADC0809 输出,送上数据总线 $D_7 \sim D_0$。

12.1.4 ADC0809 的应用

ADC0809 在使用时,通常 START 引脚和 ALE 引脚连在一起,连接地址译码电路的输出,这样地址选通与启动转换可以同时进行。数据输出允许信号 OE 也接地址译码器的输出,表示读取数据的地址端口。

【例 12.3】 如图 12.4 所示接口电路,采用查询方式对模拟通道 IN_1 进行数据采集,采集 20 个数据,将采集到的数据存放在 BUF 开始的缓冲区中。

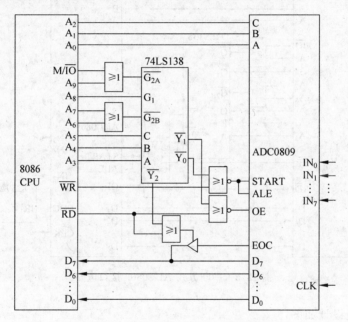

图 12.4 查询方式 ADC0809 接口电路

由图 12.4 可以列出 ADC0809 各端口的地址如下:

A_9	A_8	A_7	A_6	A_5	A_4	A_3	A_2	A_1	A_0	
0	1	0	0	0	0	0	0	0	1	通道 1 地址
0	1	0	0	0	0	1	×	×	×	读数据口
0	1	0	0	0	1	0	×	×	×	查询端口

所以通道 1 的地址为:101H;读数据口的地址为:108H;查询端口地址为:110H。
程序设计如下:

```
    LEA   DI,   BUF         ;DI 指向缓冲区
    MOV   CX,   20          ;CX 存放所要采集的数据数目
R:  MOV   DX,   101H        ;通道 1 地址
```

```
        OUT   DX,    AL                    ;启动通道 1 开始 A/D 转换
        MOV   DX,    110H                  ;查询口地址
    L:  IN    AL,    DX                    ;查询 EOC 是否为高,即转换是否完成
        TEST  AL,    80H
        JZ    L                            ;EOC 为低继续查询
        MOV   DX,    108H                  ;数据口地址
        IN    AL,    DX                    ;EOC 为高,CPU 读取数据
        MOV   [SI],  AL                    ;将采集到的数据存入 BUF
        INC   SI                           ;SI 指向下一个缓冲区地址
        LOOP  R                            ;启动下一次 A/D 转换
```

【例 12.4】 在上例中,如果采用中断控制方式对模拟通道 IN_1 进行数据采集,接口电路如图 12.5 所示,ADC0809 的输出信号 EOC 接至中断控制器 8259A 的 IR_1。

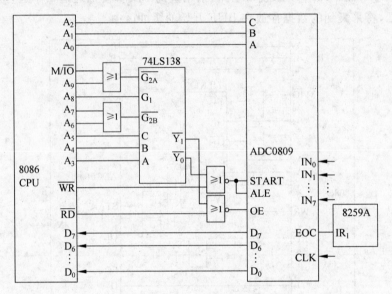

图 12.5 中断方式 ADC0809 接口电路

则主程序段设计如下:

```
    LEA   SI,   BUF
    MOV   CX,   20
R:  MOV   DX,   101H
    OUT   DX,   AL
    HLT                        ;等待中断
    INC   SI
    LOOP  R
```

中断服务程序为:

```
MOV   DX,   108H
IN    AL,   DX
MOV   [SI], AL
STI
IRET
```

12.2 数字/模拟(D/A)转换接口电路

12.2.1 D/A 转换的基本原理

多数 D/A 转换器首先将数字量转换为模拟电流,然后将模拟电流转变为模拟电压。如图 12.6 所示为权电阻 DAC 电路。在电路中,与二进制代码对应的每个输入位,都有相应的模拟开关和一个电阻,该电阻又被称做权电阻。当某位的数字位为 1 时,对应的开关闭合,将对应的权电阻接至基准电源,从而产生权电流。当某位的数字位为 0 时,对应的开关断开,不会产生权电流。所有的权电流流过反馈电阻 R_f,在输出端 V_O 输出转换后的模拟电压。

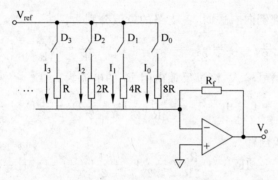

图 12.6 权电阻 DAC 电路

从图中可知各支路电流:

$$I_0 = \frac{V_{ref}}{8R}, \quad I_1 = \frac{V_{ref}}{4R}, \quad I_2 = \frac{V_{ref}}{2R}, \quad I_3 = \frac{V_{ref}}{R}$$

输出模拟电压为:

$$V_O = -(I_0 D_0 + I_1 D_1 + I_2 D_2 + I_3 D_3) R_f$$

将各支路电流代入上式可得:

$$V_O = -\left(\frac{D_0}{8} + \frac{D_1}{4} + \frac{D_2}{2} + \frac{D_3}{1}\right)\frac{R_f}{R}V_{ref}$$

当二进制位数为 n 时:

$$V_O = -\frac{R_f}{R}V_{ref}\sum_{i=1}^{n}2^{-(i-1)}D_{n-i}, \quad 其中 D_i = 0 \ 或 \ 1$$

以上电路有个缺点,当数字位数多时,权电阻之间相差太大。例如当二进制数字位为 12 位时,权电阻最小值和最大值的比值将达到 4096:1,不利于电路的实现。因此在实际应用中,通常采取 T 型网络,如图 12.7 所示。T 型网络只需要 R 和 2R 两种电阻,制作集成电路容易实现。

当某位为 0,则相应的开关倒向左边,支路接地。当某位为 1 时,相应的开关倒向右边,支路接至运算放大器的反相端。

由图 12.7 可算出,D、C、B、A 各点的电位分别为 V_{ref},$\frac{1}{2}V_{ref}$,$\frac{1}{4}V_{ref}$,$\frac{1}{8}V_{ref}$。

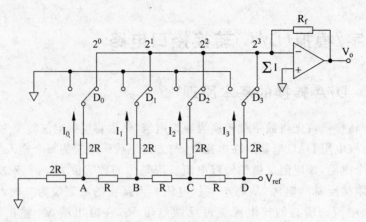

图 12.7　T 型网络 DAC 电路

当各支路的开关都倒向右边时,各支路的电流分别为:

$$I_0 = \frac{V_A}{2R} = \frac{V_{ref}}{16R}, \quad I_1 = \frac{V_B}{2R} = \frac{V_{ref}}{8R}, \quad I_2 = \frac{V_C}{2R} = \frac{V_{ref}}{4R}, \quad I_3 = \frac{V_D}{2R} = \frac{V_{ref}}{2R}$$

对于不同的数字信号输入,流过反馈电阻 R_f 的电流为:

$$I = I_0 + I_1 + I_2 + I_3 = \frac{V_{ref}}{2R}\left(\frac{1}{2^0}D_3 + \frac{1}{2^1}D_2 + \frac{1}{2^2}D_1 + \frac{1}{2^3}D_0\right)$$

输出模拟电压 V_O 为:

$$V_O = -IR_f = -\frac{R_f}{2R}V_{ref}\left(\frac{1}{2^0}D_3 + \frac{1}{2^1}D_2 + \frac{1}{2^2}D_1 + \frac{1}{2^3}D_0\right)$$

当输入二进制位数为 n 时,输出模拟电压 V_O 为:

$$V_O = -\frac{R_f}{2R}V_{ref}\sum_{i=1}^{n} 2^{-(i-1)}D_{n-i}, \quad \text{其中 } D_i = 0 \text{ 或 } 1$$

12.2.2　D/A 转换芯片 DAC0832 的组成与工作原理

DAC0832 是具有 8 位分辨率的 D/A 转换集成芯片,内部具有两级 8 位寄存器,数据输入端可以直接与系统总线相连。

1. DAC0832 的特性

(1) 分辨率为 8 位。

(2) 输出电流稳定时间:$1\mu s$。

(3) 单一电源供电:$+5V \sim +15V$。

2. DAC0832 的引脚

DAC0832 的引脚排列如图 12.8 所示。

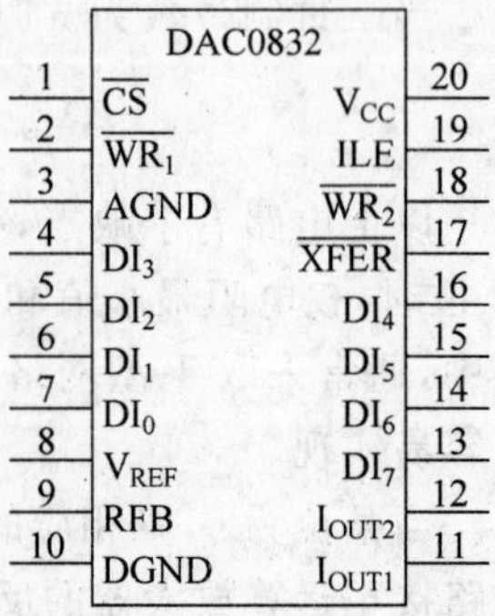

$DI_7 \sim DI_0$:8 位数据输入端。

ILE:数据允许输入锁存。

$\overline{CS}$:片选信号。

图 12.8　DAC0832 引脚图

$\overline{WR_1}$：写信号1，在 ILE 和$\overline{CS}$信号有效时，利用该信号将输入数据输入并锁存于输入寄存器中。

$\overline{XFER}$：传送控制信号。

$\overline{WR_2}$：写信号2，在$\overline{XFER}$信号有效时，利用该信号将数据从输入寄存器中传送到 DAC 寄存器中。

I_{OUT1}：D/A 电流输出1。

I_{OUT2}：D/A 电流输出2，$I_{OUT1} + I_{OUT2}$ 为一常数。

V_{REF}：基准电源输入端，可接 +10V～-10V。

RFB：反馈电阻引出端。

V_{CC}：工作电源端，可接 -15V～+15V。

AGND：模拟量地。

DGND：数字量地。

3. DAC0832 的内部结构

DAC0832 的内部结构如图12.9所示。

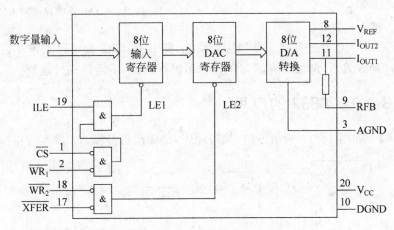

图12.9　DAC0832内部结构图

DAC0832 内部含有两个8位寄存器，起到输入数据两级锁存的作用。第一级寄存器称为输入寄存器，在 ILE、$\overline{CS}$、$\overline{WR_1}$ 三个输入信号同时有效时，输入数据锁存至输入寄存器中。第二级寄存器称为 DAC 寄存器，在$\overline{WR_2}$ 和$\overline{XFER}$同时有效时，输入数据从输入寄存器锁存到 DAC 寄存器中。

由于 DAC0832 是两级输入寄存器，所以存在双缓冲、单缓冲和直接数字输入3种连接工作方式。

如图12.10所示为 DAC0832 双缓冲方式连接图。

当 DAC0832 工作在双缓冲方式时，D/A 转换电路转换数据时，CPU 可以将下一个要转

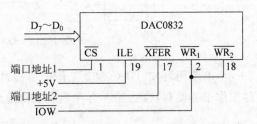

图12.10　DAC0832 双缓冲方式连接图

换的数字量送入第一级寄存器。该方式需要两个端口地址,分别对应输入寄存器和 DAC 寄存器,并且需要连续两条 OUT 指令来完成 D/A 转换。

【例 12.5】 DAC0832 输入寄存器的端口地址为 80H,DAC 寄存器的端口地址为 81H,将数据 50H 转换为模拟量。

则程序为:

```
MOV  AL,  50H
OUT  80H, AL
OUT  81H, AL
```

单缓冲方式是指 DAC0832 的两级寄存器仅有一级工作在锁存状态,另一级工作在不锁存状态。如图 12.11 所示为一种 DAC0832 单缓冲方式连接图。

单缓冲方式只需要一个端口地址。例如,输入寄存器的端口地址为 80H,将数据 50H 转换为模拟量的程序如下:

```
MOV  AL,  50H
OUT  80H, AL
```

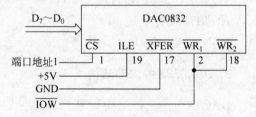

图 12.11　DAC0832 单缓冲方式连接图

如果 DAC0832 是通过外部锁存器接入系统,则 DAC0832 就可以工作在直接数字输入方式下。在这种方式下,两级寄存器都工作在不锁存状态,不需要端口地址。

12.2.3　DAC0832 的应用

【例 12.6】 如图 12.12 所示电路,编写程序,使输出信号端 V_O 输出一锯齿波信号。

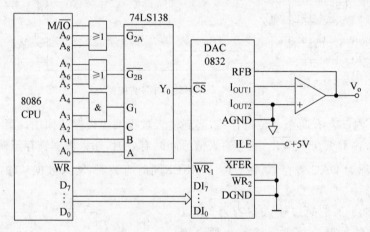

图 12.12　DAC0832 应用连接图

由电路图可知,DAC0832 工作于单缓冲方式,输入寄存器工作于锁存状态,DAC 寄存器工作于非锁存状态,输入寄存器的端口地址为:

A_9	A_8	A_7	A_6	A_5	A_4	A_3	A_2	A_1	A_0	
0	0	0	0	0	0	1	1	0	0	18H

为了输出锯齿波信号，需要使 DAC0832 的输入数字信号由小变大，可以使数字信号由00H 变为 FFH。

程序设计为：

```
    MOV  AL,   0
L:  OUT  18H,  AL
    INC  AL
    JMP  L
```

习题 12

一、选择题

1. 当 ADC0809 模拟量输入电压范围为 0～5V 时，若引脚 REF（＋）接＋5V，REF（－）接地，那么其最小分辨率为_____。

　　A. 39.2mV 　　　　 B. 19.6mV 　　　　 C. 9.8mV 　　　　 D. 4.9mV

2. 某 A/D 转换系统的分辨率要求为 0.01V，电压输入范围为±10V，该系统最低应选择_____位 A/D 芯片。

　　A. 8 　　　　　　 B. 10 　　　　　　 C. 12 　　　　　　 D. 14

3. 4b 逐次逼近型 ADC 在进行 A/D 转换时，第一步生成的预测量是_____。

　　A. 0 　　　　　　 B. 8 　　　　　　 C. 15 　　　　 D. 与输入信号成比例

4. 由 A/D 转换器对变化周期为 1000Hz 的检测信号采样，要求每个信号周期内采样 20 个点，所选用的 A/D 转换器的转换速率为_____。

　　A. 50 　　　　　　 B. 1000 　　　　　 C. 10000 　　　　 D. 40000

5. 一个测控系统由 D/A 转换器输出的模拟量控制电压，输出的模拟量的精度取决于所使用的 D/A 转换器的_____。

　　A. 分辨率 　　　　 B. 微分线性误差 　　 C. 非线性误差 　　 D. 建立时间

二、填空题

1. 当 ADC0809 的 A、B、C 共 3 个引脚的逻辑电平为 110 时，则寻址的模拟通道为_____。

2. DAC0832 有 3 种工作方式，分别为_____。

3. 若要求以每秒 5000 个点的数据采样，共采样 1 分钟，至少应选用转换时间为_____的 8 位的 A/D 转换器，需要_____ RAM 空间存储采样数据。

三、问答题

1. 假设 A/D 转换器的参考电压为＋3V，输出数字信号的位数为 4 位，如果输入的模拟电压为 2.5V，则输出的数字信号是多少？误差是多少？

2. ADC0809 可以转换几路模拟信号？分辨率是多少？

3. 采用查询方式对模拟通道 IN_2 进行数据采集，采集 10 个数据，将采集到的数据存放在 BUF 开始的缓冲区中。通道 2 的地址为 80H，读数据口的地址为 81H，查询端口地址为82H，试编写程序实现数据采集操作。

4. DAC0832 采用单缓冲方式，端口地址为 50H，设计硬件连接电路，并编写程序实现将缓存器 BUF 中的 100 个数据转换成模拟量输出。

附录

DEBUG常用命令

DEBUG命令	命令格式	功能说明
A (Assemble)	A[地址]	将源程序段汇编到指定地址中,若仅指定偏移地址,默认在 CS 段中
C (Compare)	C 地址 1 长度 地址 2	比较从地址 1 到地址 2 之间"长度"个字节的值,发现不等则显示
D (Display)	D[地址 末址] 或 D[地址 长度]	显示地址范围或长度的字节单元内容,若未指定地址,默认从 DS:0 开始显示连续 128 个字节的内容
E (Edit)	E 地址 [数据表]	将数据表中的十六进制数字节或字符串写入从指定地址开始的单元中。若未指定数据表,则显示当前字节的值,并等待输入新值
F (Fill)	F 地址 长度 数据表 或 F 首址 末址 数据表	将数据表中的字节数值填充到指定的内存单元中。如果数据表不够长,则重复使用;数据表过长,则截断
G (Go)	G[=首址][断点地址]……	从指定地址开始,带断点全速执行。若未指定首址,默认从当前 CS:IP 所指处开始。最多设置 10 个断点,默认在 CS 段中。若无断点,则连续执行
H(Hex)	H 数 1 数 2	显示数 1、数 2 的十六进制和与差
I(Input)	I 端口号	从端口输入数据并显示
L (Load)	L [地址 [驱动器号] 扇区号 扇区数]	从指定设备的指定扇区号读"扇区数"个扇区信息到指定的地址中。若仅指定偏移地址,默认为 CS 段;若无驱动器号,默认为当前盘;若未指定内存地址,则将 CS:80H 处的文件装入 CS:100H 处
M (Move)	M 地址 1 长度 地址 2 或 M 地址 1 地址 2 地址 3	将从地址 1 开始的"长度"个字节值传送到地址 2 开始处,或将从地址 1 到地址 2 范围内的字节传送到地址 3 开始处
N (Name)	N [驱动器:][路径] 文件名[.扩展名]	定义文件,建立文件控制块 FCB,供 L、W 命令使用。所指定文件的说明存放在 CS:80H 参数区的程序段前缀(PSP)中

DEBUG 命令	命 令 格 式	功 能 说 明
O(Output)	O 端口号 数值	将指定的数值输出到指定的端口上
P (Proceed)	P[=地址][数值]	从指定地址开始,单步执行"数值"条指令,每执行 1 条就显示 1 次现场内容。仅指定偏移地址时,默认在 CS 段中;未指定地址时,默认从当前 CS:IP 所指处开始执行;未指定"数值"时,默认为 1
Q(Quit)	Q	退出 Debug
R (Register)	R [寄存器名]	未指定寄存器时,显示所有寄存器的值。指定寄存器时,显示并允许修改该寄存器的值,若直接回车,则原值不变。标志寄存器用"F"表示,也可以按单个标志位显示、修改。各标志位的值的符号如下(不允许直接写 0 或 1): OF DF IF SF ZF AF PF CF =1 OV DN EI NG ZR AC PE CY =0 NV UP DI PL NZ NA PO NC
S (Search)	S 地址 长度 数据表 或 S 地址 1 地址 2 数据表	在指定的地址范围内检索数据表中的数据,并显示全部找到的数据地址,否则显示找不到的信息。数据可以是十六进制数或字符串
T (Trace)	T[=地址][数值]	从指定地址处开始跟踪执行"数值"条指令,每执行 1 条指令就显示 1 次现场信息。若仅指定偏移地址,默认在 CS 段中;若未指定地址,默认为从当前 CS:IP 所指处开始;若未指定数值,默认为 1
U (Un-assemble)	U[地址] 或 U[地址 1 地址 2] 或 U[地址 长度]	从指定地址处开始,对"长度"个字节进行反汇编,或对地址 1 与地址 2 之间的字节单元反汇编。若仅指定偏移地址,默认在 CS 段中;若未指定地址,默认从当前 CS:IP 所指处开始;若未指定长度,1 次显示 32 个字节的反汇编内容
W (Write)	W 地址 [驱动器号] 扇区号 扇区数 或 W[地址]	将指定地址的内容写入到指定设备的指定扇区中。若未指定驱动器号,默认为当前盘;若仅指定偏移地址,默认为 CS 段;若未指定参数或只有地址,则将 N 命令定义的文件存盘。最好在使用 W 命令之前使用 N 命令定义该文件,中间无其他命令

参 考 文 献

1. 周荷琴，吴秀清. 微型计算机原理与接口技术. 合肥：中国科学技术大学出版社,2009.
2. 原菊梅，田生喜. 微型计算机原理与接口技术. 北京：机械工业出版社,2007.
3. 彭虎，周佩玲，傅忠谦. 微机原理与接口技术. 北京：电子工业出版社,2008.
4. 洪永强，王一菊，颜黄苹. 微机原理与接口技术. 北京：科学出版社,2009.
5. 侯晓霞，王建宇，戴跃伟. 微型计算机原理及应用. 北京：化学工业出版社,2007.
6. 雷丽文，朱晓华. 微机原理与接口技术. 北京：电子工业出版社,1997.
7. [美]Ashok K. Sharma 著,曾莹,伍冬,孙磊,任涛译.先进半导体存储器-结构、设计与应用.电子工业出版社,2005.
8. 杨有君，史志才. 微型计算机原理与应用. 第 2 版. 北京：机械工业出版社,2008.
9. 路鑫，廖建明. 微机原理与接口技术. 北京：机械工业出版社,2005.
10. 李广军. 微机系统原理与接口技术. 成都：电子科技大学出版社,2005.
11. 李继灿. 微型计算机系统与接口. 北京：清华大学出版社,2005.
12. 王玉良，吴晓非. 微机原理与接口技术. 第 2 版. 北京：北京邮电大学出版社,2006.
13. 黄同愿，甘利杰，刘涛. 微型计算机原理与常用接口技术. 北京：中国水利水电出版社,2006.
14. 田艾平，王力生，卜艳萍. 微型计算机技术. 北京：清华大学出版社,2005.